国家社科基金青年项目 "当代西方心灵哲学中的心理内容研究"（11CZX051）成果

心灵哲学丛书

高新民 主编

心理内容
探索心灵世界的新维度

宋荣 著

科学出版社

北京

内 容 简 介

心理内容是我们揭开自身心灵之谜的关键所在，也是我们探索心灵世界的新维度。在心灵哲学视域下，心理内容是主体的心灵指向对象的方式，也是对象如何被把握、被表征、被呈现的方式，它体现心灵指涉对象的特有能力。当代心理内容研究，作为当代心灵哲学中的基础研究核心之一，是传统意向性研究的继续与深化。本书在对心理内容进行范畴分析的基础上，阐述了当代心理内容的内涵理解与四个主要维度，以及其宽窄之分；并表明命题内容和经验内容是当代两大研究传统中心理内容描述的主要形态；同时指出了心理内容与对象、人工智能的密切关联，以及心理内容外化的可能途径。

本书适合对逻辑学、心理学、语言学、人工智能、认知科学、哲学等相关领域感兴趣的读者。

图书在版编目（CIP）数据

心理内容：探索心灵世界的新维度/宋荣著.—北京：科学出版社，2020.6

（心灵哲学丛书/高新民主编）

ISBN 978-7-03-064669-9

Ⅰ.①心… Ⅱ.①宋… Ⅲ.①心灵学–研究 Ⅳ.① B846

中国版本图书馆 CIP 数据核字（2020）第 043393 号

责任编辑：邹　聪　刘红晋 / 责任校对：贾伟娟
责任印制：赵　博 / 封面设计：黄华斌

科学出版社 出版
北京东黄城根北街 16 号
邮政编码：100717
http://www.sciencep.com

北京科印技术咨询服务有限公司数码印刷分部印刷
科学出版社发行　各地新华书店经销

*

2020 年 6 月第 一 版　开本：720×1000　1/16
2025 年 5 月第三次印刷　印张：19 1/2
字数：350 000

定价：138.00 元
（如有印装质量问题，我社负责调换）

"心灵哲学丛书"编委会

主　编　高新民

副主编　王世鹏　宋　荣　刘占峰

编　委　陈剑涛　陈　丽　胡子政
　　　　　刘明海　蒙锡岗　商卫星
　　　　　吴胜锋　邢起龙　杨足仪
　　　　　杨　洋　殷　筱　张　钰

总　序

　　心灵可能是世界上人们最为熟悉，也最为神秘的现象了，正所谓"适言其有，不见色质；适言其无，复起虑想。不可以有无思度故，故名心为妙"①。在一般人看来，"心"无疑是存在的，然而却不曾有哪个人看到或碰到过它，但若据此就说它不存在，似乎又说不通，因为心不只存在，而且还可将自身放大至无限，正如钱穆先生所说：心"并不封闭在各个小我之内，而实存于人与人之间"，它能"感受异地数百千里外，异时数百千年外他人之心以为心"②。

　　人类心灵观念的源头可追溯到原始思维。尽管其形成掺杂有杜撰的成分，其本体论承诺也疑惑重重，但它所承诺的心灵却在后来的哲学和科学中享有十分独特的地位。例如，迄今为止，它仍是哲学中的一个具有基础性地位的研究对象。正是由于存在心灵，才有了贯穿哲学史始终的"哲学基本问题"。当然它也历经坎坷，始终遭受着两方面的待遇：一方面是建构、遮蔽；另一方面是解构、解蔽。

　　心灵问题常被称为"世界的纽结""人自身的宇宙之谜"，是一个千古之谜、世界性的难题。它像一个强大的磁场，吸引着一

---

① 天台智者：《法华玄义》，卷第一上 // 大正藏，第 33 卷：第 685 页。
② 钱穆：《灵魂与心》，桂林：广西师范大学出版社，2004 年：第 18、90 页。

代又一代睿智之士，为之殚精竭虑、倾注心血，而这反过来又给这个千古之谜不断地穿上新的衣衫，使之青春永驻、历久弥新。当然，不同的文化背景和致思取向在心灵的认识方面也会判然有别。例如，西方哲学在科学精神的影响下，更关注心灵的本质、结构、运作机制等"体"的问题，而东方智慧由于更关注人伦道德问题，因而更重视寻觅心灵对"修、齐、治、平"的无穷妙用。但不管是哪一种取向，在破解心灵之谜的征程上仍然任重道远，甚至可以说我们目前对心灵的认识尚处于"前科学"的水平。其原因是多方面的，但其中一个重要原因是我们的认识和方法犯了某种根本性的错误（如吉尔伯特·赖尔所说的"范畴错误"），未能真正超越二元论，因而对心灵的构想、对心理语言的理解是完全错误的。这样一来，当务之急就是要重构心灵的地形学、地貌学、结构论、运动学和动力学。

应该承认，常识和传统哲学确有"本体论暴胀"的偏颇，但若矫枉过正而倒向取消主义则无异于饮鸩止渴。从特定意义上说，心灵既是"体"或"宗"，又是"用"，它不仅存在，还有无穷的妙用。说心是"体"，是因为人们所认识到的世界的相状、色彩等属性，以及世界呈现给人们的各种意义都离不开心，因而心是一切"现象"的本体和基质，是一切价值的载体，也是获得这些价值的价值主体。说心是"用"，是因为人的生活质量好坏、幸福指数高低、能否成为有德之人，在很大程度上取决于心之所使，正如天台智者所言："三界无别法，唯是一心作。心能地狱，心能天堂，心能凡夫，心能贤圣。"①由此看来，心不仅有哲学本体论和科学心理学意义上的"体"、本质和奥秘，也有人生价值论意义上的"体"和"用"。由于有这样的认识，中国自先秦以降很早就形成了一种独特的"心灵哲学"：从内心来挖掘做人的奥秘，揭示"成圣为凡"的内在根据、原理、机制和条件。从内在的方面来说，这是名副其实的心学，可称为"价值性心灵哲学"，而从外在的表现来看，它又是典型的做人的学问——"圣学"。

在反思中国心灵哲学的历史进程时，我们同样会遇到类似于科学史上的"李约瑟难题"：17世纪以前，中国心灵哲学和中国科学技术一样，远远超过同期的欧洲，长期保持着领先地位，或者说至少有自己的局部优势，但此后，中国与欧洲之间的差距与日俱增。李约瑟也承认，东西方人的智力没多大差别，但为什么伽利略、牛顿这样的伟大人物来自欧洲，而不是来自中国或印度？为什么近代科学和科学革命只产生在欧洲？为什么如今原创性的心灵哲学理论基

---

① 天台智者：《法华玄义》，卷第一上 // 大正藏，第33卷：第685页。

本上都与西方人的名字连在一起？带着这样一些疑惑、觉醒意识和探索冲动，一些中国青年学者踏上了探索西方心灵哲学、构建当代中国心灵哲学的征程。本丛书是其中的一部分成果，它们或许还不够成熟，但毕竟是从中国哲学田园的沃土里生长出来的。只要辛勤耕耘、用心呵护，中国心灵哲学的壮丽复兴、满园春色一定为期不远。

高新民　刘占峰

2012 年 8 月 8 日

前　言

　　我们不能充分理解心灵，除非我们能够充分理解意向性；我们不能充分理解意向性，除非我们能够充分理解心理内容。在心灵哲学视域下，心理内容，也即意向内容（有时被直接简称为"内容"），是主体的心灵指向对象的方式，也是对象如何被把握、被表征、被呈现的方式，它体现心灵指涉对象的特有能力。毋庸置疑，心理内容是我们揭开自身心灵之谜的关键所在，也是我们探索心灵世界的新维度。

　　当代心理内容研究，作为当代心灵哲学的研究核心之一，是传统意向性研究的继续与深化，在当代哲学发展进程中逐渐成为一个蔚为壮观的专门领域。当代心理内容研究的流派众多且争论不断，并呈现出多学科、多视角的多元化研究局面。① 就整体而言，当代心理内容研究主要有三条路径：一是分析哲学的路径。这条路径肇始于弗雷格，他的含义理论、思想理论以及由此引起的论争构成了当代心理内容研究的理论背景。二是现象学的路径，重在从现象学的立场出发考虑经验内容或其现象特征问题。布伦塔诺的意向性理论、特瓦尔托夫斯基的内容-对象区分思想、胡塞尔知觉现象学思想构成了当代经验内容研究的重要理论源泉。三是

---

① 宋荣：心理内容：探索心灵世界的新维度——当代心理内容研究的最新进展，《江汉论坛》，2012年第4期：第47-48页。

融合的路径。主要包括两个方面：一方面是分析哲学传统和现象学传统各自内部的融合；另一方面是这两大传统之间的融合。这种融合路径正在逐步成为心灵哲学发展的新趋向。就英美心灵哲学中的心理内容研究而言，当代研究的特点主要体现在以下三方面。

第一，心理内容已经成为多个学科共同关注的焦点问题。心理内容如今不仅是形而上学研究的热门话题，更成为许多学科的交汇点、聚焦点。一方面，心灵哲学、语言哲学、解释学、逻辑学等哲学分支发挥各自优势从特定的视角、独特的概念框架对它进行透视。认知科学、人工智能、计算机科学等则基于强烈的应用动机，从特定的方面对它进行解密，因为已有的计算机、人工智能模型要实现其智能水平的突破，必须具有像人那样的本源的、自发的心理内容，从而才可能由纯符号的加工机、句法机变为能意识并加工意义的语义机。① 另一方面，由于心灵哲学家和认知科学家的推动和有效的工作，又有对心理内容问题的综合、整合性的研究。在这样的研究背景下，逐渐形成了特色鲜明的两大阵营：一派以分析哲学视角的命题内容（或思维内容）研究为主，一派以现象学视角的经验内容研究为主。

第二，当代西方心灵哲学家们注重寻找心理内容的自然科学基础，而且往往借助于当代科技发展的实际情况而进行微观描述，并取得了突破性进展。例如各种有关意向性的自然化运动所衍生出来的心理内容探究。他们的心理内容研究深入而具体、生动而不空泛，有力地推动了当代本体论、认识论研究。尽管如此，但他们对心理内容问题的整体性回顾、反思仍然不够；在揭示内容成立条件过程中尽管注意到了语言指称因素、社会环境因素，但对其他因素仍关注不多，宏观把握不够。

第三，值得引起重视的是，当代西方学者开始重视从马克思主义哲学的立场来研究心理内容问题。尤其是，当代内容外在主义者们从漠视马克思主义心理内容理论到充分肯定、承认之。例如，吉勒特等人引入并运用马克思主义实践观研究内容问题，佩里格林则在内容结构问题上体现出明显的辩证法思想等。这些都为国内研究心理内容问题提供了宝贵的借鉴经验和广阔的研究平台，并且对深化马克思主义心理内容研究注入了新的活力。②

与国外心理内容研究的突飞猛进相比较而言，国内在这方面的研究则比较

---

① 宋荣：心理内容：探索心灵世界的新维度——当代心理内容研究的最新进展，《江汉论坛》，2012年第4期：第49页。
② 宋荣：心理内容：探索心灵世界的新维度——当代心理内容研究的最新进展，《江汉论坛》，2012年第4期：第50页。

滞后。当然，近年来随着心灵哲学相关研究在国内的逐渐兴起和发展，国内已有学者意识到了心理内容问题的重要性，并在意向性研究过程中强调对心理内容的关注。尽管国内学界对心理内容的研究起步比较晚，但发展很快且已经取得了一定的成果。如唐热风的《心身世界》、田平的《自然化的心灵》、高新民的《意向性理论的当代发展》、刘景钊的《意向性：心智关指世界的能力》等都从不同侧面对当代心理内容问题进行了思考。尽管如此，国内学术界对心理内容问题的重视程度仍还不够。一方面，鲜有学者关注西方学者在马克思主义内容观上态度的变化；另一方面，他们对当代心理内容研究最新进展的跟踪研究不够，而且对当代心理内容研究缺乏高层次的哲学反思。

本书的研究目的是：力图在全面深入考察西方心理内容研究历史与现状的基础上，深入系统地分析和评述现有研究成果，把握最新发展动向，根据心灵哲学中意向性研究的当代微观分析方案，对心理内容做深入的范畴分析，并进行哲学反思；并在分析哲学传统和现象学传统中尝试进行心理内容探究，从而站在当代前沿研究的制高点上，对有关前沿和焦点问题做出新的思考和回应，以期推进我国西方哲学的相关问题研究。

本书的研究意义主要包括三个方面：一是通过厘清西方纷繁复杂的心理内容研究，可以使我们准确把握现当代西方哲学和有关学科发展的状况和规律，加深对马克思主义内容范畴的认识，对发展马克思主义内容哲学研究具有积极的作用。二是由于心理内容问题不仅涉及思想、意识、行动等心灵哲学自身的问题，而且也直接关系到语言哲学中的意义以及其他有关心理的结构、机制和动力学等跨学科的问题。因此，对心理内容的研究，不仅可以深化我们对心理内容的本质、内涵的认识，而且也可以加深对心理现象乃至人的本质结构的整体理解，从而实现思维方式的转换以及哲学创新。三是心理内容研究对于人工智能、计算机科学、脑科学等的发展具有重大的应用价值。该研究将有助于内容与语言的意义、人工智能自主体等方面的深入拓展，也有助于当前一些相关瓶颈问题（如人工智能自主体能否拥有心理内容）的思考或解决，从而加深对人工智能问题的哲学思考。

在本书的写作过程中，根据相关文献资料和最新前沿成果，我相应地调整了写作思路。2011年7月我有幸获得了国家社科基金青年项目的资助，这使得我对心理内容问题的研究有了深入挖掘的客观保障。在2011年整个下半年的文献搜集整理过程中，我发现最初的写作大纲还需要进一步细化，于是就调整了写作计划，后来形成了一篇相关论文，这篇文章成为我写作本书的第一次大纲修改后的主要思路。2012年8月，我前往英国剑桥大学哲学系访学研修。那里浓厚的学术氛围和最前沿的学术信息，尤其是导师蒂姆·克瑞恩（Tim Crane）教授的亲自指导，使得我对心理内容问题有了更清晰的理解和更宽阔的视野。在此基础上，结合在剑桥大学哲学系学习期间的五大本课堂笔记和近百万字的读书笔记，我第二次修改了写作大纲。在剑桥大学自由的学术环境中我对哲学的理解也发生了质的变化，从"学哲学"开始转变为"做哲学"，这也让我对心理内容问题的研究有了新的转变。回国后，2014年6月我申请到了南京大学哲学系的博士后研究岗位，承蒙博士后导师张建军教授的教导，我转换研究思路，尝试将一些逻辑问题放到当代心灵哲学背景中来思考，这促成了我第三次修改写作大纲。于是，便有了呈现在读者面前的这本书。

在这样的背景下，本书对当代西方心灵哲学中的心理内容研究力图尝试解决如下四个问题：

（1）心理内容究竟是什么？
（2）当代西方研究传统中的心理内容该如何描述？
（3）心理内容与对象、人工智能有何关联？
（4）心理内容如何外化？

本书的第一、二、三章围绕第一个问题，主要进行心理内容的范畴分析。第一章通过对西方心灵哲学中心理内容范畴的历史回顾，表明：在传统理解中人们通常保留着对心理内容的民间心理学情结，并且一些哲学家们往往将心灵中的对象与内容混同；在布伦塔诺复活意向性范畴之后，现代内容观才被予以明确把握；并且现当代心理内容范畴在分析哲学传统与现象学传统上各有特色。

第二章主要阐述当代心理内容范畴的内涵与主要维度。在当代四种意向性方案研究基础上，指出：心理内容是主体的心灵指涉对象的方式，其内涵主要体现如下：①心理内容归属于主体的心理状态；②心理内容是心灵对对象的呈现方式；③心理内容体现心灵、语言与世界的关系。它主要在四个维度上被呈现出来：语义维度上的心理内容是指语言表达主体所理解或把握的语句（或语词）的意义；逻辑维度上的心理内容是指用来呈现语句意义的命题；现象学维度上的心理内容是指经验内容；表征维度上的心理内容是指心理表征内容，是指心灵中对象被表征的方式。

第三章主要阐述心理内容的宽窄之分。内容的外在主义者坚持宽内容观，其代表人物中，普特南通过著名的孪生地球思想实验论证"意义不在头脑之中"；麦金从分析普特南的意义理论进而拓展到心理内容论题，是意义–内容问题从语言哲学转到心灵哲学的重要直接推手；同时，伯奇对宽内容进行了系列拓展论证。而内容的内在主义者坚持窄内容观。他们形成了不同的窄内容构念形式，并在对宽内容的回应过程中，形成了三种决定策略以及四种主要论证。在这种内容的宽窄之争过程中，查尔莫斯的二维内容（认识内容和虚拟语气内容）观试图找到一条中间道路。

本书的第四、第五章围绕上述第二个问题，主要进行当代两大研究传统视域中对心理内容的研究，进而表明命题内容和经验内容是两大研究传统中心理内容描述的主要形态。第四章主要论述分析哲学传统中对命题内容问题的当代思考。在对罗素的命题态度与内容观的分析基础上，对命题态度状态和命题态度内容分别进行了阐述。一方面，在分析命题态度微观结构及其特点的前提下，对命题态度状态进行了本质分析，并论述了目前三种不同的命题态度理论主张：行为倾向主义、有意识的倾向主义和自然种类主义；另一方面，在分析命题内容观念及其特点的前提下，对作为内容承担者的命题进行了明确论述。

第五章主要阐述现象学传统中对经验内容问题的当代思考。在心理内容的两大研究传统融合趋势下，经验内容强调经验状态的非命题内容方面，知觉经验的内容更是当代经验内容研究的基础核心部分。本章在阐述知觉经验的主要研究方案、知觉与命题态度的关系等问题的基础上，展开对非概念内容主流立场的辩护，对给予作为内容的现象学构念进行论述。

本书的第六、第七章围绕上述第三个问题，主要阐述当代西方心灵哲学中心理内容与对象、人工智能的密切关联。第六章主要阐明心理内容与对象的关联。通过分析特瓦尔托夫斯基的内容-对象区分，表明内容与对象这对范畴在心灵哲学中的重要地位，说明内容问题研究对当代对象理论研究的影响；通过对指称的心灵维度进行初步解析，指出指称三元素（指称主体、指称行动与指称对象）的心灵哲学意蕴，并在论断非实存对象的前提下，陈述了当代主要的三种意向对象观念。

第七章主要阐明了心理内容与人工智能的关联。在计算范畴的哲学渊源考察的前提下，表明当代人工智能研究具有两个假设：智能过程能够被算法所描述；所有的算法可以被一些通用计算机所实现。经典人工智能和联结主义都承认之。在此基础上尝试性地指出，人工智能自主体拥有内容的可能条件主要有：语言条件、意向能力条件和理性能力条件。

本书的第八章围绕上述第四个问题，主要进行心理内容的马克思主义哲学视角的思考，尝试寻找心理内容外化的可能途径。第八章主要阐述心理内容与马克思主义实践的关联。在当代西方学者运用马克思主义哲学观点、立场来解读内容问题的过程中，吉勒特坚持命题内容的外在主义立场，并指出思想内容之所以出现或存在，完全是根源于实践；而佩里格林在阐述意义本质过程中运用到辩证法思想，形成其结构主义语义观，从而进一步阐明了心理内容的语义维度。通过考察西方意向行动范畴，指出主体的心理内容得以外化，是在基于目标、意图的意向行动之实践中完成的。在当代逻辑行动主义方法论研究纲领视域中，尝试运用西方分析的马克思主义流派的逻辑分析精神，融入当代西方行动哲学的合理要素，同时突出马克思实践的客观行动维度，来为心理内容的外化找到一条新型道路。

　　需要指出的是，本书的写作有两个基本前提：①坚持主体及其心理状态的本体论存在地位；②坚持心理内容的内在主义立场。本书对这些基本前提不做本体论意义上的哲学追问，以避免冲淡本书的主题和导致烦琐赘述。有兴趣的读者可以在我所主持或参与的其他相关科研项目成果中查阅我对这些前提的论述或辩护。

　　本书的创新之处主要体现在：①对语词"心理内容"作较深入的范畴分析和历史考察，厘清心理内容范畴演变的历史脉络；②明确指出当代心理内容范畴的内涵理解和主要维度，梳理两大研究传统的研究侧重点及其当代进展；③充分揭示当代内容与对象的范畴区分，从根源上表明两者在心灵哲学相关研究中的基础地位；④明确逻辑行动主义方法论研究纲领下实践对于心理内容外化途径的重要价值。

　　本书的不足之处在于：由于本人才疏学浅，对这两大研究传统的认知还存在很多不足，进而对一些问题只能浅尝辄止；由于本人主要以研读第一手的外文文献为主，中文文献为辅，在语言表达上可能有些地方不符合中文阅读习惯，还请读者批评指正。鉴于此，我将在未来的学术研究中自觉加强理论功底，以弥补这些不足。

宋荣
2019年8月于华师桂子山

目　录

总序 / i

前言 / v

第一章　西方心灵哲学中心理内容范畴的历史回顾 / 1

　　第一节　心理内容范畴的传统理解 / 1

　　第二节　现代心理内容范畴的主要观点 / 14

第二章　当代心理内容范畴的内涵与主要维度 / 25

　　第一节　当代心理内容范畴的内涵 / 25

　　第二节　当代心理内容范畴的四个维度 / 34

第三章　心理内容的宽窄之分 / 50

　　第一节　宽内容 / 50

　　第二节　伯奇对宽内容的系列拓展论证 / 58

　　第三节　窄内容 / 74

　　第四节　宽窄之间：二维内容 / 90

第四章　命题态度及其内容 / 103

　　第一节　罗素的命题态度与内容观 / 103

第二节　命题态度 / 112

第三节　命题内容 / 122

第五章　经验内容 / 135

第一节　心灵与知觉经验 / 135

第二节　知觉与命题态度 / 144

第三节　非概念内容 / 155

第四节　给予 / 167

第六章　心理内容与对象 / 184

第一节　特瓦尔托夫斯基的内容-对象区分 / 184

第二节　指称的心灵维度 / 196

第三节　非实存对象 / 204

第四节　三种主要的意向对象观 / 218

第七章　心理内容与人工智能 / 230

第一节　计算、人工智能与心灵 / 230

第二节　人工智能自主体拥有内容的可能条件 / 241

第八章　心理内容与实践 / 263

第一节　内容实践观与意义结构辩证法 / 263

第二节　意向行动 / 271

第三节　作为客观行动之实践：心理内容外化的可能途径 / 280

结束语 / 290

第一章
西方心灵哲学中心理内容范畴的历史回顾

在当代心理内容研究中,心理内容的范畴分析无疑是解决相关问题的必要前提。那么,心理内容究竟是什么?在西方心灵哲学中不同学者对此有着不同的解读。在传统理解中人们通常保留着对心理内容的民间心理学情结,并且一些哲学家们往往理所当然地将心灵中的对象与内容混同;在布伦塔诺复活意向性范畴之后,现代内容观被予以明确把握;当代心理内容范畴在分析哲学传统与现象学传统上各有特点,成为当代心理内容研究的重要组成部分。

第一节 心理内容范畴的传统理解

心理内容观念的民间心理学情结主要是通过心理语言进行隐喻式的描述体现出来的;古希腊学者亚里士多德首次运用他的形式和质料理论来解释心理状态的内容;经院哲学家创造性地将意向与常识的实物式内容观结合起来,形成传统的意向性观点;近代哲学家笛卡儿、洛克、莱布尼茨、康德等人的心理内容观成为现当代诸多问题研究的思想渊源。

一、心理内容观念的民间心理学情结[①]

"民间心理学"是比照民间音乐、民间物理学等概念而创造的一个新概念。民间心理学指的是在民间流行的，为普通大众广泛地、心照不宣地接受的关于心的看法、观点和原则的总汇。它指的是隐藏在每一个正常人心灵深处、体现在人的行为解释预言实践中的概念图式或能力结构，是一种有特定含义的"理论"。[②] 心理内容观念起初来源于人们对自身心灵之谜的探索。我们每个人自己都有对心理内容的描述，这种民间心理学情结是与生俱来的，不可回避的。1981年丹尼特在《三类意向心理学》中创造了"FP"（取 folk psychology 的第一个字母）一词，用以表示人们解释、预言行为时作为基础和原则而发挥作用的知识或资源。[③] 我们正常人（指心智健全）在理解、解释、预言人及其行为时都会使用民间心理学，但如果没有接触到心灵哲学、认知科学的有关讨论，可能根本就不知道它的存在，因为它太常见了。民间心理学因是常识性的，故人们也常称之为"常识心理学"。

一般来说，当代心灵哲学家都不否认 FP 客观存在的事实，都承认人们有丰富的常识心理学知识。事实上每个正常人确实都有非常丰富的常识心理学知识，就此而言，有人也说我们每个人都是"天生的心理学家"，我们天生就拥有丰富的心理资源。我们每个正常人在日常生活中都能根据信念、愿望等命题态度来解释和预言自己或别人的行为，但大多数人并没有意识到它。例如，当我们看到某人拿着雨伞出门时，我们由此可以推知他的愿望和想法，反过来，知道了后者我们也能据此预言他将做出的行为。这种推理、解释、预言就是埃卡德（B.Eckardt）所说的 FP 实践。[④]

当然，FP 实践是人类社会中普遍存在的现象，每个正常的人不需要经过专门的学习，就可以驾轻就熟地运用 FP 概念来解释、预言自己和他人的行为。从种系发生的角度看，FP 在原始社会就已经形成了，是伴随着原始灵魂观念的产生而产生的。自从有了灵魂观念，有了心理世界与物理世界的观念，有了心理

[①] 宋荣，高新民：思维内容的民间心理学情结，《福建论坛（人文社会科学版）》，2011年第2期：第37-44页。
[②] 宋荣，高新民：思维内容的民间心理学情结，《福建论坛（人文社会科学版）》，2011年第2期：第37页。
[③] 宋荣，高新民：思维内容的民间心理学情结，《福建论坛（人文社会科学版）》，2011年第2期：第37页。
[④] 高新民，刘占峰，等：《心灵的解构：心灵哲学本体论变革研究》，北京：中国社会科学出版社，2005年：第12页。

生活和肉体生活的观念之后，当原始人赋予灵魂主宰生命的功能，授予它决定肉体生活和行为的能力时，FP便正式诞生了，成了原始人心理结构中与民间物理学、民间气象学、民间化学、民间医药学等具有同等地位的知识资源和能力。①我们每一个体无一例外地都具有自己的FP。这种FP既有共性，又有个性，而共性居主导地位。也就是说，古往今来每一个人所具有的FP基本上是大同小异的，正如丘奇兰德所说，"FP自从在原始社会产生以来基本上没有进化，没有发展，它的理论术语、原则之网、功能作用以及关于心、关于人的结构图景基本上没有变化。"②

从实质上看，FP代表的是普通人对人的心理结构图景、心理运动学、动力学、原因论的基本看法：信念、愿望等心理状态构成了人的内部世界，它们与物理事件、过程和状态一样是一种实在，只是看不见、摸不着，没有形体性。③"FP作为一种适应生活实践需要的知识，有其自身的完整性，而且与由物理学或任何其他科学所发现的知识有同样的实在性——即真正的实在性。"④心理事件存在于心理空间之中，心理空间与物理空间一样具有深浅等空间特性和先后等时间特性。显然，这幅心理图景实际上是参照外部物理世界而构造出来的，它只是一种隐喻式的、拟物拟人的、前科学的心理观。"散布在我们语言中的许多隐喻实际上来自于以身体为基础的关系，比如上与下、左与右以及内与外。如果我们不是拥有我们这样的躯体，不是活动在我们寄居的世界中，那么我们的隐喻系统和我们的整个心理装置将会大不一样。"⑤

心理内容观念的民间心理学情结主要是通过心理语言进行隐喻式的描述体现出来的。所谓心理语言是指描述、表征心理活动、过程、状态和属性的语言，亦即前面所说的民间心理学的理论语言，如"相信""愿望""心灵""想"等，它们中的大多数后来也成了科学心理学的专门术语。⑥

---

① 宋荣，高新民：思维内容的民间心理学情结，《福建论坛（人文社会科学版）》，2011年第2期：第38页。
② Churchland P M. Eliminative materialism and the propositional attitudes (1981) //Rosenthal D. *The Nature of Mind*. Oxford: Oxford University Press, 1991: 601-612.
③ 宋荣，高新民：思维内容的民间心理学情结，《福建论坛（人文社会科学版）》，2011年第2期：第38页。
④ Hornsby J. *Simple Mindedness*. Cambridge, MA: Harvard University Press, 1997: 4.
⑤ 转引自保罗·萨伽德：《认知科学导论》，朱菁译，合肥：中国科学技术大学出版社，1999年：第152-153页。
⑥ 宋荣，高新民：思维内容的民间心理学情结，《福建论坛（人文社会科学版）》，2011年第2期：第38页。

从心灵哲学的角度来看，心理语言具有语言"活化石"的特征。大量研究已表明，从语言与思想起源、互动的实际历史过程来看，语言尤其是远古时代的语言是一种重要的文化化石，其内隐藏着大量极其珍贵的文化信息，因此人类最初的语言以及后来经过派生、复合、新造的语言，不仅是研究语言本身起源、演变的不可多得的资料，而且也是认识创造和使用语言的人的生活方式、生产实践活动、认知能力与方式、思想观念，乃至世界观、本体论的活化石。[①]贝尔纳在《历史上的科学》一书中指出："语言是现今仍然活着的古代遗物，研究语言应该是研究各期各地物质文化的一些残存遗产的基本补充工作。研究语言并研究物质文化残迹，再加上目前存在的原始民族来作证，就应该能提供古代社会生活的某些图景。"[②]从根本上说，常识心理语言所指称的东西，以及民间心理学所揭示的所谓联系和规律并没有自然的起源和发生过程，而只有语言的发生史，它们是由创立语言的人创造或想象出来的。一般来说，语言是按照实在—思想—语言的顺序发生的，是在有对象存在、并且获得了关于它们的认识、思想的前提下产生出来的，即使有时一些对象并不真的存在，而人们仍然以为它们存在，并为它们起了名字，如"以太""燃素""上帝"等。[③]

我们可以对心理语言进行语言分析。要说明心理语言要表达的"原旨原意"及观念是什么，这些观念有没有它们要表征的对象，可以通过"语法分析"或"用法分析"来获得答案。分析哲学在这方面做了大量颇具开创性且极有价值的工作。例如维特根斯坦、赖尔等分析行为主义者通过对心理语言的"语法分析""用法分析"，尽管得出了一些极端的、有失偏颇的结论，如认为，哲学中争论的心身问题是虚假的问题，就像一个错误的数学问题不可能有解一样，研究这类问题是没有什么意义的；而且，渗透在人们思想中的关于心灵、意识的观念都是语言误用的结果，根本就不存在人们亘古以来就相信存在的心、精神、意识之类的东西，但他们的分析中无疑仍有值得我们重视的方面。[④]

我们同样可以对心理语言进行"古生物学研究"。美国普林斯顿大学哲学和心理学教授杰恩斯（Julian Jaynes）对心理语言的分析就是如此。所谓语言的古

---

① 宋荣，高新民：思维内容的民间心理学情结，《福建论坛（人文社会科学版）》，2011年第2期：第39页。
② 贝尔纳：《历史上的科学》，伍况甫，彭家礼译，北京：科学出版社，1983年：第39页。
③ 高新民，刘占峰，等：《心灵的解构：心灵哲学本体论变革研究》，北京：中国社会科学出版社，2005年：第348-349页。
④ 高新民，刘占峰，等：《心灵的解构：心灵哲学本体论变革研究》，北京：中国社会科学出版社，2005年：第349页。

生物学研究就是通过对语言起源和发展的研究，揭示与这种语言有关的、一同起源和发展的社会制度、风俗习惯和思想观念。①经过他独出心裁的研究，他指出灵魂等概念不是对实在或属性的真实认识过程的产物，而是由语言的运用所创造的，或者说是古人在语言扩展其使用对象与范围的过程中杜撰、虚构出来的，因此先有语言，后有意识、思维。②

　　心理语言不同于物理语言。尽管这两种语言的指称可以是同一的，都可用来描述、解释人脑内发生的活动、事件、状态和过程，但物理语言适用的范围较之心理语言来说要大得多。我们可以说，世界上的一切事件及过程都不过是物理的事件及过程，因此都可用物理语言来描述，而心理语言严格说来只适用于描述由基础的物理过程所实现的，又受到了广泛的社会、文化等复杂因素影响的，有其特定种系和个体历史积淀的高层次事件。例如，任何物理学语言都无法把"我相信……"所指称的事实毫无遗漏地描述出来。而且，心理语言所描述的东西比后者更加复杂，它们是各种环境刺激、社会历史条件、文化因素与大脑内的复杂神经生理过程、物理化学过程（本身都得到了社会、文化的塑造、熏陶）相互作用的产物。③

　　更值得我们关注的是，根据当前文化语言学和人类学、民族学、考古学等的研究成果，心理语言的产生离不开这样的条件：第一，有表达的需要，即有比较丰富的内在过程、活动和生活，并到了非把它们说出来不可的地步。一般认为，人们在命名或使用心理语言时，是有非表达不可的某种东西的，如一个人皱着眉头、脸发紫、手发抖时诚实地说出的"我感到很难受"，该语句后肯定有什么真的发生了，我们姑且把它称作心理实在。第二，存在物理语言，也就是说，必须先有物理语言，然后才有心理语言，因为后者是由前者或其中的部分，经过某些特殊的转换、改造、变化而产生出来的。与此相应，第三，人类必须有相应的将前者转化为后者的能力与方法。这种能力就是想象、联想、类推的能力，常见的转化手段与方法就是隐喻、借喻等。④在日常生活中，我们大多数的所作所为都是我们知道或相信的事情，而这样的事情往往被认为是顺理

---

① 参阅索绪尔：《普通语言学教程》，高名凯译，北京：商务印书馆，1985年：第312-313页。
② 高新民，刘占峰，等：《心灵的解构：心灵哲学本体论变革研究》，北京：中国社会科学出版社，2005年：第350页。
③ 宋荣，高新民：思维内容的民间心理学情结，《福建论坛（人文社会科学版）》，2011年第2期：第39页。
④ 高新民，刘占峰，等：《心灵的解构：心灵哲学本体论变革研究》，北京：中国社会科学出版社，2005年：第360页。

成章的、自然而然的。纵观人类发展史，我们所使用的语言经常在变化，由于指称不明确、认识不准确、命名使用不当等而产生的语词即所谓的"前科学术语"如"以太""燃素""意义""意向性"等，常常被用一种隐喻式的、拟物拟人的、前科学的心理观来进行描述。①

具体来说，"心理内容"常常被描述为像物理实在一样的东西。在民间心理学中，我们常识性地认为，我们有心，并且心内有意义、有内容就是有某种被想到的东西。例如有信念就是一个人在心中相信某东西。这常常被看作是天经地义的事情。形成民间心理学及其概念（意向性、意义等）体系的古人不知道这一点，当看到人做出这样那样的行为时，在寻找原因对之做出解释时，不知道人身上存在的客观的力和行为倾向，便发挥想象和推理的作用，设想行为后面有一类特殊的存在，并用"意向"等词语加以表示。不仅如此，在构造关于世界的概念体系过程中，他们还把它们提升为自然类型概念，以为心灵享有与身体一样的地位，信念享有与物理事物同等的地位，并具有相互之间的因果关系。

在日常生活中，我们一般人都习惯性地把意向状态归之于自己和他人。如果说："我相信……"，就是自我归属；如果说："你或他相信……"，就是把意向状态归属于他人。如果将其形式化，那么就是：S 相信 P。在这里，S 是主体，P 是他所相信的内容。人们之所以把某内容归属于某人的心理状态，不是因为他们看到了这个人身上真的发生了一种内在过程，而是由于他们早已有了一种心照不宣的理论即 FP。由于有这种理论框架，人们一旦看到了某行为，就会把某心理状态归属于行为主体，就说他的心中有什么内容。②

这样，古人在向外探讨自然世界的本原问题时，也开始向内探究自身心灵世界的本质问题，也就是人自身的宇宙之谜。自从人类开始思考心灵观念以来，常识就告诉我们：当我们心里在想什么的时候，到底是什么东西被我们所想呢？这个问题引发了我们对心灵及其把握内容的好奇心。我们总是会直观地认为，好像有类似于实物一样的东西装在心里供我们思考，或者说我们的心里有内容。这种常识的、朴素的实物式内容观一直自觉或不自觉地伴随着每个人，并且延续至今。③

---

① 宋荣，高新民：思维内容的民间心理学情结，《福建论坛（人文社会科学版）》，2011 年第 2 期：第 39 页。
② 高新民：《意向性理论的当代发展》，北京：中国社会科学出版社，2008 年：第 259 页。
③ 宋荣：心理内容：心灵王国的一朵奇葩，《光明日报》，2014 年 8 月 27 日理论版第 16 版。

二、古希腊学者亚里士多德的内容观

在西方哲学史上，亚里士多德首次在质料范畴基础上指出人的心灵能指向所思考或认识的对象。亚里士多德运用他的形式和质料理论来解释心理状态的内容。在亚里士多德看来，每一个对象是由形式和质料所构成的（例如一个铜球具有它的几何形状作为形式、铜作为质料）。相同的形式能够在不同的质料类型中被体现出来，这提供了亚里士多德的内容观：一个心理状态是关于一个对象的，它是通过具有与心理状态相同的形式作为这个对象的（尽管形式存在于心灵的"质料"之中）。正是在这个意义上，亚里士多德说：心灵"是"它所思考的对象；并且对对象作出判断，这些对象（作为形式）是在心灵中"联系在一起的"。他指出：以相同于它的对象所是的方式，心灵本身是可思考的。[①]

亚里士多德在《论灵魂》中明确指出，思维被动地接受对象的形式。他认为，对于灵魂用来认识和思考的那个部分，我们不得不要求：①什么区分那个部分，和②思维如何发生。如果思维像感知一样，它必须或者是一个过程，在其中灵魂由能被思考的东西在其之上有所行动，或者是类似于此行动的一个过程。因此，灵魂的思维部分必须能接收一个对象的形式，那就是说必须潜在地在特征上等同于它的对象，而无须成为该对象。心灵必须相关于可思考的东西，正如感觉是相关于可感觉的东西一样。

亚里士多德指出，一方面，当我们说心灵在某种意义上是潜在可思考的无论什么东西时，它所思考的东西必须是在心灵之中。正如我们可以说文字是在一个写字板上，并且在这个写字板上没有任何东西现实地被写：这的确是随着心灵发生的东西。另一方面，心灵本身是可思考的，以相同于它的对象所是的方式。因为：①在不包括任何质料的对象情况中，什么东西思考和什么东西被思考，这两者是同一的（identical）；②在包括质料的那些对象情况中，思维的每一个对象仅仅是潜在地出现的。这样，心灵仍可以是可思考的。

亚里士多德认为，没有心灵就没有任何东西思考，并且简单对象的思维需要与内容相结合。他指出，由于在每一种事物中，我们知道两个相关的因素：①一个质料，它潜在地被包括在这个种类的所有特定物（particulars）中；②一个原因，它在其使得这些特定物都如此的意义上具有产生性，这些都必须

---

① 宋荣：心理内容：构造心灵的基石——西方心灵哲学中的心理内容范畴分析，《科学技术哲学研究》，2015 年第 1 期：第 9-13 页。

在心灵中被找到。心灵是凭借成为所有东西，是其所是的东西；同时有另一个东西，它是凭借制造所有东西，是其所是的东西。在这种意义上的心灵是可分离的、无感情的、未被混合的，因为它正处在它的本质活动中。对简单对象的思维在这样一些假性不可能的情况中被找到：在其中真或假任一个的运用，我们都会在一个准统一体中找到一个思维对象来一起变动。①

亚里士多德认为，对于正思维的灵魂来说，意象（image）仿佛是知觉的内容。这样，思维能力在意象中思考形式，被追寻或被避免的东西由它标记出来，因而这样的灵魂在意象上被进行，它被移向追寻或避免。例如，通过感觉感知烽火台上着火了，凭借感觉的一般能力来识别它意味着敌人；但是有时根据意象或思想，这样的灵魂通过指称出现的东西来演算和详述什么发生了；在行动中也如此。亚里士多德认为，心灵可以思考所谓的抽象对象，并且在每一个情况中，积极思考心灵它所思考的对象。

由此，亚里士多德得出的结论是：第一，灵魂是在所有正实存东西的方式中呈现；因为正实存的东西或者是可感的或者是可思考的，并且知识是在什么东西可知道的方式中呈现，感觉是在什么东西可感的方式中呈现。第二，知识和感觉被划分来对应于实在性，潜在知识和感觉来回答潜在性，现实知识和感觉来回答现实性。在灵魂中，知道和感觉能力是潜在地指向这些可知或可感对象的。第三，心灵是形式的形式，并且感觉是可感东西的形式。思维对象是在可感形式中的，即在抽象对象和所有可感东西的状态和情感之中。因此，①没有一个人能懂得或理解那种感觉不出现情况中的任何东西，②当心灵积极地觉知任何东西时，它必然伴随一个意象来觉知它。

综上所述，我们可以看出，亚里士多德强调心灵思考其对象的方式之重要性以及相关的两种心理状态：可感状态和可思考状态，并且将对象或其形式处于灵魂之中，还很模糊地把意象当作知觉的内容，这些都成为后世心理内容研究的重要思想渊源。从整体上来看，亚里士多德的内容观仍具有民间心理学情结，而且他还首次在哲学层面上将质料范畴运用到心灵所指向的对象上，尽管一些范畴被混用，但这却种下了心理内容哲学研究的思想种子。此外，他还将心灵与对象、对象的呈现方式相关联，并指出这些与知识、感觉等的关系，对后世的相关研究开启了一种全新的思路。

---

① Aristotle. On the soul//Beakley B, Ludlow P. *The Philosophy of Mind*. Cambridge, MA: The MIT Press, 2006: 485.

三、中世纪哲学视域中的意向与内容观①

到了中世纪，人类心灵的这种指向外在之物的能力被予以明确。经院哲学家们认为，知觉、记忆、思维的每一种活动都涉及心灵的"意向"这一基本要素，他们创造性地将意向与常识的实物式内容观结合起来，形成传统的意向性观点：心灵通过某种方式对其对象的指向性或关于性。这种意向性体现了心灵所特有的把握世界的能力。经院哲学家们首次使用了一些意向性术语，对于意向、概念、映象、精神转化、理性等的描述说明了心灵所特有的一种把握世界的能力。②

奥古斯丁把"意向"（intentio）作为他的认知分析的主要对象。托马斯·阿奎那则认为，该词有意动层面（意欲、愿望）和认知层面（意向、指称）两重含义。通过意向性把握这种内在的对象，心灵便能认识外在的对象，心灵便拥有了内在对象作为内容，这进一步明确了内容与对象之间的心灵哲学意义上的关系。③

奥古斯丁在意向性研究历史上占有重要的地位。从思想渊源来说，他的观点主要来自于亚里士多德和斯多葛学派。首先是"意向"等术语的首创。他在《论三位一体》中，把"意向"（intentio）作为他的认知分析的主要对象。在他看来，视觉、记忆、思想的每一种活动都涉及"意向"这一基本的要素。他根据这种意向，加上认知的每一阶段所模仿的形式，对内容做了说明。其次，他探讨意向，旨在说明神的三位一体。他放弃了传统的逻辑说明方式，而转向心理学的说明。在他看来，如果有神的三位一体，它一定在人身上有反映，即我们有关于它的映象。这个映象一定不是完全封闭于心灵之内的，一定是关于外在的存在或不存在的东西。经过他对感知觉、记忆和自知这些心理过程的分析，他认为，正是当我们有了自知这种高级的思维形式时，我们才得到了可严格地称作三位一体的映象。再者，在许多情况下，他把意向描述为引导感觉朝向对象，进而让思想或思维转向记忆中的映象。在《创世纪文字注释》中，他认为，灵魂可以让它的意向力对准物体对象，在别的情况下，又可以让它转向映象。在《论三位一体》中，他把意向描述为"结合器和分离器"（coniunctricem ac separatricem），它可对记忆中的各种映象进行分解与组合。④

① 详见宋荣：《思维内容的心灵哲学探究》，北京：中国社会科学出版社，2012年：第63-65页。
② 宋荣：心理内容：心灵王国的一朵奇葩，《光明日报》，2014年8月27日理论版第16版。
③ 宋荣：《思维内容的心灵哲学探究》，北京：中国社会科学出版社，2012年：第63页。
④ 高新民：《意向性理论的当代发展》，北京：中国社会科学出版社，2008年：第28-30页。

托马斯·阿奎那一方面是早期意向性学说的集大成者，另一方面，他所形成的意向性理论又是布伦塔诺等人建立自己理论的主要资源和"养料"。他借鉴前人的有关思想，尤其是引进"意向的"这一关键概念。"他认为，该词有意动层面（意欲、愿望）和认知层面（意向、指称）两重含义。意向性是人把握外在对象的方式：人们不能直接把握外在对象，但是心灵在感知、思维时总有内在的对象呈现出来，因此通过意向性把握这种内在的对象，心灵便能认识外在的对象。由此他触及到了意向性的本体论和认识论问题，特别是对认识何以可能这一认识论难题做出了独特的回答。"①他坚持的原则是精神主义，即认为心中所浮现出来的东西不是外物本身，而是它们的某种"精神性变形"或"转换"（spiritual change）。"在他看来，外部对象完成它的向精神的转化要经历这样一些过程和意向性方式：①感知觉——提供直接的材料，②想象力——提供心像或观念，③理性、理智或思想——思考心像，形成关于可理解的形式的认识，④反思——对象是理智活动，结果是获得关于理智自身和上帝、天使之类的非物质实在的高级认识，⑤纯粹的思辨（pure speculation）——把握上帝的方式，因为人没有关于上帝的经验知觉。"②

可见，中世纪宗教哲学家对于内容的研究较之古希腊有了明确的主旨，并且创造性地使用了一些意向性术语，对于意向、概念、映象、精神转化、理性、反思等的描述，在说明外部对象如何转化为思维的内容方面进行了新的尝试。尽管诸多理论具有宗教神学特点，但也为内容问题的心理主义视角埋下了伏笔，使得内容问题与意向性紧密关联，也为当代非存在问题研究打开了一扇理性之门。

四、近代哲学视域中的心理内容观③

近代，笛卡儿认为，心理内容是心理状态的形式。他解释道：我们能够用两种不同的方式来看待一个心理状态：要么质料地看待，要么形式地看待。质料地考虑一个心理状态就等于无须诉诸这个心理状态所关于的对象来考虑之。一个心理状态仅仅是心灵中的一个过程，以至于质料地考虑所有的心理状态都是等同的。但当根据一个心理状态的内容来考虑这个心理状态的时候，这个状

---

① 高新民，刘占峰：意向性理论的当代发展，《哲学动态》，2004年第8期：第15-20页。
② 高新民：《意向性理论的当代发展》，北京：中国社会科学出版社，2008年：第32页。
③ 宋荣：心理内容：构造心灵的基石——西方心灵哲学中的心理内容范畴分析，《科学技术哲学研究》，2015年第1期：第9-13页。

态就被"形式地"看待了。笛卡儿认为,这个心理内容就是该心理状态的形式。例如,当思考太阳的时候,该思想的形式就仅仅是存在于这个心理过程中的太阳本身。正如笛卡儿所说,存在于我的心理状态中的这个太阳与存在于天空中的太阳是相同的太阳,尽管在我的心灵中太阳"客观地"(objectively)存在,并且在天空中以一种不同的方式("形式地")存在。① 笛卡儿坚持认为,在做出心理判断的过程中,我们在心灵中将对象本身(客观地存在着)联系在一起,从而形成心理状态所具有的内容。

洛克以这样的观点开始:复杂观念是由较简单的观念所构成的,就像分子是由更小的分子或原子所构成的一样。由于洛克是一个经验主义者,他坚持认为,我们没有任何天赋观念,最简单的、"原子的"观念必须来自于经验——来自于我们的五个外部感觉和我们自我觉知的内在感觉。这样,所有我们的概念遵循"心理化学"的一个简单原理:每一个观念最终都必须完全分解为从感觉中所获得的简单观念。但是后来的经验论者,如贝克莱和休谟就坚持认为,苹果或金子的经验属性是针对苹果或金子所存在的所有属性。洛克并不满足于这个结论,他坚持认为,存在以这些特征为基础的一个"实体"(substance),这些特征都"黏附于"它,并且这样的一个实体是一个苹果知觉或苹果思想最终所关于的东西。这种结合导致洛克产生了一个惊人的结论:由于观念必须分解为来自于感觉的"原子"观念,这个"实体"是通过它的本质隐藏在所有这样的经验特征后面的。

同时,洛克承认:我们的感觉所能够探测到的东西,仅仅可以是有关金子所具有的所有属性的冰山一角,并且我们的感觉仅仅可以探测到金子的表面属性,而不是决定其本质的那些特征。因此,洛克另外假定一个自然种类(像金子一样)的真正本质,他把这个真正本质当作由我们的感觉所探测到的引起经验属性的、被隐藏的微观结构。根据洛克的说法,金子名义上的本质是人类心灵亲自努力的结果(handiwork):我们将一簇特征考虑为一个东西,仅仅是为了方便而已(因为这些属性簇拥在了一起,并且有了比列出每一属性要简单些的简称)。然而,因为名义上的(nominal)本质仅仅是基于对象的表面特征的,洛克坚持认为:它们不可以反映世界中的真正结构,或者真正的自然种类。真实本质是基于世界的最终结构的。洛克曾怀疑科学研究能够探测实在性的微观

---

① Descartes. *Meditations on First Philosophy and Replies to Objections I-IV*//Beakley B, Ludlow P. *The Philosophy of Mind*. Cambridge, MA: The MIT Press, 2006: 487-488.

结构，他相信真实本质可以永远来自于人类知识的获得。①

而大卫·休谟遵循洛克的模式提供了心理状态的一个"原子论的"经验主义理论。正如在洛克那里一样，一些心理状态（例如记忆或意象）都是较早表征的复制，它们总是可以追溯到由感知觉或内在自我觉知所提供的原初物。但是，休谟简化了洛克的感知觉图式，并且他的整个心灵理论都无需指称外在于心灵的东西而被描述，这使得它被后来的学者（如普特南和福多）称为一个"唯我论的"的内容理论来源。②

莱布尼茨重视对心灵所指向的对象进行个体描述。他提供了一个众所周知的、有关我们具体个体（如"亚当""富兰克林"）概念的描述。莱布尼茨认为，每一个个体有一组本质的质，以至于思考具有这些质的某人会成功地从所有其他给予中挑选出这个个体。关于一个个体的哪些质是本质的，莱布尼茨认为，一个个体的所有的质对于成为这个人都是本质的。这样，上帝拥有一种包括每个个体名字的心理词典，并且对这个名字给予了无限长的定义，包括这个个体在任何时间都会拥有的每一个特征，并且具有无限的细节描述。后来莱布尼茨意识到了这个观点的一个问题，他在与安东尼·阿诺尔德（Antoine Arnauld）的一封信中陈述道：如果有关亚当的一切都是"通过定义"而为真的，那么思考有关亚当可能是不同的，这就会是一个矛盾。例如，从伊甸园里被赶出来，就是"亚当"的一个定义特征；因此，如果亚当没被赶出来，有关这会像什么的一个思想或语句就会包括（involve）术语上的一个矛盾——就像谈论有关一个结过婚的单身汉，或一个四边的三角形一样。然而我们似乎能够一致地思考和谈论有关亚当没被赶出来、未吃那个苹果等等。③

莱布尼茨赞同并解释的是：由于我们是生命有限的要死之人，我们不可能解决这种无限长的概念。相反地，我们必须使用定义质的一个被缩短的清单——包括可能在我们的"亚当"概念中的仅仅两三个特征，因而允许我们考虑亚当所拥有的特征是不同的。"……一个主词的内容必须总是包括该谓词的内容，以这样一种方式：如果一个人很好地理解该主词的概念，那么他会知道这个谓词也是属于它的。这样，我们能够说，这是一个个体实体的本质，或者是一个完整 being 的本质……。这样，国王的质，属于亚历山大的那种质，就无法

---

① Beakley B, Ludlow P. *The Philosophy of Mind*. Cambridge, MA: The MIT Press, 2006: 473.
② Hume D. *A Treatise of Human Nature*//Beakley B, Ludlow P. *The Philosophy of Mind*. Cambridge, MA: The MIT Press, 2006: 499-503.
③ Leibniz. *Discourse on Metaphysics*//Beakley B, Ludlow P. *The Philosophy of Mind*. Cambridge, MA: The MIT Press, 2006: 504-507.

充分地被决定来构成一个个体。……这是真的,无论多少有限数量的谓词,都不能决定其他余下的谓词,但正是这个完整的概念决定这个特定的个体……"①这样,通过论证我们的个体概念等于一个定义特征的清单,莱布尼茨提供对这些概念中的每一个概念如何成功地挑选这个人而不是其他人,给予了一个简单的描述。这样一个"完整的概念"会从所有曾存在或可能存在的人那里挑选出这个人。这种名称和个体概念的"描述"理论后来由罗素的摹状词理论所替代,这也为后来内容与对象相区分的理论研究提供了必要的思想渊源。

康德在先验唯理论思想和直观理论中体现出其心理内容观。首先,康德在其《逻辑学讲义》中,明确指出概念的内容和外延之间的关系。他说:"每一个概念,**作为部分概念**,被包含在东西的表征中;作为认知基础,也就是**作为标志**,这些东西被包含在它之下。在前者方面,每一个概念具有一个内容(inhalt),另一方面它具有一个**外延**(umfang)",并且"一个概念的内容和外延处于与另一个的相反关系中。一个概念在它自身下包含的越多,它在它自身中包含的就越少,反之亦然"。②康德对内容和外延所做的区分后来直接导致弗雷格运用其内容观到语言层面,成为弗雷格含义和指称区分的一个重要思想来源。

其次,在康德看来,经验对象是同一于感觉表征的内容,并且也类型同一于在我们的认知能力中被具体化的先天形式或结构。康德的先验唯理论认为:①所有认知的表征内容是严格地由"综合化"或有关人类心灵的先天认知能力的产生性行为在它们的基本形式或结构中所决定的;②人类认知的所有合适对象仅仅只是感觉表象或现象,而不是自在之物(things-in-themselves)。康德认为这两个论题直接由他下面的论题所蕴涵:空间和时间既不是自在之物,也不在本体论上依赖于自在之物,仅仅只是表象的所有经验直观的先天必然主观形式。③

最后,在直观理论上,康德重视对直观和概念的区分、可感性和理解在认知上的区分。一方面,在康德看来,没有内容的思想是空洞的,没有概念的直观是盲目的。康德有关盲目直观和空洞思想的名言真正所意指的东西是:为了做出客观有效的判断,直观和概念必须总是相互关联的。另一方面,可感性能力和理解能力的区分在认知上是有巨大影响的,因为它彻底探讨"心灵的根本

---

① Leibniz. *Discourse on Metaphysics*//Beakley B, Ludlow P. *The Philosophy of Mind*. Cambridge, MA: The MIT Press, 2006: 506-507.
② Kant I. *Logik*//Jasche J. *Kant's Gesammelte Schriften*, vol. XI (Berlin and Leipzig: de Gruyter, 1923); translated in *Lectures on Logic*. trans. Young J M. Cambridge, UK: Cambridge University Press, 1992: 39.
③ Kant I. CPR, A26-8/B42-44, A32-36/B49-53, A369//Hanna R. *Kant, Science, and Human Nature*. Oxford: Clarendon Press, 2006: 42.

来源"。可感性是心灵的知觉的、想象的、情感的能力。相比较而言，理解是心灵的逻辑能力和推论能力。直观和概念一起构成所有我们认知的元素，在这个意义上直观和概念一起由非基本的判断能力所联系在一起。对于康德来说，为了形成判断，在产生直观能力和产生概念能力之上或之外，没有任何其他能产生内容的能力。① 这也就是当前诸多学者所认可的：康德的直观理论是内容的概念主义和非概念主义之争的被隐藏了的历史起源。

综上所述，在心理内容范畴的传统理解中，大多学者或者将心理内容与对象或内在对象混同，认为当一个心理状态指向对象时，这个状态就拥有了心理内容，或者因民间心理学情结直观地接受实物式的内容观。② 这种传统理解成为现当代心理内容范畴分析的思想渊源和理论基础。

第二节 现代心理内容范畴的主要观点

在现象学传统中，布伦塔诺在复活意向性这个术语的同时，还将"内容"和"对象"等同使用。特瓦尔托夫斯基正式将这两个范畴予以了明确区分。迈农深受布伦塔诺和特氏的影响，在接受特氏的内容和对象观点的同时还形成了其独特的对象理论。而胡塞尔则明确将内容、意义和命题相关联。而在分析传统中，弗雷格直接采用康德的内容观，应用到语言层面，并在判断行动和被判断的内容（即"可判断内容"）之间做出了区分；他的含义观、思想观成为当代心理内容观的一个主要源头。摩尔的经验内容观在当代心灵哲学共同体中被认为是有关经验内容观点的主要源头。罗素将命题等同于命题态度内容，并将命题态度范畴正式赋予心灵哲学意蕴。

一、布伦塔诺及其弟子的现代内容观③

布伦塔诺在现当代哲学中复活了意向性这个术语，并用它来刻画心理东

---

① Kant I. CPR A69/B94，CPR A50/B74//Hanna R. *Kant, Science, and Human Nature*. Oxford：Clarendon Press，2006：86.
② 宋荣：思维内容的民间心理学情结，《福建论坛（人文社会科学版）》，2011年第2期：第38-44页。
③ 宋荣：心理内容：构造心灵的基石——西方心灵哲学中的心理内容范畴分析，《科学技术哲学研究》，2015年第1期：第9-13页。

西的本质。布伦塔诺认为，所有心理现象是意向的，意向性是心理的标志（mark）。这个论题表明：①所有的（all）心理现象是意向的；②仅仅（only）心理现象是意向的。布伦塔诺写道："每一种心理现象的特征，就是中世纪经院哲学家称之为有关一个对象的意向的（或心理的）内存在，以及我们可能称之为对内容的指称、对一个对象（在这里它不被理解为意指一个东西）的指向，或者内在的对象性的那种东西，尽管这些术语并不是完全清楚明白的。每种心理现象都包含把自身之内的某东西作为对象，尽管它们并不以相同的方式来如此做。……这种意向内存在是心理现象独有的特征。任何物理现象都没有表现出类似的特征。因此，我们能这样给心理现象下定义：心理现象是在自身中意向地包含对象的那些现象"。[1] 在这里，布伦塔诺使用"内容"是与"对象"同义的，他后来逐渐更偏爱词项"对象"，甚至直接将"内容＝对象"[2]。他将内容与对象都用来指心理过程中所出现的意向的、内存在的某物。这种所谓的"对象的内存在"、"内在的对象性"并不是被解释为这个东西在意识中所拥有的存在模式，而是用来不那么精确地描述：主体拥有某物作为一个对象，并且是心理上把握它、指向它的。这种对象是指内在对象，是人们接近、把握外在对象的前提条件。很显然，布伦塔诺坚持的仍是洛克以来的观念论或表征论路线。当然，这段经典文字在当代心灵哲学共同体中有一点是一致的：意向性是心理现象（如知觉的、概念的、思想或思维和有目的行为的心理现象，以及心理状态、事件和过程的心理现象）的关于性或指向性。

我们知道，人类直接面对的东西是经验，同时只有借助经验，才能认识外在对象。但经验与外在对象的关系必须以内容为中介，才能使经验关涉其对象。布伦塔诺的弟子特瓦尔托夫斯基和迈农等人把这个中介要素称作"内容"（inhalt，content）。特瓦尔托夫斯基论断道，我们必须在一个呈现的行为、内容和对象之间（the act, the content and the object of a presentation）做出区别。特氏所说的呈现是一种拥有两个部分的心理行为：一个部分是（行为）种类，它决定这个行为是一个呈现。这个心理行为的第二个部分是所谓的内容。这个内容决定该呈现在心灵面前带来什么样的特定对象，它是"有关"某个对象的，它不是该呈现的整个行为。[3] 并且"一个呈现的内容总是被构想为瞄准通过该内容被构想的

---

[1] Brentano F. *Psychology from an Empirical Standpoint*. trans. Rancurello A, Terrell D, McAlister L. London：Routledge, 1995：68.
[2] Brentano F. *Psychology from an Empirical Standpoint*. trans. Rancurello A, Terrell D, McAlister L. London：Routledge, 1995：77.
[3] Twardowski K. *On the Content and Object of Presentation*. The Hague：Martinus Nijhoff, 1977：viii.

那个对象的那个行为的内容。"①在此基础上，特氏首次从逻辑方面、实在性属性方面、等值呈现的存在方面来说明内容与对象的不同。②并且指出了一个呈现内容的实质构成成分可以根据是否具有相互可分离性部分的标准来划分，从而指出了同一呈现的内容和对象之间的关系。③特氏在布伦塔诺的内容对象混同观基础上，正式将这两个范畴予以了明确区分（详见后）。

迈农深受布伦塔诺和特瓦尔托夫斯基的影响，在接受特氏的内容和对象观点的同时还在对象问题上走得更远，形成了其独特的对象理论。在他的对象理论中有两个概念极为突出，也最为重要。一是 sein，可译为"存在"。如果说一个对象 sein（存在），那么就是说它有存在地位，即使这对象是虚无。二是 sosein，可译为"实在"或"实存"。他的对象理论认为：形而上学有两种，一是关于实存的形而上学，二是与实存无关的形而上学。它们合在一起就可用他发明的名称"对象理论"予以称呼。他提出了对象理论的两个基本原则：①独立性原则：对象的本质（如此之在或核内属性）不依赖于或独立于它的存在；②中立性原则：对于存在和不存在来说，对象是中立的，意即：说有某对象，没有任何本体论意蕴或本体论承诺。这一原则后导致了对存在谓词（exist, subsist, being）和中立谓词（there is）的区分。他的对象理论还从存在的等级形式上区分为三种，即实存、亚实存和非存在。值得注意的是，由于迈农对存在有特殊的理解，即认为对象包括实存和亚实存两类对象，因此他所说的非存在对象的范围比一般人所说的要窄，即指实存和亚实存对象之外的一切对象，如虚构对象、矛盾对象（如方的圆）等。④

在布伦塔诺意向内存在学说的最具影响的讨论中，胡塞尔明确将内容、意义和命题相关联。胡塞尔在考察意识内容时说："我们把'意义（sinn）'理解作内容，关于意义我们说，意识在意义内或通过意义相关于某种作为'意识的'对象的对象物"，并且他进一步明确："每一意向对象都有一个'内容'，即它的'意义'，并通过意义相关于'它的'对象。"⑤而在谈到意向对象与内容的关系时，胡塞尔指出：意义不是意向对象全部组成中的一个具体的本质，而是一种内在于意向对象之中的抽象形式，并且"看来似乎更合适的是仅将'意义'一

---

① Twardowski K. *On the Content and Object of Presentation*. The Hague：Martinus Nijhoff，1977：60
② Twardowski K. *On the Content and Object of Presentation*. The Hague：Martinus Nijhoff，1977：27-29.
③ Twardowski K. *On the Content and Object of Presentation*. The Hague：Martinus Nijhoff，1977：76-77.
④ 宋荣：《思维内容的心灵哲学探究》，北京：中国社会科学出版社，2012年：第144-154页。
⑤ 胡塞尔：《纯粹现象学通论》，李幼蒸译，北京：商务印书馆，1992年：第361-362页。

词定义作'质料',然后将意义和设定的特性统一体表示为'命题'"。[1]这样就使得对质料、内容、意义和命题的关联被予以明确,将传统的质料范畴与语言哲学中的意义范畴、逻辑哲学中的命题范畴等同统一起来。胡塞尔甚至论证道,当一个思想关注一个非存在对象时,我们应该说根本就没有任何一个主体所关联的对象,仅仅有具有某个意向"质料"(或当今被认为是意向内容)的思想的一个行为。[2]正是在这样的背景下,对象研究和内容研究被正式拓展为当代心灵哲学中意向性理论的两个独立研究领域。

可见,布伦塔诺的内容观是将内容与对象相等同,他的弟子则在其意向性理论基础上进行了深入挖掘,将内容与对象进行了严格区分,并且还将哲学上的质料范畴、意义范畴、命题范畴与内容范畴进行了首次关联,为后来的心理内容研究奠定了各具特色的发展进路。

二、弗雷格的内容观

首先,弗雷格的内容观念深受康德逻辑思想的影响。一方面,由于深感自然语言的不完善,弗雷格在《概念文字》(概念文字:Begriffsschrift,BS)中直接采用康德的内容观到语句情况;并在《概念文字》的前言中,明确指出唯一对他很重要的东西是**概念内容**(begrifflicher inhalt)。后来,在《论概念文字的科学依据》中,弗雷格在谈到语言的某种柔韧性和可变性时指出了内容与形式的不可分离性。他说:"我们需要一个符号系统,这个符号系统排除任何歧义,内容不能脱离这个系统和严格的逻辑形式。"[3]他希望概念文字"必须有逻辑关系的简单表达式,这些表达方式限制在必要的数量之内,必须能够被人们简便而可靠的掌握。这些形式必须适合于与内容最密切地结合在一起,以便能……达到描述的清晰。"[4]可见,在弗雷格的概念文字语境中,内容和形式是同样重要的。

另一方面,受康德判断理论影响,弗雷格在判断行动和被判断的内容(即"可判断内容")之间做出了区分。他运用符号"|—"来表示判断线和内容线,并指出"一个判断总是在这个符号|—的帮助下被表达,这个符号处在给予该判断的内容的符号或符号组合的左边。如果这个水平线左边的那条小垂直线被忽

---

[1] 胡塞尔:《纯粹现象学通论》,李幼蒸译,北京:商务印书馆,1992年:第369-370页。
[2] Husserl E. *Logical Investigations*. Moran D. trans. Findlay J N. London:Routledge, 2001:194-200.
[3] 弗雷格:《弗雷格哲学论著选辑》,王路译,北京:商务印书馆,1994年:第39-40页。
[4] 弗雷格:《弗雷格哲学论著选辑》,王路译,北京:商务印书馆,1994年:第42页。

略，那么这个判断就会被转换成一个纯粹的观念组合（a mere complex of ideas），对此，该作者并不陈述是否他接受它的真。"① 这表明，通过组合"观念"，我们"形成"一个可判断内容，然后通过认为它为真或假来进行判断。在这里，弗雷格明确指出，这条垂直线为判断线，而这条水平线（即内容线）之后出现的东西必然总有一种可判断的内容。在 BS 的 §3 中，弗雷格通过一个例子来解释这种内容观："在普拉蒂亚希腊人战胜波斯人"和"在普拉蒂亚波斯人被希腊人战胜"具有相同的概念内容，并且只有这种概念内容对概念文字有意义。在此基础上，弗雷格还指出，人们区别出全称判断和特称判断，这其实不是对判断的区别，而是对内容的区别。如人们应该说："一个具有全称内容的判断"、"一个具有特称内容的判断"。②

其次，在谈论内容同一问题时，弗雷格指出，符号一般只是其内容的代表者。有符号在其中出现的各种组合仅表达它们的一种内容关系，而一旦它们由内容同一符号联结在一起，它们就突然将它们自己表现出来；因为由此表示了两个名字具有相同内容这样的一种情况，因此，引入一个内容同一符号必然产生所有符号意谓方面的分歧，因为相同的符号有时表示它们的内容，有时表示它们自己。③ 后来，弗雷格自己表明，在他写《算术基础》的相关论证时，他还没有区别含义和指称这对范畴，其书中词项"inhalt""bedeutung"和"sinn"都是可相互交换地被使用的。④ 他还明确指出："可判断内容"这一表达式概括了他以"思想"（thought）和"真值"所区别表达的东西。⑤ 正因如此，"BS 的可判断内容观念是含义–指称区分的一个根源；更精确地说，它是后来的思想、一个语句的含义观念的先驱。"⑥

再次，弗雷格对概念内容的 BS 描述导致他拒斥语句主项和谓项之间的那种传统区分，并重视对同一性语句的描述。前面所述的、他对具有相同内容的语句的例子显示，那个相同的东西能作为主项和谓项出现，而无须改变这个内容。然而，在 BS 中函数和论证观念被解释是为了语言表达式，并且一个复合表达式的内容是由该表达式的部分的内容所组成的。这种有关内容的组合性表明：

---

① Beaney M. *The Frege Reader*. Oxford：Blackwell，1997：52.
② 弗雷格：《弗雷格哲学论著选辑》，王路译，北京：商务印书馆，1994 年：第 8 页。
③ 弗雷格：《弗雷格哲学论著选辑》，王路译，北京：商务印书馆，1994 年：第 19 页。
④ Beaney M. *The Frege Reader*. Oxford：Blackwell，1997：15.
⑤ Beaney M. *The Frege Reader*. Oxford：Blackwell，1997：186.
⑥ Potter M，Ricketts T. *The Cambridge Companion to Frege*. Cambridge，UK：Cambridge University Press，2010：230-231.

第一,一个表达式的一个部分的内容是这整个表达式的内容的一部分;第二,如果两个表达式具有相同的内容,在一个更大的复合表达式范围内用其中一个置换另一个,不会改变这整个表达式的内容。①假定 a=b,并且考虑语句 "a=a" 和 "a=b"。这两语句具有不同的结果,因而它们必须在内容上有所不同。弗雷格接受了莱布尼茨的同一性定义,从 "a=b" 和 "Fa" 一起,就能推出 "Fb"。而从 "a=a",不会得出任何这样的结论。由于 a=b,名称 "a" 和 "b" 具有相同的内容,这样用其中一个置换另一个不应该改变这整个句子的内容。但是,这样一种置换把 "a=b" 转换成 "a=a"。因此,这两语句必须具有那个相同的内容。

弗雷格如何回应这个"两难"?在1892年之前的很长一段时期内,正是这种同一性陈述和对象观念的困难,一直纠缠在弗雷格心中。直到后来弗雷格在给胡塞尔的一封信中,他才非常清晰地对含义和指称做出了区分。他在信中以图表的方式,表明专名的指称即对象,概念语词的指称即归并入该概念之下的对象。②进而在1892年的《论含义与指称》中开启了含义–指称区分的正式篇章;也正因如此,弗雷格的"内容"观念也正式分为"含义"和"指称"两个观念。

弗雷格明确指出:很自然地思考的是,一个符号(名称、语词的组合、被书写的标记)除了关联于这个符号所表示的、可以被称为该符号的指称之外,还关联于该符号的含义(在其中包含呈现方式)。只有当符号之间的那个不同对应于被表示的那个东西的呈现方式上的一个不同时,这个不同才能出现。③这也就表明,在弗雷格看来,呈现方式对于符号的含义是极其重要的。正如"昏星"和"晨星"的指称会是相同的,但其含义是不同的,因为其呈现方式不同。在弗雷格的语境中,一个专名的指称就是我们通过使用之所表示的那个对象本身;在这种情况中我们所拥有的那个观念整体上是主观的;在这两者之间的是含义,它的确不再像那个观念一样是主观的,但也不是那个对象本身。这也就是说,在弗雷格那里,含义是介于观念和被指称对象之间的,体现了两者之间的呈现方式。

弗雷格使用一个通过望远镜观察月亮的例子来进行类比。月亮本身比作那个指称,它是观察的对象,是以这个望远镜内部里面的物镜所投射的那个真实意象为中介的(mediated),并且以该观察者的视网膜意象为中介的。弗雷格把前者比作含义,把后者比作像观念或直觉一样。望远镜里面的光学意象是片面

---

① Potter M, Ricketts T. *The Cambridge Companion to Frege*. Cambridge, UK: Cambridge University Press, 2010: 234-235.
② Beaney M. *The Frege Reader*. Oxford: Blackwell, 1997: 149.
③ Beaney M. *The Frege Reader*. Oxford: Blackwell, 1997: 152.

的并且依赖于观察的角度；但是它仍是客观的，因为它能被若干观察者所使用。在任何情况下它能同时被安排给若干观察者。但是每一个观察者会拥有他自己的视网膜意象。这就说明了对象（被指称的月亮）、含义（通过望远镜对月亮的呈现）与观念（视网膜对月亮的感知）之间的不同所在。这也引发了当代学者对知觉经验对象、知觉经验内容的广泛研究。

更重要的是，弗雷格的思想观成为当代心理内容观的一个主要源头，当代通常称之为弗雷格式命题观。从整体上来看，弗雷格的"思想"具有如下本质特征：

第一，弗雷格从语言入手，指出思想是语句的含义，思想是被构造的实体。一方面，语句表达思想，并将语句的含义称为思想。在《思想》（1918）中，弗雷格从真入手，分析什么叫作一个语句？它"是一系列声音，但仅仅如果它具有一个含义（这并不是说任何具有一个含义的系列声音就是一个语句）。并且当我们称一个语句为真时我们真正地意味着它的含义为真。……因此我能说，思想是语句的含义，无须希望断言每一个语句的含义是一个思想。……我们说，一个语句表达一个思想。"①在这里，弗雷格是在逻辑学家著作中这种"判断"的意义上使用"思想"一词的。其实，早在《论概念和对象》（1892）中，弗雷格就强调"不同的表达式经常具有一些共同的某个东西，我称这个东西为含义，或者，在句子这种特殊情况中，我称之为思想。换句话说，我们必须承认这个相同的含义、这个相同的思想可以不同地被表达；这样在这里这个不同并不关注于这个含义，而是关注于这个思想的理解、细微变化或修饰，并且这个不同是与逻辑不相关的。……对于语言的所有多样性来说，人类具有一个共同的思想宝库。"②而在《论含义与指称》中，弗雷格在讨论了表达式、语词的含义和指称之后，开始探讨有关一个完整的断定句（assertoric sentence）的含义和指称。他认为"这样的一个语句包含一个思想。"这个思想不能是这个语句的指称，而必须把它理解为它的含义。在这里，他用"思想"不是指思维的主观执行，而是指思维的客观内容，它能够成为若干思考者共同所有的属性（common property）。③他还进一步指出，我们从未能仅仅关注于一个语句的指称；这个纯粹思想单独并不产生任何知识，但仅仅这个思想与它的指称（即它的真值）一起才产生知识。④

另一方面，弗雷格论证思想是被构造的，并且他模仿"语句结构"构造

---

① Beaney M. *The Frege Reader*. Oxford：Blackwell，1997：327-328.
② Beaney M. *The Frege Reader*. Oxford：Blackwell，1997：184.
③ Beaney M. *The Frege Reader*. Oxford：Blackwell，1997：156.
④ Beaney M. *The Frege Reader*. Oxford：Blackwell，1997：159.

"思想结构"这种表达,并把思想结构理解为一个由思想形成但不是仅仅由思想形成的东西。具体来说,弗雷格论证其被构造的思想的思路如下:①语句是由部分所组成的被构造的整体;②语句如此被构造以至于一个"不可数的数量"是可产生的(generable),从一有限的基本词项和一有限规则集的语句组合中;③语句是表达和交流思想的工具;④语言上可表达和可交流的思想的数量本身是不可数的;⑤一个自主体对由一个语句所表达思想的把握是由该相关语句的结构的一种再认知(recognition)所作中介的;⑥语句结构能发挥它的中介作用,仅当语句结构反映该思想的结构;⑦因此,思想也必须是被构造的。对于弗雷格来说,思想和它们的构成成分具有明显的边界。

第二,思想是第三世界的,它们不被任何个体思考者所"拥有"。弗雷格认为,一个思想既不是其含义给予我们接触到的外在物理世界的一个元素,也不是一个纯粹主观序列中的一个元素,如含义印象和观念。"思想既不是外在世界的东西,也不是观念。"[①]这也就是说,思想不属于外在世界,也不属于内心世界,而属于第三世界,属于中立客观的世界。弗雷格认为,思想的实际表达媒介是句子,并且思想就其本质而言,是非时间性的和非空间性的。[②]人们称为思想清晰性的东西实际是指在我们使用这个词的意义上思想的获得、思想的理解所达到的完美境地,而不是思想的一种性质。这样,弗雷格将思想与思想的把握、理解做出了明确区分,从而使得对思想的分析更加微观化。

第三,思想是真值的初始承担者,并且承认思想的真就是做出判断行为。一方面,弗雷格指出,真显然是基始的和简单的东西,以致不可能再还原为更简单的东西。[③]并且思想具有真这种性质。思想的性质,即真这种性质与事物的各种性质结合在一起。我们不可能在一个事物上认识到某种性质,而不同时发现这个事物有这种性质这一思想是真的。"因为我称之为思想的东西与真有密切联系。对于我承认为真的东西,我做出判断说,它完全不依赖于我对其真的承认,也不依赖于我是否对它进行思考而是真的。一个思想是真的,与这个思想是否被考虑无关"。[④]

另一方面,弗雷格明确了内容与断定之间的关系。他认为,在一个断定句中要区别两个东西:内容和断定。这种内容就是这个思想或至少包含这个思想,因此表达一个思想而无须把它说成是真的,这是可能的。在一个断定句中,这种

[①] Beaney M. *The Frege Reader*. Oxford: Blackwell, 1997: 336.
[②] Beaney M. *The Frege Reader*. Oxford: Blackwell, 1997: 190.
[③] Beaney M. *The Frege Reader*. Oxford: Blackwell, 1997: 182-183.
[④] Beaney M. *The Frege Reader*. Oxford: Blackwell, 1997: 133.

内容与断定如此地紧密结合，以至于很容易忽略它们的可分性。因此我们区别：①对一个思想的把握——思维（正思考 thinking）；②对一个思想的真之承认（acknowledgement）——判断行动；③对这个判断的显示（manifestation）——断定。①

这也就是说，当我们内心承认一个思想为真时，我们就做出判断；当我们表明这种承认时，我们就做出断定。我们可以进行思考，而不做出断定。②弗雷格指出，思想不是由思维形成的，而是由思维所理解。"（1906 年）我大致像逻辑学家使用'判断'一词那样使用'思想'一词"。并且思维是对思想的把握："在把握一个思想之后，可以承认（判断）它是真的并且表达出（断定）这一承认。……拒绝一个思想和承认另一个思想均是一种行为。"弗雷格认为，我们有一个思想，但并不是像我们有一种感觉印象那样，而且我们也不能就像我们能看见一颗星星那样有一个思想。因此，这里最好选择一种特殊的表达，而"把握"这个词为此目的表明其用法。对思想的把握必须相应于有一种特殊的心理能力、思维力（the power of thinking）。在思考过程中，我们不是产生思想，而是把握思想。③并且思想的存在也可以指思想可被不同的思考者作为相同的东西来把握。

由此可见，弗雷格完全正确的是：抵制了唯心论的观点（即两个思考者思考相同的思想，这是不可能的）；但弗雷格错误的是：把唯心论与心理主义等同看待；尤其是，弗雷格错误地认为，思想的研究能以某种方式与思维的研究分开。尽管弗雷格强调其"思想"是第三世界的，但仍强调主体对思想的把握、理解，并且将语句与思想进行了区分，使得语言哲学与逻辑哲学在思想问题上开启了弗雷格式命题研究传统。当代新弗雷格主义学者在表述内容观时，甚至用"thought-content"来显示自己的弗雷格式研究立场。④弗雷格的思想观为后来的意义-内容问题开启了新的研究思路，也成为逻辑哲学、语言哲学、心灵哲学共同研究内容问题的一个重要思想来源。

三、摩尔、罗素等人的内容观⑤

当代心理内容范畴分析离不开摩尔和石里克的启示性贡献。在摩尔

---

① Beaney M. *The Frege Reader*. Oxford: Blackwell, 1997: 329.
② Beaney M. *The Frege Reader*. Oxford: Blackwell, 1997: 194-195.
③ Beaney M. *The Frege Reader*. Oxford: Blackwell, 1997: 341-342.
④ 宋荣：《思维内容的心灵哲学探究》，北京：中国社会科学出版社，2012 年：第 194-209 页。
⑤ 宋荣：心理内容：构造心灵的基石——西方心灵哲学中的心理内容范畴分析，《科学技术哲学研究》，2015 年第 1 期：第 9-13 页。

（G.E.Moore）那里，感觉经验（sensory experience）包括意象、梦中的感觉经验、幻觉与错觉、后像、合适的感受（sensations proper）五类。① 在这里，摩尔意义上的经验实质上是指主体能够逻辑理性化之后所剩下的那些心理状态。具体来说，摩尔的经验内容观是在谈论经验的内容问题时涉及的。他在《拒斥唯心论》一文中谈论这个观点（尽管他拒斥之），对蓝色的感觉涉及把蓝性作为它的"内容"。他所意指的东西就是：它涉及一个属性的例示。摩尔谈到在任何感受或观念中"意识"与"对象"的关系时，明确坚持这样的对象就是这样一个感受或观念的"内容"。在每一种情况中我们能区分这两个元素：①存在这样的感觉或经验；②什么东西被感觉或经验到；这种感受或观念形成一个整体，在其中我们必须区分两个不可分开的方面："内容"和"存在"。当摩尔讨论"蓝色被认为是'蓝色的感觉'的内容的一部分时"，他比较一个有关蓝色的感觉和一个蓝色的胡须，并且认为"这个蓝色对此意识的关系是被构想来确实相同于这个蓝色对眼睛或头发的关系：在所有这些情况中，它是一个东西的质。"② 所以，摩尔的这种说法在当代心灵哲学共同体中被认为是有关经验内容的"质的"观点的主要源头。

维也纳学派的代表人物石里克在否定立场上来阐述形式和内容的不同。在论文《形式与内容》中，他明确指出："形式和内容之间的不同，严格地说，是能够被表达的东西和不能被表达的东西之间的不同。"③ 石里克不仅谈论有关心灵，而且应用内容和形式之间的区别到像颜色的经验一样的东西中。他论证道，尽管一个人能够表达有关东西的颜色的一些真，但"内容本身（如树叶的绿色）……不能由任何一个表达式所把握"，这"不是因为内容太难而得不到，也不是因为研究它的正确方法还没有被找到，而是因为在问有关它的任何问题方面，不存在任何意义。不存在有关内容的任何命题，也不可能存在任何这样的命题。"④ 可见，石里克的否定内容观因强调形式的重要性而否认内容的存在，这也为后来的蒯因、丘奇兰德等人坚持内容的取消式观点⑤埋下了伏笔。

在摩尔和石里克内容观的影响下，罗素形成了自己独特的命题内容观。罗

---

① Moore G E. The refutation of idealism. *Mind*, 1903, 12（48）: 433-453.
② Moore G E. The refutation of idealism. *Mind*, 1903, 12（48）: 433-453.
③ Schlick M. Form and content//Mulder H L, van de Velde-Schlick B. *Moritz Schlick: Philosophical Papers*, vol. II: 1925-1936. Dordrecht: Reidel, 1979: 291.
④ Schlick M. Form and content//Mulder H L, van de Velde-Schlick B. *Moritz Schlick: Philosophical Papers*, vol. II: 1925-1936. Dordrecht: Reidel, 1979: 303-306.
⑤ 详见宋荣：《思维内容的心灵哲学探究》，北京：中国社会科学出版社，2012年，第8章。

素将命题等同于命题态度内容，认为命题态度的内容是以命题的形式呈现出来的，并且具有命题内容的一个意向状态就是一个命题态度。一方面，罗素尝试显示有关像圣诞老人一样的个体信念如何能是有意义的，而无须诉诸迈农的非存在对象；另一方面，罗素首次对民间心理学的命题态度范畴进行了逻辑层面的分析。他在《心的分析》中将期望这种态度的内容与信念内容进行了比较，同时指出两者作为态度是不同的，并且态度是指向对象的。而在讲到信念（belief）的内容时，罗素明确地将用语词表达的信念内容与命题相等同。他说："一个信念的内容，当被用语词表达时，是和逻辑上被称之为一个'命题'的东西相同的东西。"[1] 在此基础上，罗素进一步分析了命题的逻辑特征。他说："一个命题是表达那种能被肯定或否定的一系列语词（或有时是一个单一语词）。在我们的措辞中，不是任何系列的语词都是命题，只有那种具有'意义'或'客观指称'的系列语词才是命题。"[2] 罗素将意义、内容、命题三个范畴进行了合理的逻辑联结，从而将民间心理学的命题态度及其内容与语言哲学、逻辑哲学相关联，开启了命题内容研究的当代视野。

---

[1] Russell B. *The Analysis of Mind*. London：George Allen and Unwin，1921：261.
[2] Russell B. *The Analysis of Mind*. London：George Allen and Unwin，1921：261.

第二章
当代心理内容范畴的内涵与主要维度

心理内容问题是与意向性问题息息相关的。当代意向性研究主要有四种方案：自然化方案、语言－逻辑分析方案、微观结构分析方案、现象学描述方案。在当代心灵哲学语境下，心理内容就是主体的心灵指向对象的方式，它体现了心理状态所具有的独特方面，以及心灵把握世界的特有能力。

心理内容范畴的内涵主要体现如下：①心理内容归属于主体的心理状态；②心理内容是心灵对对象的呈现方式；③心理内容体现心灵、语言与世界的关系。它主要在四个维度上被呈现出来：语义维度上的心理内容是指语言表达主体所理解或把握的语句（或语词）的意义；逻辑维度上的心理内容是指用来呈现语句意义的命题；现象学维度上的心理内容是指经验内容；表征维度上的心理内容是指心理表征内容，是指心灵中对象被表征的方式。

第一节 当代心理内容范畴的内涵

通常，我们处在某种心理状态之中。例如，当我们相信时总有什么东西被我们所相信；当我们期望时总有什么东西被我们所期望；当我们想象时总有什么东西被我们所想象。例如，我们相信我们的生活会更美好；我们期望空气中的雾霾会消失；我们想象自己成为一只蝙蝠会是什么样子。在这里，"我们的生活会更美好""空气中的雾霾会消失""自己成为一只蝙蝠会是什么样子"是"相信""期望""想象"这些心理状态所包含的内容。[①] 研究这样的心理状态所具有的内容的学问，就是当代心灵哲学中前沿的心理内容理论，它也是当代研究意向性问题的核心之所在。心灵哲学语境下的心理内容问题是与意向性问题息息相关的。

一、当代意向性研究的最新进展[②]

布伦塔诺在现当代哲学中复活了意向性这个术语，并用它来刻画心理东西的本质。他将意向性作为心理的标志（mark），用来区分心理现象和物理现象。为什么意向性在哲学上如此地令人感兴趣？原因之一就是，它提供一种我们回答下面问题的方式：我们用什么来统一有关心理东西的概念？在我们称之为"心理的"过程中，正是什么东西为我们辩护其合理性的那种心理状态所共有？布伦塔诺给予的回答是：意向性。他认为，心理现象是意向的，这被称之为"布伦塔诺论题"。

在当代，布伦塔诺论题通常被划分为两个论断的合取：①所有的（all）心理现象是意向的；②仅仅（only）心理现象是意向的。有时候布伦塔诺论题还被给予这样的观点：没有任何物理的东西是意向的，然而这个观点不同于布伦塔诺论题。因为，当我们在考虑所有心理状态是意向的时候，并不需要考虑①是否任何其他东西是意向的，或者②是否任何物理的东西是意向的。

当代心灵哲学共同体在布伦塔诺论题上有一点是一致的：意向性是心理现象（如知觉的、概念的、思想或思维和有目的行为的心理现象，以及心理状态、事件和过程的心理现象）的关于性或指向性，并且这种心灵的意向主义倾向在当代心灵哲学中仍占主导地位。[③] 在布伦塔诺论题基础上，意向性问题的当代核心是：①如何解释意向性在自然或物理世界中的位置；②如何解释关于非实存东西的思想？第一个问题与物理主义相关，第二个问题与非存在问题相关。前

---

① 宋荣：心理内容：心灵王国中的一朵奇葩，《光明日报》，2014年8月27日理论版第16版。
② 宋荣：意向、内容与心灵：当代西方心灵哲学中意向性研究的最新进展，《哲学研究》，2014年第12期：第107-111页。
③ Crane T. Intentionalism//McLaughlin B，Beckermann A，Walter S. *The Oxford Handbook of Philosophy of Mind*. Oxford：Oxford University Press，2009：474-493.

者表现为意向性的自然化运动①，后者表现为对象理论的多视角研究。

那么，布伦塔诺意义上的意向对象又该如何理解呢？纵观布伦塔诺的意向性思想，在意向内存在性的理解中，如果为了让 A 作为一个对象存在"在 B 中"或者与 B 相关，则 A 和 B 都必须存在。但是当布伦塔诺说这些态度"意向地包含一个对象在它们之中"时，他正指称的事实是：这些态度能真的被说成是具有"对象"，即使这些对象事实上不存在。②在此基础上，布伦塔诺在谈到心理指称时进一步明确了意向关系的本质。他认为，每一个心理活动的特征就是对作为一个对象的某物的指称，并且每一个心理活动似乎是关系性的某物；如果某人思考关于某物，正在思考的这个人必须存在，但是他的思考的对象根本不需要存在。鉴于此，这种心理关系被他称为"准关系"（quasi-relational）。并且他指出，所有心理指称都指称东西（things），但在许多情况中我们指称的东西并不存在。③显然，布伦塔诺似乎正以当代分析哲学家所用的方式在表达意向性问题。因为我们知道，关于某物的思考显然是这个思考者和被思考关于的东西之间的一种关系。但是，关系通常蕴涵关系者项的存在，然而我们却能思考关于不存在的东西。

尽管布伦塔诺特别关注我们能如何表征心灵之外并不实存东西（如独角兽）的问题，但他的最初观念是，如果一个人思考有关一个独角兽，那么一个人的思想就具有一个实存的意向对象。然而这个对象并不是外在实在的一个具体居住者，而是一个暂时的实体，仅仅存在于心灵之中。因此，每一个思想具有一个对象，恰恰是有关非存在实体的思想对象是心理对象。④可见，布伦塔诺引入"意向对象"术语是为了解决我们如何能思考有关非实存对象的问题。因为布伦塔诺坚持认为思想和经验的对象总是这样的意向实体。例如，如果一个人正在思考有关法国的一个城市，他的思想的直接对象就是一个意向对象而不是一个城市。这也就引发了当代学者对非实存对象问题的持久关注。当代对非实存对象问题的心灵哲学兴趣来自于对思维或心理表征给予一般说明的需要。因为没有一个关于非实存对象的思维层面上的描述，我们就缺少对成为一个思维对象意指什么的说明；而没有对思维对象的说明，我们就缺少对意向性的说明。我

---

① 详见宋荣：《思维内容的心灵哲学探究》，北京：中国社会科学出版社，2012 年，第 9 章。
② Chisholm R. *Perceiving*：*A Philosophical Study*. Ithaca：Cornell University Press，1957：168.
③ Brentano F. *Psychology from an Empirical Standpoint*. trans. Rancurello A，Terrell D，McAlister L. London：Routledge，1995：291-292.
④ Segal G. Intentionality//Jackson F，Smith M. *The Oxford Handbook of Contemporary Philosophy*. Oxford：Oxford University Press，2005：283-309.

们知道，关于非实存对象的思维是意向性的一个普遍存在的、特有的、不可取消的特点。思维对象是我们思考所关于的东西，是普赖尔称之为"一个更自然含义"中思维的对象。① 这也就导致后来的对象问题和内容问题成为心灵哲学中两个相对独立但又关系密切的研究领域。

当代意向性研究主要有四种方案。近年来，意向性研究的**自然化方案**一直主导着有关意向性的哲学理论化。这种方案主要关注如何以非意向机制来说明意向性的自然化，并且其中的意向实在论假定已经表明，要么自然化意向性，通过把意向状态还原到行为、神经生理学、物理学，从而坚持还原论立场；要么论证：这样的还原是不可能的，并且相应的意向词汇是空洞的谈论，应该从我们的科学理论中被取消。前者表现为当代流行的物理主义与意向性的存在相和谐一致，通过用非意向的术语（如信息、表征、固有功能等）来解释意向性问题，从而形成表征论进路、目的论进路、工具主义进路、信息加工进路、功能主义进路以及发展心理学与神经生理学进路。② 后者从对立面出发，说明我们应该假定一种意向心理实体的不可还原的范畴：还原的物理主义必定为假。③ 蒯因则认为，如果我们假定还原物理主义，我们能采用意向性的不可还原性来阐述"意向习语的无根据性和一门意图科学的空洞性"。④

目前这种自然化方案也面临诸多质疑。一方面是对已有具体理论的质疑，如福多的思维语言假说仍被广泛争论，并且这种思维语言还处于较深层次的哲学麻烦当中：在过去的几年里大量的分歧（cracks）已经出现在它的概念基础中，它的意义理论与它的计算理论相冲突；而且它的概念理论"太脆弱而不能令人满意"。⑤ 而目的论理论也面临着三大反对意见：确定性反对意见、客观性反对意见和理性能力反对意见。⑥ 另一方面是对有关整个自然化纲领的一般质疑。尽管许多自然主义哲学家仍忠实于某种心理状态的表征主义方式，但在表征和信息携带方面，这种表征传统在过去40多年里仍在尝试还原意向性。"但我们应该质疑所有这些，并且有明显的事实无法蕴涵意向性能被还原到因果关系和其他某种东西上"。⑦

---

① Prior A N. *Objects of Thought*. Oxford：Clarendon Press，1971：1-2.
② Lyons W. *Approaches to Intentionality*. Oxford：Oxford University Press，1995，Part1-2.
③ Chisholm R. *Perceiving*：*A Philosophical Study*. Ithaca：Cornell University Press，1957，ch.11.
④ Quine W V O. *Word and Object*. Cambridge，MA：The MIT Press，1960：221.
⑤ Schneider S. *The Language of Thought*：*A New Philosophical Direction*. Cambridge，MA：The MIT Press，2011：x.
⑥ Price C. *Functions in Mind*：*A Theory of Intentional Content*. Oxford：Oxford University Press，2001：5.
⑦ Johnston M. *Saving God*. Princeton：Princeton University Press，2009：136-144.

正是在这种对传统主流方案质疑过程中，意向性研究的其他方案被予以拓展。第一种拓展方案是当前的**语言－逻辑分析方案**。它力图通过考察主体的一些具体语言报告来刻画心理现象的语言或逻辑属性，从而关注意向性。一些哲学家尝试通过相关语义策略来研究报告意向性的语句，从而明确（或甚至避开）相关的本体论和认识论困难。但由于在许多涉及心理动词的语句中，普遍的共指称语言表达式的置换和存在概括并不被认为真，如莱布尼茨规则（从 Fa 和 a=b 推出 Fb）和存在概括规则（从 Fa 推出（∃x）Fx）就无法应用到所有报告意向性的语句中。莱布尼茨规则的失败是因为：一个意向关系的获得依赖于关系者项被刻画的方式；存在概括规则在内涵情境中的失败是因为：意向状态能关涉并不存在的东西。而这两个规则无法持有的情境是众所周知作为"非存在的"情境。这就由此引发了两个重要范畴的严格区分：内涵性范畴和意向性范畴。

鉴于这样的分析传统，许多哲学家开始对意向性进行微观考察，从而形成其第二种拓展方案：**微观结构分析方案**。这种方案的主要代表人物有塞尔、克瑞恩和斯特劳森等人。他们都认为，在他们的研究中包括第一人称视角是必要的，并且论证意向性结构被详细刻画的重要性。在塞尔的意向性结构分析的基础上，克瑞恩进一步明确指出意向性的一般结构为：主体—意向模式—意向内容。①在这里，意向模式就是主体处于对他的意向状态内容中的关系，是如信念、期望一样的命题态度。②意向内容则是指它表征关于或被指向其上的东西的方式，即体现对象是如何被表征的，而这种关于或被指向其上的东西就是意向对象。斯特劳森则以严谨的逻辑思路表明我们所拥有的东西就是一个经验 E、一个逼真的（living）内容 C、一个体现其内容的主体 S，从而对经验、经验主体和经验内容三者之间的关系（E=S=C）进行微观的逻辑分析。③这种研究方案将意向性问题引入到深层次的形而上学思考和与现象学传统的融合当中，并且逐渐成为当代意向性问题研究的主流方案。

目前日益引起学界重视的是意向性的第三种拓展方案：**现象学描述方案**。在传统的认知学科框架下，正是意向性研究让分析传统和现象学传统再次相互靠拢，这主要得益于三个方面的发展：第一个方面是对现象意识的一种幸存的研究兴趣；第二个方面发生在对现象学作为一个哲学－科学方案的重新考虑使得有关认知具身方案的出现；第三个方面是：相关联于实验科学的认知的现象

---

① Crane T. *Elements of Mind*. Oxford：Oxford University Press，2001：31.
② Crane T. *The Objects of Thought*. Oxford：Oxford University Press，2013：4.
③ Strawson G. What is the relation between an experience, the subject of the experience, and the content of the experience？. *Philosophical Issue*，2003，13：279-315.

学方案已经在神经科学中所取得的进展。现象学者主要感兴趣于意向性作为意识的一个决定性特征,而且他们具体关注于从第一人称视角(即从主体的观点)来描述意向性,都力图在对意向性进行描述分析的过程中来寻找澄清心灵和世界之间的关系。[1]当代现象学中的主导倾向是,如果我们忽视意向性,就不可能理解主体性和经验的本质。[2]

在当前的现象意向性研究方面,其关键论题是:表征主义是正确的,并且经验和意向性之间的关系非常紧密。这在对窄内容存在的论证上表现尤为明显。一方面,一些学者强调强外在主义者理论(所有意向内容是外在内容)在有关意向性方面根本上是被弄错的,因为现象意向性是独立于外在因素的。因此心理意向性的整个现象不能根据主体和他的环境之间的外在关系来被解释。另一方面,一些学者强调现象意向性是一种较根本的意向性,并且是宽内容或宽的真之条件的一个先决条件。由于经验的现象特征本身是窄的,我们可以得到对窄内容存在的如下论证:①有令人信服的意向内容,它在构成上单独依赖于现象学;②现象学在构成上仅仅依赖于窄因素;③有一个令人信服的意向内容,它在构成上仅仅依赖于窄因素。[3]这表明当代心理内容的宽窄之争从分析哲学传统已经拓展到了现象学传统当中。

另外,值得注意的是,现象意向性近期研究中出现的一些新想法也引发了认知现象学视角的意向性研究。认知现象学是一种范式上与有意识思想相关的一种现象学,也是与有意识知觉和情感相关的一种现象学。哲学家们已经论证道,对于命题态度类型和意向内容来说,存在不同的认知现象学。也有一些学者已经明确指出意向状态具有现象特征。随着认知现象学的拓展,有意识思想及其认知现象学属性作用研究将会逐渐引起学界的广泛关注。

二、当代心理内容范畴的内涵理解[4]

随着当代意向性研究的挖掘和拓展,以及对非实存对象问题的深入研究,

---

[1] Crane T. *The Objects of Thought*. Oxford: Oxford University Press, 2013: 89-90.
[2] Gallagher S, Zahavi D. *The Phenomenological Mind: An Introduction to Philosophy of Mind and Cognitive Science*. London: Routledge, 2008: 110-111.
[3] Horgan T, Tienson J. The intentionality of phenomenology and the phenomenology of intentionality// Chalmers D. *Philosophy of Mind: Classical and Contemporary Readings*. Oxford: Oxford University Press, 2002: 522-527.
[4] 宋荣:当代西方心灵哲学中的心理内容研究,《华中师范大学学报(人文社会科学版)》,2015年第5期:第74-81页。

意向对象与内容被严格区分开来，于是意向内容（即心理内容）逐渐进入当代心灵哲学视野，并且成为一个蔚为壮观的研究领域。当代心理内容问题研究主要有两个来源：来源之一是语言哲学中的意义问题。19世纪末20世纪初，语言的哲学研究重心转移到语义学领域，并且从起初对语言中的语词含义研究拓展到语句意义研究。与此同时，为了寻求对语句意义的更深刻理解，逻辑学家们明确指出：语句所表达的意义即内容，并以命题的形式呈现出来。并且随着罗素等人在对心灵的分析中直接将诸如信念、愿望等心理状态的常识理解带入到逻辑语义学领域，意义问题就成了语言哲学、逻辑哲学和心灵哲学共同关注内容问题的聚焦点。

来源之二是认知科学中的表征问题。20世纪70年代中后期，认知科学研究开始关注人类的认知活动，并通过计算机隐喻来理解对人类的心理表征所做出的那些心理操作。这就带来了有关心理表征的核心问题：在一个认知系统中是什么使得某个心理状态成为一个表征？这就引发了认知科学背景下的内容问题思考。认知科学希望通过诉诸表征和指示信号的信息加工来对心灵的内部世界进行深入探索，并且当代哲学家已经尝试对认知活动予以一种"最新的"和"实际"的说明，这种说明与处理心灵的相关科学的发现结果是协调一致的。这产生的一个极其重要的结果就是，当代理论已经集中关注信息引起的内容观念和信息加工。[①] 而为了理解心理语言如何表征，我们不得不理解语言词条如何从其使用者的心理状态中获得它们的表征力，并用认知科学术语来解释我们的语言表达。这样就使心理表征的内容研究在计算主义和联结主义两大径路上深入到了心灵的本质特征上。[②]

在西方心灵哲学中，不同学者对心理内容范畴有着不同的解读。尽管当代学者的心理内容理论研究多彩纷呈，但是对追问心理内容的实质却莫衷一是。[③] 目前心灵的意向主义表明：所有的心理现象展现意向性或心灵对其对象的指向性。在这样的语境下，心理内容研究中一个明显的当代趋向是更广泛地对语词"内容"的使用：所有心理内容即意向内容。[④]

笔者认为，在当代心灵哲学语境下，心理内容就是主体的心灵指向对象的方式，它体现了心理状态所具有的独特方面，以及心灵把握世界的特有能力。

---

① Lyons W. *Approaches to Intentionality*. Oxford：Oxford University Press，1995：3-4.
② 宋荣：心理内容：心灵王国中的一朵奇葩，《光明日报》，2014年8月27日理论版第16版。
③ 有学者曾指出，"内容"是一个很模糊的词项，它是另一个模糊词项"意义"的一个粗略同义词。但笔者认为，这两个语词之间并不是完全等同关系，详见后面四个维度的心理内容阐述。
④ Montague M. Recent work on intentionality. *Analysis Reviews*，2010，70：765-782.

因为主体的心灵总是意向的,所以这种心理状态所具有的内容被称为心理内容,通常也被称为意向内容,有时还被简称为内容,这几个术语在内涵上是一致的。当代心理内容范畴的内涵理解主要体现在以下三方面:

(1)心理内容归属于主体的心理状态。主体的心理状态具有心理内容,这是心理内容得以存在的必要前提,也是心理状态的本质属性的重要体现。在当代,主体通常被用来泛指所有的、具有心理(内在)状态的主体,主要包括两大类:一类是我们通常所说的自我或个人(selves or persons),这样的主体既"拥有"心灵又"拥有"身体。尽管当代有关自我概念的分类有所不同,但其共同点一致认为,我们通常把我们自己或个人当作是充满意志的自主体范式。另一类主体是指人工智能主体。这种主体通过其内在状态能对外部世界持续自主地进行表征或互动,同时感知环境中的动态条件,或执行行动影响环境条件,或进行推理、求解问题和做出决策等。①笔者认为,第一类主体(即自我或个人)是原初主体,人工智能主体是派生主体,因为后者是根据前者被模拟或设计出来的主体。

一般来说,这些主体的心理状态被分为两种类型,一类是命题态度,一类是经验。前者是常识心理学和分析哲学研究传统中对心理状态范畴的通用表达,体现主体的思想(thought)层面;后者是现象学研究传统中所指称的经验状态,体现主体的经验(experience)层面。在当代,命题态度是指通过运用诸如相信、期望这样的态度动词所表达的一类心理状态。命题态度刻画采用的标准形式是"x Fs that p",其中"x"指谓态度的主体;"F"是指表示命题态度状态的动词,在语句中充当谓语成分,如认为、希望、相信、害怕、猜测、考虑、厌恶等等;"that p"是被给予态度的内容,一般以命题的形式呈现,通常也被称为命题内容。②在现象学研究传统中,经验被认为是一种心理状态,是对象在经验中被呈现的状态。它能在被经验到的东西不出现过程中被体验,也能将有内容的(contentful)属性呈现给正在感觉的有机体。在这里,我们所说的经验是 G.E. 摩尔意义上的经验状态,其内容是感觉、感知、经验到的某个东西,是被给予该主体的东西。整体上来说,主体的心理状态是有关内在的某个东西的;是受制于由主体特别接触的一种形式,同时仍然存在(being);是清晰地内在于主体的;是必然地关联于外显行为的。

---

① 宋荣:当代西方心灵哲学视域中心理内容的表征维度,《江汉论坛》,2015年第5期:第50-53页。
② 宋荣:命题、态度与心灵:当代西方心灵哲学中命题态度研究的最新进展,《哲学动态》,2014年第11期:第103-108页。

（2）心理内容是心灵对对象的呈现方式（the way of presentation）。这是指心灵主体对对象的理解、把握、表征的方式。在当代心灵哲学论域中，心理内容与对象已经被学界予以了明确的区分，这两者之间既有联系也有所不同。通常，我们能拥有不同种类的意向状态，并且它们能把不同类型的实体当作它们的对象。当然，我们不能通过确定一个心灵状态的对象来确定这个心灵状态。因为相同的东西、相同的对象能够以不同的方式被表征。根据意向性的微观结构分析方案，我们能更好地在心理状态、心理内容与对象之间的关系中体现心理内容的现当代意义。①

我们知道，心灵构念在当代意向性观念中具有它的核心位置，并且我们的心理生活总是包括有关世界中的东西对心灵的呈现或对心灵的显现呈现（apparent presence），其中这些东西能够是心理的或物质的、具体的或抽象的、实存的或非实存的。我们也知道，意向性的一般特征通常应用于所有的（或几乎所有的）意向状态和片段（episodes），每一个意向状态或片段都具有一个对象，即关于或被指向在其上的某物。并且每一个意向状态或片段具有一个内容，即它表征关于或被指向其上的东西的方式。而每一个意向状态或片段都经由一个内容而指向其对象。

这种心灵对对象的呈现因主体的视角不同而会展现出不同的呈现方式。假设，我正在想象玛丽在厨房里，有我能够想象她的许多方式，并且我能想象她做的许多事情：她可能在烤面包，她可能在听收音机，她可能在炒洋葱，等等。想象玛丽的一个特定片段将会以一个方式呈现玛丽，而不是以其他方式来呈现。这些方式不需要在每个方面都是确定的。尽管从主体角度来看，由于被指向对象的方面不同、视角不同，这种"横看成岭侧成峰、远近高低各不同"则组成了对同一被指向对象的不同呈现方式。因而，这种心灵对对象的呈现取决于主体的当下心理状态的具体选择。如果是言语交际过程中出现的心理内容，则是以语言意义的方式被主体理解或把握；②如果是认知表征过程中出现的心理内容，则是以精确性特征来体现对象如何被主体表征；③如果是认知逻辑层面所描述的心理内容，则以命题或非命题、概念或非概念等方式被主体所把握。④

---

① 宋荣：意向、内容与心灵：当代西方心灵哲学中意向性研究的最新进展，《哲学研究》，2014年第12期：第107-111页。
② 通常被使用的语言表达式为：The content is what is **thought**. The object is what is **thought about**.
③ 通常被使用的语言表达式为：The content is **the way** that the object is represented.
④ 通常被使用的语言表达式为：proposition, propositional content, that clause, that-p, conceptual content, non-conceptual content, etc.

（3）心理内容体现心灵、语言与世界的关系。这种关系体现了心理内容与意指对象之间的密切联系，并且因为指称的当代心灵哲学研究而使得这种关系得以深化。自20世纪60、70年代以来，唐纳兰、克里普克、卡普兰和普特南等人在专名、摹状词、指示词、自然类词项等方面引领了一场声势浩大的直接指称"运动"，对指称问题的传统描述理论展开了猛烈的批判。由此也使得直接指称理论同样面临着弗雷格之谜、信念之谜（或命题态度之谜）、空名之谜等的挑战。在这场运动中，指称的心灵哲学研究以其独特的运思方式和论证手段消解或规避了这些困境或挑战，这主要得益于心灵哲学中意向性、心理内容研究的深度拓展。这使得心理指称与语言指称的关系、意向指称与语义指称的关系得到了进一步深化，也使得心灵、语言与世界之间的关系逐渐备受关注。

一方面，传统的指称研究主要是围绕被指称对象（或指称物）展开的，侧重于语言指称或语义指称，但当代指称研究则在此基础上，对指称三要素（指称主体、指称行动和被指对象）予以整体性研究，这就不可避免地使得指称的当代心灵哲学探究与意向性、心理内容研究密切关联。当代意向性研究中对意向主体、意向内容、意向对象（即被意指对象）的微观结构分析，当代心理内容研究中对意指对象的呈现方式、心理状态的多维度探究，以及对逻辑技术手段的运用，为传统的指称研究开辟了第三条道路。另一方面，心理内容包括（involve）意向对象，而心理内容又归属于主体的心理状态，当代研究表明：心理指称是语言指称的基础，意向指称是初始的，而语义指称是派生的。这样，传统的语言与外在世界的关系就被推进到主体的内在心理状态与世界之间的关系，从而语言成为沟通心灵与世界之间的中介桥梁，从而将心灵、语言与世界的关系予以进一步拓展。

第二节　当代心理内容范畴的四个维度

由于当代诸多哲学分支领域（如语言哲学、逻辑哲学、科学哲学、认知哲学等）的学者从自身背景知识出发，都不约而同地汇聚在心灵哲学中的心理内容问题研究上，这就使得当代心理内容范畴的界定呈现出了既有所关联又相互区别的四个维度。

一、语义维度

这里的语义维度，即语义学维度。当代具有语言哲学背景的学者在转向研究心理内容时，通常直接将"心理内容"范畴与"意义"或"语义学"范畴等同，并不作严格意义上的区分。

语义学作为研究意义的一门科学正式诞生于19世纪末。从词源上讲，"语义学"一词的意思是"关于意义的科学"。① 语义学在后来的发展中，形成了自己许多独具特色的研究领域，如语义成分分析、述谓结构分析，同义、反义、歧义等语义关系等。毋庸置疑，在所有这些问题中，语义学最根本的问题、最重要的任务就是说明意义的本质。著名语言家奥格登（C. K. Ogden）和理查兹（I. A. Richards）以及哲学家普特南（H. Putnam）等人都以"'意义'的意义"为题写过著作或文章。在这种"意义"的意义问题上，语义学仍存在着很大的争论。例如，逻辑学的语义学侧重于研究外延意义与内涵意义、真假问题等；心理学在语义研究中关心的是人们对某些词义的直观感受，以及语言的习得问题、人类交际与动物交际的区别问题；语言学的语义学关心的主要是语言形式与所指的关系问题；而哲学的语义学则更重视语言意义的一般条件。尽管意义的形式、种类如此之多，但它们并不全都是语义学的对象。格雷马斯说："语义学又不能以这种无处不在的意义为对象，因为这是语义学无法胜任的，而且有抢哲学的饭碗之嫌。"② 这也就是说，语义学只能以语言的意义尤其是人们在交际中的话语的意义为研究对象。

格赖斯（H. P. Grice）的意义理论方案便是典型一例。他强调：应根据言说者的意向来解释所说话语的意义，换言之，一旦把复杂的意向归属于以某话语说某事的人，那么便对话语的意义做出了说明。③ 格赖斯把意义区分为两种形式，即自然的意义与非自然的意义。前者的明显例子是：烟意味着火。在这里，"烟"与所表示或"意味着"的东西之间的关联纯粹是自然形成的，没有人的作用参与其中。后者是人类语言的意义。当某个人有让自己的思想内容通过符号传递给别人时，即有让对方知道他的意图这一动机，或给别人以影响时，他的话语才会有意义。

非自然意义的最典型形式是话语的意义。他认为，说明它是如何可能的，

---

① Bréal M. *Semantics: Studies in the Science of Meaning*. New York：Dover Publications，1964：7-8.
② 格雷马斯：《结构语义学：方法研究》，吴泓缈译，北京：生活·读书·新知三联书店，1999年：第7页。
③ Grice H P. *Studies in the Way of Words*. Cambridge，MA：Harvard University Press，1989：213-223.

或话语为什么有它所具有的意义,这是意义哲学的主要任务。格赖斯认为,说明意义如何可能,最好的办法就是分析说者的情境意义。所谓情境意义,就是言说者在特定情境之下所说的话语因情景的影响而具有的意义。例如"我昨天晚上一晚都没睡着",在正常的情况下,说者说的是自己昨晚的睡眠状态,但是当他在旅馆老板面前说这句话时,则有特定的情境意义,即抱怨环境太嘈杂。其他的很多话语在特定情境之下都有言外之意。这都是情境意义的表现。格赖斯首先描述了情境意义语句的一般形式:"说者说出 x,是要意指 y"。接着分析了情境意义的决定因素或者说它所以可能的条件。他设想了下述三种情况:①说者说出话语 x,其用意是让听者想到 r。②说者也一定想让听者想到:他想让听者知道 r。③说者应当是基于听者这样的认识:说者想在听者身上引起 r,而让听者想到 r。不管是哪一种情况,说者的情境意义无非是想说出一个带有复杂意向的话语。这样,话语的意义就是体现话语要传递的意图或意向。

格赖斯的整个方案后来逐渐被称为"基于意图的语义学",因为他尝试根据一个言说者的意图来解释非自然的意义。为了这样做,格赖斯区分两种类型的非自然意义:言述者意义和永恒意义。言述者的意义(utterer's meaning),即通过一个言述(utterance),一个言说者所意味的东西,当代一般更通用"言说者意义"。永恒意义(timeless meaning),即能由一种类型的言述所占有的那种意义,经常被称为"常规意义"(conventional meaning)。格赖斯这种基于意图的语义学中的两个步骤是:①根据言说者的外显的、指向听者的(overt audience-directed)意图来定义言述者的意义;②根据言述者的意义来定义永恒意义。这种结果就是,以纯粹心理的术语来定义所有语言学上的意义观念,这样就清楚明白地显示语义的心理方面。正是在格赖斯意义理论、交际理论的影响下,克里普克进一步阐述了他的言说者指称和语义指称,使得指称问题成为语言哲学、心灵哲学共同研究的主题之一。

随后,在刘易斯、本尼特等人及其追随者手上,格赖斯式意义理论方案把语言学意义还原到意向心理学——即还原到命题态度。正是在这样的背景下,福多的心理语义学思想浮出水面、并备受关注和推崇。

福多在其思维语言假说基础上,通过《心理语义学:心灵哲学中的意义问题》一书,使语言哲学与心灵哲学在意义问题上出现共同聚焦点。他的心理语义学理论将语言哲学中的意义问题与心灵哲学中的意义问题、表征问题首次进行了有效的关联和系统论证。并且他将意义的形而上学问题等同于表征本身问题,他明确指出:"语言哲学和心灵哲学中不断出现的、共同关注的、最重要的事情就是表征本身的问题：在世界序列中意义的形而上学问题。"福多在他的思维语言假说基础上提出了心灵的表征理论（representional theory of mind, RTM）。他明确阐述了 RTM 的核心所在就是这种思维语言的假定：无穷组（an infinite set）的"心理表征"，并且这种心理表征的功能既是作为命题态度的直接对象（心理表征意指命题）又是作为心理过程（心理表征的序列）的范围。① 受认知科学发展的影响，他还将心理表征的假定与计算机隐喻结合在一起。他指出，计算机显示给我们如何来将符号的语义属性与因果属性联结在一起。这样，如果有一个命题态度包括标记一个符号，那么在思想的语义属性与因果属性的联结过程中我们能够获得一种平衡。对此，福多认为已经真正存在某种智能上的突破了。这也是代表其 18 世纪和 19 世纪心理主义诸多视角上主要进展的当代认知科学的唯一方面。这样，福多就将语言哲学中的意义问题、心灵哲学中的心理语义学问题、认知哲学中的符号表征问题、常识心理学中的命题态度内容问题有机地融合在一起了。

再者，福多的这种结合的核心在于：一个意向态度是一个认知作用中的一个心理表征，并且意向观念和语义观念是处理意义的一种自然主义对待方式。例如，一个信念被实现为心理语言中的一个语句，可用作推理中的一个前提，但不是用作一个目标具体化。因此，公共语言的意义还原到这些态度，并且这些态度还原到认知心理学和心理表征理论。在这种传统中，用福多的话说，一个心理表征理论被假定来告诉我们真之条件来自于哪里。这又把我们带回到戴维森的猜想。

戴维森的猜想是指：一个语言学表达式的意义是它的一个满足条件。意义实际上是满足条件，对这个观点，戴维森的猜想有三种不同的表达方式：①对 L 的一个意义理论是对 L 的一个真之条件语义学；②知道 L 中的一个表达式的意义，就是知道对这个表达式的一个满足条件；③意义是满足条件。由此，语言哲学转向真之条件语义学，并且心灵哲学努力解释心理表征如何能逐渐拥有所要求的这种满足条件。这样，真之条件语义学给予心理语言的意义，并且使得一个命题态度的内容就是它相关心理表征的那个真之条件。一个自然语言的意义是根据这种心理语言成分的真之条件最终被具体化的，其中这种心理语言成分是有关语言交流中被包括的那些态度的。一旦你拥有了戴维森有关自然语言的语义学理论，不可抗拒地得出的结论就是，意向状态或心理表征（"经典"意

---

① Fodor J. *Psychosemantics*: *The Problem of Meaning in the Philosophy of Mind*. Cambridge, MA: The MIT Press, 1987: 17-18.

义上）必须拥有一个真之条件语义学。①

这样，为了理解意指 M 的一个语言学表达式，你必须能个例化意指 M 的一个心理表征。例如，拥有这个思想 that p，你必须能个例化意指 that p 的一个心理表征，相信如此这般就是拥有这样的一个心理符号，即这个心理符号意味着以某种方式如此这般被个例化在你的头脑中；它就是拥有这样一个个例"在你的信念盒"中。同样地，希望如此这般就是拥有在你的头脑中被个例化的那个相同的心理符号的一个个例，但却是以一种相当不同的方式进行的；它就是拥有被个例化"在你的希望盒中"的那个心理个例。

真之条件语义学以及各种类型的语义学（如概念作用语义学）问题的当代研究，使得心理内容范畴的语义维度更加精细化，并且使得更多的学者来审视传统哲学中对意义本质的追问，同时也使得意义、真之条件、命题等问题的研究进入到逻辑哲学领域中。在这样的研究进程中，意义问题因其心理因素的考量，而不得不面对来自逻辑哲学、语言哲学、认知哲学、心灵哲学所提出的各种挑战。

正是在这样的语言哲学背景下，语义维度上的心理内容被予以重视，即心理内容被认为是指在相应交际语境中语言表达主体所理解或把握的语句（或语词）的意义。一般来说，我们的自然语言语句（或语词）总是能表达意义。尽管有时不同语句（或语词）能表达相同的意义，甚至有时相同的语句（或语词）能表达不同的意义，但这样的自然语言意义能在语言言说者或听者之间进行转换或传递，从而使得自然语言语句（或语词）的意义能被理解或把握。而当语言言说者或听者在其心理状态中理解或把握语句（或语词）意义时，他们就拥有了相应的内容。

尽管当代普特南的"意义不在头脑中"引发了内容外在主义和内在主义之争、福多的思维语言假说和心理语义学理论导致当代对思维与语言关系的重新定位，但其实质是将自然语言意义放在心理内容层面上进行哲学探究，从而使得意义问题在当代语言哲学和心灵哲学中成为共同关注的焦点问题。正如福多所说："当一位语言哲学家每次在陷入困境的时候，他都会遇到一位正在遭受同样打击的心灵哲学家。"②

---

① 来自笔者的剑桥课堂笔记。
② Fodor J. *Psychosemantics*: *The Problem of Meaning in the Philosophy of Mind*. Cambridge, MA: The MIT Press, 1987: xi.

二、逻辑维度

逻辑维度上的心理内容是指用来呈现语句意义的命题，或者是指有真假的语句，通常也被称为命题态度内容（详后）。随着逻辑语义学的发展，哲学家们开始重视自然语言意义的逻辑分析。

在西方哲学史上，亚里士多德首先指出，命题是被断定为有真假的语句；斯多葛学派认为，命题是自身断定的一个完全的莱克顿（lecton），并将命题与意义首次关联。而从中世纪到19世纪，命题常常被理解为在特定语境中考虑其意义或内容的陈述句。在20世纪初期，"命题"逐渐在两个重叠意义上被使用：①一个（可能）语句的内涵或意义；②能由一个语句的特定表达方式所断定或表达的那种完全确定的情形或内容。含义②经常被明确说明，遵循卡尔纳普的主要思想，作为一组"索引"（或从索引到真值的一个函项），其中一个索引就是一个可能世界、一个状态描述、使用的一个语境，或者是类似东西。①

当代哲学家们通常认为，语句的意义以某种方式来源于相关信念和意图的内容，并且语句的意义通过与命题的关联而被解释。因为语句意义是约定地关联于该语句的信息的，这也就是说，语句的意义通过将语境上相关的信息结合成构料（building blocks）而产生命题。由此，命题作为真值的承担者、语句意义的承担者这样的角色一直延续到现在。随着逻辑哲学中命题研究的认知转向，命题在心理内容研究中所扮演的角色日益引起诸多学者的重视，从而促使逻辑学与心灵哲学在相关基础问题上的交叉研究得以迅猛发展。例如，在当代，命题态度研究中，命题就成了命题态度内容的承担者，从而促使命题态度内容的深入探究成为多领域的聚焦点。

命题之所以能成为命题态度内容承担者的主要原因在于，当代命题哲学研究的认知转向。传统的命题观主要有弗雷格式命题观（即一个语句所表达的命题是由该语句成分所表达的含义所构造的）、罗素式命题观（即一个语句所表达的命题是由包括该语句成分的外延的那些对象和属性所构造的）、可能世界命题观（即一个语句所表达的命题是可能世界的集合），以及取消式命题观（即根本没有任何命题，仅仅只有语句和语言表达式）。②

具体来说，命题态度内容的逻辑本质追问实质上也就是对命题本质的追问。

---

① 宋荣：论当代西方心理内容研究中的命题角色，《清华西方哲学研究》，2016年第1期：第222-237页。
② 宋荣：命题、态度与心灵：当代西方心灵哲学中命题态度研究的最新进展，《哲学动态》，2014年第11期：第103-108页。

当前命题的本质问题是被强烈争论的,并且不同的命题构念会产生相当不同的解读结果。第一种解读是:在命题的一种**弗雷格式观点**上,由一个语句所表达的命题是由一个语句成分所表达的含义的一个构造,在这里含义是优质实体,它反映各种表达式的认识的和认知的意义重要性。在这个观点上,不是所有必然真表达相同命题,并且昏星是一颗行星这个命题和晨星是一颗行星这个命题是不同的。查尔莫斯认为:真最通常意义上被理解为真命题,在这里命题是我们断言和相信的东西,并且他还主张命题的弗雷格式观点是最有前途的。[①] 第二种解读是:在命题的一种**罗素式观点**上,由一个语句所表达的命题是包括该语句成分的外延的那些对象和属性的一个构造。在这个观点上,不是所有必然真表达相同命题,但是昏星是一颗行星这个命题和晨星是一颗行星这个命题是同一的。

第三种解读是:在命题的一种**可能世界观**上,由一个语句所表达的命题是可能世界的集合,在这种可能世界中,这个语句为真。在这个观点上,所有必然真都表达相同的命题(所有世界的集合);命题是可能世界的汇集,并且命题是从可能世界到真值的函项。[②] 在这样的可能世界观上,内容的宽窄解读也得到了进一步的明确:"内容,无论宽窄,是我们用来挑选出某些心理状态的抽象对象。……洛尔的观念是:一个信念的窄内容应该等同于他称之为的这个信念的实现条件,而不是真之条件。像普通的真之条件一样,实现条件决定一组可能世界:相关于信念的实现条件的那些世界。"[③] 第四种解读是:在命题的一种**取消式观点**上,根本没有任何命题。仅仅只有语句和语言表达式,并且它们可能有思考行为和相信状态。但是语句并不表达命题,思考和相信并不包括对命题的关系。这种命题观往往同命题态度的取消式理论相联系在一起。[④]

自20世纪70年代中后期以来,认知科学研究逐渐聚焦于人类的认知活动,作为命题态度内容承担者的命题,其相关研究也出现了认知转向。一方面,命题成为许多认知状态的内容。思考关于(think about)某个东西就是思考关于它作为某个方式(being a certain way)。这样,命题表征东西为是一个方式或另一个方式。这些认知态度都是在其中自主体(agent)所处的、对命题的某种关系。

---

① Chalmers D. *Constructing the World*. Oxford: Oxford University Press, 2012: 42-43.
② Stalnaker R. *Inquiry*. Cambridge, MA: The MIT Press, 1984: 2.
③ Stalnaker R. Narrow content//Anderson C A, Owens J. *Propositional Attitudes: the Role of Content in Logic, Language and Mind*. Stanford: CSLI, 1990: 133.
④ 宋荣:命题、态度与心灵:当代西方心灵哲学中命题态度研究的最新进展,《哲学动态》,2014年第11期:第103-108页。

尽管上述命题态度的标准形式得以巩固，但是它因状态动词当中的句法变化而变得复杂了，因为其中这些动词指派对命题内容的关系，并且这些命题内容是由它们的补充从句所表达的。这种变化的核心划分或区分状态动词的依据是，根据这些从句是有限的（因时态而变化的，tensed）还是非有限的（无限的，infinitival）。这些状态动词当中的进一步变化把有限从句分开。例如，采用有限从句和复合名义上对象的态度动词包括断言、相信、知道、否认、接受、质疑、假定、拒斥、证明、建立；采用有限从句但不是复合名义上对象的状态动词包括：说、认为、判断、看见、感知、期望、希望、期待、参与、假设、想象；采用有限从句加上若干被限制的复合名义上对象的状态动词包括：预期、后悔、意识到；采用有限和非有限从句的状态动词包括：相信、期盼、假定、假设、想象、期望、偏爱、希望，等等。尽管有这些变化，但这些状态动词都合理地表达了自主体和命题之间的认知关系，并且每一个状态动词都对应着一种具有命题内容的认知状态类型。[1]

另一方面，命题内容理论的当代研究凸显了命题作为命题态度内容承担者的角色地位。传统观点认为，命题态度总是具有命题内容。也就是说，当你相信或期望某个东西时，你的态度的内容是一个命题。这个观点是如此长久地盘踞在我们关于态度的思维方式当中，以至于词项"命题"经常被定义或提及。但无论怎样，绝大多数学者都会假定命题是存在的，并且它们以一种绝对的方式具有真值。

因此，在当代命题态度内容研究（详后）中，标准的命题内容被理解为：一个人的信念、期望和其他认知态度的所有内容是命题，即具有真值的实体，这些实体并不随着从对象到对象、地点到地点、时间到时间的变化而变化。值得注意的是，分析传统下的心理内容研究纲领侧重于理性思维内容的研究，坚持自然主义的研究进路，力图确定心理内容的本真地位。[2]

三、现象学维度

现象学维度上的心理内容是指经验内容。它是指在拥有经验的过程中经验上被给予主体的一切，它是主体在拥有经验时所体验到的一切，有时它也被称为给予（the given）、现象特征或现象内容。经验具有"内容"，这是一个哲学行

---

[1] 宋荣：论当代西方心理内容研究中的命题角色，《清华西方哲学研究》，2016年第1期：第222-237页。
[2] 详见宋荣：《思维内容的心灵哲学探究》，北京：中国社会科学出版社，2012年：第161-192页。

话或者是一个哲学术语,并且对于不同的学者它已经典型地意指许多不同的东西。G.E. 摩尔的内容观是当代谈论经验内容问题的一个主要来源。摩尔在谈到任何感受或观念中"意识"与"对象"的关系时,明确坚持这样的对象就是这样一个感受或观念的"内容"。在当代心灵哲学共同体中,摩尔的经验内容观通常被认为是有关经验内容的"质的"观点的主要源头。

近年来的知觉哲学经常谈论有关经验的"内容"或者经验的表征内容或意向内容。苏珊娜·西格尔(Susanna Siegel)在斯坦福哲学百科上的《知觉的内容》中的"内容"被定义为"通过该主体的知觉经验,被表达给她的东西",[①] 这个定义能够应用到经验的感觉方面和表征方面。因为在一些观点上,被表达给该主体的东西就是感觉的某物("感受质"或摩尔称之为"内容"的东西)。而在另一些观点上,它是表征的某物(即一个意向内容)。在蒂姆·克瑞恩看来,"什么东西被表达"相当接近于"什么东西被给予"。如果我们采用西格尔的内容定义,我们也能够认为:一个经验的内容就是在这个经验中被给予到主体的东西。

那么,实质问题就是:这种内容是什么?也就是说,在一个经验中什么被给予或表达给主体?在感觉或知觉经验中,正是什么是我们直接觉知到的?它是公共的物理对象、某种私人的感觉实体,或者是更深层次种类的实体(或状态)?从常识角度来看,它是公共的物理对象,是直接被经验到的。这经常被标签为"朴素实在论",已经在上几个世纪被许多哲学家所拒斥了。关于直接的或给予的经验感觉方面,最广泛被坚持的观点是,在这样的经验中,被给予的东西不是公开的物理对象,而是感觉材料(或者有时是 *sensa*):私人的、非物理的实体,它们现实地拥有由一个人所经验到的各种感受质。罗素认为,成为我们的感觉材料的那些对象是独立于心灵的:"逻辑上,一个感觉材料是一个对象、该主体觉知的一个特定物。它并不包含该主体作为一个部分……因此,这个感觉材料的存在不是逻辑上依赖于该主体的存在的。"[②]

迈克·泰伊已经清楚地表达有关经验的命题内容本质不同观点的各种理由。他让我们考虑他的看上去是红色的一个对象 o 的表层 s 的视觉经验:"我的视觉经验直观地表征 s 为具有<u>是红色的</u>这样的属性。在这个层次上我的经验是精确的,当且仅当 s 是红色的。但是我的经验与其他并不指向 s 的视觉经验具有共同

---

① Siegel S. The Contents of Perception. http://plato.stanford.edu/entries/perception-contents/ [2005-6-7].
② Russell B. *Our Knowledge of the External World*. Chicago and London: The Open Court Publishing Company, 1914: 146.

的、重要的某个东西。例如，假设这个 o 由另一个对象 o'（它看上去像 o）所代替，或者我正在幻想一个红色的表层，以至于现象上对于我来说，正如它是在看到 s 的过程中。直观地，在所有三种情况中，似乎在我看来有一个红色的表层在我面前。在这个现象层次上，我的经验是精确的，当且仅当有一个红色的表层在我面前。这个内容是存在的，不是包括 s 的，尽管它也包括这个经验的主体。"[1] 泰伊所提及的这三种不同的经验能被划分为不同的内容，而且在某种其他"层次"上能划分为具有相同的表征内容。对每一个回答都有某个东西被说出来。毕竟，在第一种情况中，该主体现实地看到 s，因而该经验的正确性应该依赖于东西如何具有 s 本身。但是，如果我们把经验算作以相同方式表征世界，那么，我们应该把表征内容当作普遍的或"存在的"。

但在当代主流观点中，经验内容具有明显的现象学特征。彼得·卡拉瑟斯指出"现象意识存在于某种意向内容当中"。[2] 泰伊也认为，现象特征是同一的，如同表征内容一样。这些明显倾向于经验内容的有关现象学的观点。事实上，确实如西格尔所说："另一个普遍被持有的约束就是，内容必须是对它的现象学是充分的……现象充分性观念具有可考虑的直观效力。这显示的是：经验的内容在某种方式上不得不反映该经验的现象学。"[3] 内容是在一个经验中被表达或给予一个主体的东西，并且一个经验是一个有意识的状态或事件。

给予就是在经验中的东西（the given is that in experience）。其最广泛特征是，经验主体理解、把握、觉知或者亲知给予。刘易斯认为，给予由具体的感觉质所构成，其中这种感觉质正是主体直接觉知到的，当主体让自己正在看或听或尝或闻或接触某物，甚或是正在幻想或梦到时。刘易斯论断到，给予是不可言说的，因为我们对它的把握并不包括概念化。[4] 然而，问题是什么东西不可言说，这如何能为真？什么东西既不为真也不为假？后来，刘易斯引入了像"仿佛（it seems as if）我正在看一个红色的圆物"一样的一类表达陈述，它们被用来表达或形成我们对给予的理解而无须概念化或解释它。

---

[1] Tye M. Non-conceptual content, richness, and fineness of grain//Gendler T, Hawthorne J. *Perceptual Experience*. Oxford: Oxford University Press, 2006: 508.

[2] Carruthers P. *Phenomenal Consciousness*: *A Naturalistic Theory*. Cambridge, UK: Cambridge University Press, 2000: xiii.

[3] Siegel S. The Contents of Perception. http://plato.stanford.edu/entries/perception-contents/ [2005-6-7].

[4] Lewis C I. *Mind and the World Order*: *Outline of a Theory of Knowledge*. New York: Charles Scribners, 1956: 53.

针对各种经验内容的争论，当代学者引申出了经验的非概念内容范畴，从而将给予的神秘性争论转换到经验的概念内容和非概念内容的争论上来了。麦克道尔坚持认为，一个直观的内容是概念的，但这不是与现实地被概念化或被思考关于的内容的任何方面，也不是与所作出一个判断的内容相一致的。经验或麦克道尔式的直观"揭示的东西作为它们会被断定处于这样的断言中：这些论断不再是该直观的一些内容的推论探求"。①麦克道尔及其追随者的这种概念内容观在学界仍属极少数。

当代有关经验内容的主流观点坚持经验的非概念内容（详后），认为经验内容是劣质的（course-grained），进而也是非命题的。埃文斯的知觉转换观坚持认为，视觉经验的内容完全是非概念的；皮科克采用一种非还原的自然主义，认为有两种不同的非概念内容被运用，即底本和原型命题；福多的图标表征观认为，能够存在未被概念化的心理表征，并且可能存在非概念的图标式知觉表征。②蒂姆·克瑞恩明确指出，任何经验状态具有内容就是说它表征这个世界为是一种方式，它具有"正确性条件"。③

可见，在当代，给予范畴正在逐渐成为经验内容的现象学构念，这样的经验内容是非命题的，并且坚持经验的非概念内容正在成为经验内容问题研究的主流。

四、表征维度④

表征维度上的心理内容是指心理表征内容，是指心灵中对象被表征的方式。这是当代心理内容研究的分析哲学传统和现象学传统融合趋向上的主流观点。在认知科学或认知哲学背景下，表征是最重要的解释观念或解释假定，甚至被用作所谓的"认知革命"的奠基石。尽管当代已经存在了许多不同类型的表征理论，但它们都分享了一个核心假定：承担内容（content-bearing）的内在（心理）状态以及相应心理过程的正确说明都必须关注表征。

---

① McDowell J. Avoiding the myth of the given//McDowell J. *Having the World in View*. Cambridge, MA: Harvard University Press, 2009: 267.
② McLaughlin B, Cohen J. *Contemporary Debates in Philosophy of Mind*. Malden, MA: Blackwell, 2007: 105-116.
③ Crane T. *The Contents of Experience: Essays on Perception*. Cambridge, UK: Cambridge University Press, 1992: 140.
④ 宋荣：当代西方心灵哲学中心理内容的表征维度，《江汉论坛》，2015年第5期：第50-53页。

20世纪70年代中后期，认知科学研究愈发关注人类的认知活动，并通过计算机隐喻来理解对人类心理表征所进行的心理操作。有关心理表征的一个核心问题是：在一个认知系统中，是什么使得某个心理状态成为一个表征？这就引发了在认知科学框架下对心理内容问题的思考。一方面，图灵的重要理论工作已经显示出一台机器能操作和使用其内在表征状态，这就提供了有关心灵的内在表征如何可操作的科学研究背景。在20世纪80年代和90年代，许多研究已经在有关心灵的物质状态如何能承担内容问题上取得了进展，其中最主流的解决方案则是围绕内容和表征之间的因果关系来解决的。另一方面，认知科学试图通过诉诸表征的信息加工来深入探索心灵的内部世界，用认知科学术语来解释我们的语言表达；而为了理解语言如何表征，我们必须弄清语词如何从其使用者的心理状态中获得其表征力。于是，心理表征内容研究成为当代心理内容研究的一个重要组成部分。

有关表征的哲学之谜（简称"表征之谜"）能简单表达如下：对于一个东西（thing）来说，它表征其他某个东西，这如何可能？表征的这个哲学问题是当前认知哲学的一个主要论题，也是心灵哲学的核心问题之一；并且当代其他哲学问题（如心灵在自然中的位置问题、思维与语言的关系问题、他心问题、意识问题以及思维机器的可能性问题等）往往围绕着这个问题而展开。一方面，表征很自然地来到我们的谈论或思考当中；另一方面，表征似乎是不自然的、有争议的和神秘的，并且总是被过多地使用（甚至有时被滥用）。正如约翰·塞尔所指出的："在哲学史上，可能没有任何一个词项比'表征'更加被滥用"。[①] 尽管我们提出它们、谈论它们、论证它们、并且尝试获得证据来支持它们，但是我们并不在任何根本意义上来理解它们。如果我们想要寻找这样一种根本意义，那么哲学家就应该帮助提供对表征的这种理解：我们对有关心灵如何运作的基本理解。

尽管历史上已经有很多人尝试来理解通常意义上的表征及其核心特征，但毋庸置疑，查尔斯·皮尔士（Charles Peirce）是其中最典型的代表人物之一。他指出，表征——他称之为"信号"（signs）——是被关联到它们所表征的东西的。他诉诸三种类型的内容来为这种关系"提供基础"，并对应于三种不同种类的信号。第一，"图标"（icons），即依据某种结构类似性，或表征与其对象之间的同构性，而被关联到其对象的那些符号。图画、地图和图表都是图标表征。一

---

① Searle J. *Intentionality: An Essay in the Philosophy of Mind*. Cambridge, UK: Cambridge University Press, 1983: 11.

幅图画表征一个人至少部分是因为前者密切地类似于后者。第二,"目录"(索引,indices),即依据两者之间的某种因果的,或类似规律的关系,从而指派东西或条件的那些符号。如一组树的年轮例示目录的范畴。当今许多哲学家会把称之为"自然的信号"和"指示者"的东西质化为皮尔士的"目录"。第三个范畴是他称之为"符号"(symbol)的东西。通过约定俗成,符号被完全关联于它们的对象。通常,语言个例(如书写语词)就是皮尔士的符号范式情况。可见,皮尔士的这种分析对我们当前理解表征或心理表征仍是重要的,因为"事实上,近30年的有关心理表征所书写的东西能被看作是在皮尔士的图标、目录和符号观念上的一种详细阐释而已"[1]。

一般来说,"心理表征"观念首先是认知科学的一种理论建构。同样,它也是有关心灵的计算理论的一个基本概念。根据之,认知状态和过程是(在心灵/大脑中)由某种引起信息的结构(表征)出现、转换和存储所构成的。心理表征的哲学问题可以陈述如下:心灵如何能表征某物?对于心灵来说,正是什么表征这个东西?或者对它而言,正是什么表征它之外的其他东西?

心理表征,即通过心灵状态而关涉世界的表征,是表征的最根本形式。随着最近心灵哲学与语言学、心理学、人工智能等相关联的学科得以一并发展,心理表征问题也被主流哲学家称之为意向性问题的当代形态。一般来说,民间心理学中的心理表征是我们通常的、有关心理表征的"民间"构念。而我们的基本*思想*观念(命题态度),对于我们通常理解心理表征是更核心的。我们对心灵的常识理解中包括它如何起作用或如何运作,这是哲学家和心理学家都争论的东西。正如卡明斯所说:"假定'常识心理学'、正统计算主义、联结主义、神经科学等等都使用相同的表征观念,这是很天真的。而且,理解为一些特定理论框架提供基础的心理表征观念,一个人必须理解这个框架指派到心理表征的那种解释作用。"[2]虽然心理表征对于心理学家来说已经不那么重要了,但当代学者们仍集中关注于心灵哲学中的心理表征。

在当代心灵哲学论域中,一般认为表征总是包括表征对象的方式,并且表征的特征可以分为***方面***、***精确性***和***不出现***。[3]具体来说,①方面:这里的语词"方面"是约翰·塞尔意义上的。一个表征的对象能以许多方式被呈现或被表征,并且表征能够具有相同的对象,但在***方面***中会有所不同。当一个表征在

---
[1] Ramsey W M. *Representation Reconsidered*. Cambridge, UK: Cambridge University Press, 2007: 23.
[2] Cummins R. *Meaning and Mental Representation*. Cambridge, MA: The MIT Press, 1989: 13.
[3] Crane T. *The Objects of Thought*. Oxford: Oxford University Press, 2013: 97.

某个特定方面下表征某个东西时,它不可避免地排除其他方面。相同的非实存对象能以许多方式被表征;并且不同对象能在相同的方面下被表征。②**精确性**:一些表征以某种方式呈现它们的对象,这样一些表征能够是精确的;一些表征能够是不精确的。③**不出现**:一些意向状态不具有正实存的(或真实的)对象。但是不可否认的是,一些表征能表征不实存的东西。例如,一幅画或一个语词能表征一个故事中的非实存的人物。在这里,这些特征中的每一特征表现出一种表征方式。这样,一个表征的内容就是:一个表征对象被表征的方式。在心灵中,一个表征总是以一个特定方式来表征某个东西,或者通过表征某个东西是如此(它能是精确的或不精确的)或者通过在某个方面下(而不是在其他方面下)表征某个东西。特定对象的表征、属性的表征以及事态的表征都能具有内容。

目前在有关心理表征实在论者当中假定两种类型的表征状态:概念表征和非概念表征。前者是这样的心理表征:它们由概念所组成并且没有任何现象的(如"像什么样子")特征("感受性"),如思想;后者是,它们具有现象特征但没有任何概念构成成分,如感受。在这种分类上,心理状态能表征某个东西,或者以一种类似于自然语言表达式的方式,或者以一种类似于画画、地图、照片或电影的方式。

表征状态所具有的内容,即表征内容,也就是对象如何被表征的方式,它体现了心理内容的表征维度。鉴于当代的分析传统,许多哲学家开始对意向性进行微观考察,从而形成意向性的微观结构分析方案。他们强调意向性结构被详细刻画的重要性。在塞尔的意向性结构分析的基础上,克瑞恩进一步明确指出意向性的一般结构为:主体—意向模式—意向内容。在这里,意向内容则是指它表征关于或被指向其上的东西的方式,即体现对象是如何被表征的,而这种关于或被指向其上的东西就是意向对象。这种研究方案将意向内容问题引入到深层次的形而上学思考和与现象学传统的融合当中。

在这样的背景下,这种表征内容通常就分为有两种:内容是命题的;内容是非命题的。在第一种内容是命题的情形中,是被罗素使用在"命题"的地方(that P)。命题态度要求命题内容,并且命题是仅仅由语句表达的那种东西。例如,根据这个术语,当我相信冰箱里有一瓶啤酒时,我的信念内容就是**冰箱里有一瓶啤酒**。我们能够把一个心理状态的内容当作区分包括相同态度在内的状态之间的什么东西。不同的信念根据它们的不同内容得以区分(或"个体化")。其他态度状态也是如此。在这种情况下,我们可以认为 C= that P。这也就是说,表征内容以 that P 的形式来呈现的，并且由于这样的命题是由其概念构成成分所构造的，所以这类表征内容也被认为是概念的。

随着当代认知科学的迅猛发展以及心灵哲学中意向性研究的纵深挖掘，出现了第二种情形：内容也可以是非命题的。在当代心灵哲学中，概念表征缺少现象学特征，这种传统论断已经不被主流学者所赞同了。目前一些学者（如查尔莫斯、麦金、皮特、斯特劳森等人）断言，纯粹概念的（有意识的）表征状态本身具有一种现象学。这种观点已经在心灵的分析哲学家当中发展迅猛。而在非概念表征上的分歧主要关注现象属性的存在和本质，以及它们在决定（G.E. 摩尔意义上的）感觉经验的内容方面所发挥的作用。在这样一种观点上，所有表征状态（依据它们的现象特征）都具有它们的内容，并且这种内容是非概念的，因而是非命题的。

例如，从非概念表征角度来看，图片表征也是以特定方式表征它的对象（从具有被遮蔽的某些部分和未被遮蔽某些部分的特定角度来看）。图片表征是方面的，图片也能是精确的或不精确的，尽管这并不意味着它们具有这样的命题内容：它们并不表征东西是某种方式（being a certain way）。一张面孔的一副类似毕加索的图片，可以是面孔典型地看上去像什么的一种不精确的表征；但是它并不表征任何特定的面孔或一般的面孔为一种方式。但是，这幅图片以某种方式表征一张面孔，并且它所表征这张面孔的方式就是这幅图片的内容。重要的是，在这种被描述意义上的内容不需要是命题的（即是非命题的），因为它不需要是<u>一个东西是如此这般</u>的表征，并且它不需要包括真之条件。

正因如此，表征内容是当前最复杂的内容维度，它可以存在于命题态度状态中，也可以存在于经验状态中。因为所谓有表征内容就是有关于对象特点的表象或呈现，进而可用带 that 的从句加以表述，就像典型的命题态度那样。例如"我相信今天是国庆节"，"相信"后所跟的从句表示的就是表征内容，这内容有对外部事态的关于性。而对感觉经验而言，它们也有经验的表征成分，或由某对象所引起，它也可以具有非概念或非命题的表征内容，尽管其不能用一个命题或一组命题来陈述。这样，仅仅根据逻辑分析或科学说明的方式，如自然化的方式，是不可能对表征内容做出全面而到位的说明的。因此当今流行的表征论观点所理解的表征，除了表征所承认的构成要素之外，还有现象学特征，因为它离不开呈现，离不开主体的直接经验和意识。

值得注意的是，在具有语言哲学背景的心灵哲学家当中，他们感兴趣于命题态度动词，从而导致对命题态度内容感兴趣，并且坚持语言－逻辑分析命题内容，将语句的意义和内容相等同。但是，在具有认知科学或科学哲学背景的心灵哲学家当中，他们更关心的是认知科学中的"意义和内容"。他们认为，把意义和内容等同，这是一个错误，并且把内容当作意义，这是很危险的。因为这种等同观显示：内容理论是内容的语义学（semantics for content），或是基于内容的语义学。他们称意义是在范式上作为语言学表达式或行动的属性：一个人的说话方式或语句所意指的东西，以及通过它这个人所意指的东西。而他们称之为**内容**的东西是在其他东西中，心理表征和指示信号（indicator signal）的属性。[1]这或许预示着，表征维度上的心理内容研究会是语言哲学、心灵哲学、科学哲学、认知哲学跨域探究道路上的一道独特且亮丽的风景线。

从以上我们可以看出，在心理内容范畴界定的四个维度中，命题始终处于一种非常基础的角色地位。在语义维度和逻辑维度方面，命题作为语句意义的呈现者，已经体现出其作为内容承担者的角色，而在现象学维度和表征维度方面，命题已经成为经验内容和心理表征内容类型区分的重要评判依据。通常，心理内容的这四个维度是相互缠绕在一起的，尽管表征范畴的形而上学思考在学界经常被使用或提及，但远不及语言维度和逻辑维度上心理内容范畴的关注范围广泛。

从上述心理内容范畴分析中我们也发现，西方心灵哲学家更多地注重微观层面的分析，并且由于不同哲学背景的学者进入到心灵哲学领域，一些基本范畴的使用出现了错综复杂的、令人混淆的局面。以上四个维度的分析，体现出当代心理内容范畴或类型研究的丰富性。在语义维度上，心理内容范畴经常被以"语义内容""意义""语义学"等语词来表达，体现其语言哲学视角；而在逻辑维度上，心理内容范畴常常用"命题内容"来表达，体现其逻辑哲学视角；在现象学维度上，则常常用"经验内容""现象特征""给予"等语词来表达，体现其现象学视角。而心理内容的表征维度主要体现了分析传统和现象学传统的融合径路，因而在使用"表征内容"语词时，这种内容会被包含在命题态度状态或经验状态之中，与前面几种维度的内容指称有交叉重叠之处。鉴于此，本书在分述这几种维度的心理内容时，没有另辟章节来论述表征内容，而是直接将表征维度渗透在前三种心理内容的维度之中。

---

[1] Cummins R. *The World in the Head*. Oxford：Oxford University Press，2010：174-205.

第三章 心理内容的宽窄之分

心理内容的宽窄之分是传统意义理论发展的必然结果，也是内容内在主义和外在主义争论的必然结果。这种宽窄之分也为意义-内容的转化提供了心灵哲学视角的思考依据。内容的外在主义者坚持宽内容观。其代表人物中，普特南通过著名的孪生地球思想实验论证"意义不在头脑之中"；麦金从分析普特南的意义理论进而拓展到心理内容论题，是意义-内容问题从语言哲学转到心灵哲学的重要直接推手；而伯奇对宽内容进行了系列拓展论证。内容的内在主义者坚持窄内容观。他们形成了不同的窄内容构念形式，并在对宽内容的回应过程中，形成了三种决定策略以及四种主要论证。在这种内容的宽窄之争过程中，查尔莫斯的二维内容（认识内容和虚拟语气内容）观试图找到一条中间道路。

第一节 宽 内 容

在心理内容研究领域中，许多观点已经被称为"外在主义的"。当代宽内容论证主要来源于三个方面：普特南通过著名的孪生地球思想实验论证"意义不在头脑之中"；麦金将普特南的意义理论拓展到心理内容论题；而伯奇对宽内容进行了系列拓展论证。

一、普特南的"意义不在头脑之中"

当代最具影响力的宽内容观来源于普特南等人对意义问题的探讨。普特南把语义学上的意义当作内容。他通过著名的孪生地球思想实验挑战了个体主义的、唯我论的意义观;他认为意义不在头脑之中。最早的和最具影响力的宽内容的论证是普特南在论文《'意义'的意义》中的论证。[①]

普特南最著名的例子包括"孪生地球"思想实验。考虑一个想象的行星,它与地球在分子对分子层面上是同一的,包括具有地球居住者的确切复制品,除了自然环境的某些部分中的一个系统变化之外。在这个例子的一个版本中,我们考虑1750年左右的,在水的化学结构被发现之前的地球,还考虑地球的一个居住者名叫"奥斯卡",他是词项"水"的一个有能力的使用者。这样,我们想象一个孪生地球,它确实在每一个方式上像地球一样,包括有一个奥斯卡的确切复制品,只有一个例外:在包含H_2O的地球的每一个地方,孪生地球上复制品换成包含XYZ,具有不同于水的微观结构,但具有类似的可观察属性。在孪生地球上,它是XYZ,不是H_2O,它来自于天上且归入湖泊和海洋。

普特南论证道,孪生地球上来自于天上且归入湖泊和海洋的这种材质不是水。根据普特南,当人们使用词项"水"时,甚至在1750年,他们想要指称自然种类的水,其物质分享一个共同本质的东西。他们通过可观察特征(如无色的、无味的)来确认水,也假定有解释这些可观察属性的微观结构。自1750年以来,我们已经学会了这种微观结构是什么,即水是由H_2O的分子构成的。但是即使在1750年,在我们学到水是H_2O这一点之前,其他自然种类词项也以相同的方式起作用。

现在,孪生奥斯卡,作为地球上奥斯卡的一个确切复制品,会有许多奥斯卡所具有的相同属性。例如,他会处理接受孪生英语的语句,其发音、写法都的确像英语语句"水是湿的"。然而,普特南论证道,孪生奥斯卡的语词"水"并不指称水。在孪生地球上没有任何水,只有XYZ;孪生奥斯卡从未见过水,从未谈论过水或以任何方式与水接触过。因此他似乎不可能指称水。

对于这个例子来说重要的是,尽管1750年地球上的居民并未意识到这一点,所有的水实际上仍然是H_2O。倘若称作"水"的一些材质是H_2O而其他称作"水"的一些材质是XYZ,那么水不会呈现为一个简单的"自然种类"。在这种

[①] Putnam H. The meaning of "meaning" //Chalmers D. *Philosophy of Mind: Classical and Contemporary Readings*. Oxford: Oxford University Press, 2002: 581-596.

情况中，语词"水"会指称或者是 H_2O 或者是 XYZ 的任何东西，并且我们能说，地球人和孪生地球人的"水"-语词指称相同的东西。实际上，水作为一个自然种类的水，它的本质是它具有化学结构 H_2O；因为没有任何 H_2O 在孪生地球上，所以没有任何水在那里。孪生地球人从未拥有场合来给予水一个标签，因为在他们的星球上没有任何这样的东西，因此，他们的语词"水"并不指称水。

由于奥斯卡和孪生奥斯卡确切地拥有相同的本质固有属性，而指称不同的实体，当他们使用他们的"水"-语词时，他们的本质固有属性不能满足于决定他们指称什么。如果一个语词的意义满足于决定它的指称，那么意义也不能由其本质固有属性所决定。正如普特南所指出的，"意义恰好不在头脑之中！"

不仅孪生奥斯卡不指称水，当他使用语词"水"时，他并不拥有有关水的信念。确定的是，他拥有在他的心理生活中发挥同样作用的信念，即他的水-信念在他的心理生活中所发挥的那种作用。但是在孪生奥斯卡的情况中，这些信念不是关于水的。尤其是，当奥斯卡相信水是湿的时候，孪生奥斯卡并不相信之。因为奥斯卡和孪生奥斯卡拥有等同的本质固有属性，而奥斯卡相信水是湿的，而孪生奥斯卡并不相信之，因为他们的心理内容不能单独由本质固有属性所决定。

从上面可以看出，普特南的论证不是被具体直接指向心灵中的心理内容的。它们首先被运用到语言学内容，更具体地说是运用到一种自然语言中的词项的指称上。普特南关于孪生地球思想实验的论证主要体现的是语言学内容，或者说语义学内容。尽管目前为止如此被陈述的论证关注"水"和其他自然种类词项的指称，但拓展它到心理内容是很自然的事情。实际上，他的这些论证已经被广泛地运用到心理内容上了。这种语义内容能够如何拓展到心理内容，得益于后来的麦金和伯奇的贡献。

二、麦金对意义-内容的进一步心理拓展

麦金在1977年的一篇论文《宽容、解释与信念》[①]中，从批判戴维森的宽容、解释理论出发，由信念过渡到心理状态论题，从分析普特南的意义理论进而拓展到心理内容论题。笔者认为，麦金是意义-内容问题从语言哲学转到心灵哲学的重要的、直接推手。

首先，麦金对戴维森的宽容、解释理论给予了重要的评论，从而引出他对

---

① McGinn C. Charity, interpretation, and belief. *The Journal of Philosophy*, 1977, 74（9）: 521-535.

心理状态论题的思考。在20世纪70年代初期，戴维森已经论证道，就信念方面来说，宽容是成功翻译的一个必要条件；而且除非我们明白在一个生物的态度和表达中它有明显的优势，否则我们不能把它的行为分析为一个理性自主体或心理主体的行为。他曾说："宽容被迫用于我们之上——无论我们喜欢它与否，如果我们想要理解其他人，我们必须在大多数事情上认为它们是正确的"[1]，在他看来，作为一个方法论规则，宽容是被坚持的，因为我们事先知道，通过某种超验论证，大部分其他人言说和相信的东西将会为真（根据我们自己的真之观点）。

麦金认为：我们先天地知道在解释者和被解释的东西之间没有任何广泛而深入的不同之处的可能性。麦金倡导一种心理状态构念，特别是一种命题态度构念，用它来论证戴维森的前提和结论的不正确性。在其中他显示出①这个构念如何对普特南的一些学说施加了压力，并且②戴维森有关宽容的主张的拒斥。戴维森提出，在公共可识别的条件中通过采用一个语句为真的、先行可发觉的态度，信念和意义对言语行为的独立作用所创造的僵局会被打破。他说："由于信念的知识仅仅随着解释语词的能力而出现，在开始时唯一的可能性是假定信念上的一般一致意见。我们通过指派现实获得（在我们的观点上）的真之条件到一个言说者的语句，首先得到一个完整的理论，仅仅当该言说者坚持这些语句为真时。"[2]

麦金认为，为了从信念中提取意义，解释的一个程序（至少在它最初的信念作用中），会不可避免地把真信念归属到坚持一个语句为真的一个言说者上。但这回避了问题的实质。因为我们可以同样对坚持为真的派生语句的意义提供一个基础，通过不宽容地将假信念归因于我们的言说者。我们仅仅假定，有或没有好的理由，言说者已经产生了一个错误并且正在表达对应于假语句的一个假信念。假持有信念就如同真持有信念一样，这是不变的。

麦金认为，关于信念-意义的协作，其关键点本身并不加强可宽容假定。我们需要某种独立的理由，因而一个人可以被意向地关联于一个对象（在布伦塔诺意义上）而无须正确地构想它。如果关系属性具有所有它们的透明性，并且允许报告者区分他自己的概念承诺和他的主题有哪些概念承诺，那么假定概念适合于某个对象或某种对象，就能与拥有**关于**这个对象或某种对象的信念

---

[1] Davidson D. On the very idea of a conceptual scheme. *Proceedings of the American Philosophical Association*, 1973, 47: 5-20.

[2] Davidson D. On the very idea of a conceptual scheme. *Proceedings of the American Philosophical Association*, 1973, 47: 5-20.

（等）分开来。

为了显示戴维森所宣称的、信念方面的必要条件不是有约束力的，麦金考察了知觉。他认为，知觉在范式上是一种关系的心理状态。知觉关系先于有关对象的信念，并且对有关对象的信念提供一个基础；它不能被所基于的信念中的假所破坏。这表明，心灵的关系态度在真方面是自治的。由于关于外在世界的关系信念典型地是（或许必然地是）基于与它的居民的知觉接触，如果这个关键点被认为是关于知觉的，这几乎并不令人吃惊。如果知觉能把一个对象带到独立于我们相信有关它的真的视野中，那么有关对象的、基于知觉的信念似乎与主导性错误可能是可相容的。在此基础上，麦金指出，对于涉及对象的命题态度，指派对象到一个人的整个信念集合的任何程序是被陈述的。这样一种方法也不能被期望来阐释什么是指谓关系的构成成分，或者对于一个心理状态来说，正是什么包括一个对象作为它的主题（subject matter）。

其次，麦金通过阐述心理状态论题，尤其是知觉经验状态，来表明戴维森意向观念的不妥之处。麦金指出关于涉及对象的心理状态的一对论题是：①如果一个心理状态在它的意向内容方面被正确地描述了，通过指称一个对象作为组成它的主题，那么该状态的同一性和存在条件就会依赖于该对象的那些条件或由该对象的那些条件所确定；②在正确地具体化一个关系心理状态的意向内容中，一个对象被指称的一个必要条件就是，在该状态的因果起源中它（这个对象）适当地描述/出现了。麦金尝试提供对这两个论题的一种清晰表达，从而显示它们之间的关联。

麦金指出，假定你正在进行有关看一个 F 的知觉经验，并且假定你的经验内容正由提及一个对象 a 所正确地具体化。令 a 唯一地是 F。现在假定你自己在一个这样的世界中，在其中你拥有如同有关感知一个 F 的经验；但是，现在你的知觉状态正确地被指称一个对象 b 所具体化，在那里 a 不等于 b，尽管在那个世界中 b 唯一地是 F。那么你处于在这两个世界中不同的知觉状态，因为感知 a 是不同于感知 b 的状态。再者，假定你处于 a 并不实存的一个世界中，那么你不能处于以如同给你在当你感知 a 时所在世界中例示的那种相同状态。那么，看到 a 的知觉状态在 a 方面是严格的；一个知觉状态不能是那个状态，除非它的内容通过提及那个对象被具体化。同样对于信念也如此。如果你相信 a 是 G，在那里 a 是并且你相信它唯一地是 F，那么有关 b 是 G 的信念，在其中 b 是并且你相信 b 是唯一地 F 的一个世界中，就不是相同的信念：因为它的内容本质包括该信念现实包括 a 的那个对象。

麦金认为，这种知觉关系不能在一个人和一个对象之间持有，除非该对象在某种因果过程中适当地出现。看似合理的是，信念的一个可比较的必要条件获得：一个人的关系信念不能被报告为真实关于由该报告者指称的一个对象，除非该信念部分是由这个对象引起的。无论如何，在由与之因果（知觉的）相互作用所获得的一个对象的信念和通过指称所获得的信念之间，存在一个明显的不同。麦金进而指出，有关心理状态的这两个论题是相关联的，因为因果条件有助于解释关于个体化的关键点。这样的关系心理状态在它们的因果历史中必然包括它们的意向对象。

这样，麦金指出，来自于戴维森的相关段落中不明显的意向关系构念在根源上是被弄错的。因为人们在他们的环境中与对象因果地相互作用，以使得他们拥有关于这些对象的思想的方式，并且指派这些对象到它们的信念中作为组成它们的主题。因此，麦金指出，戴维森的推理是有效的——宽容会是命题态度的可理解刻画可能性的一个条件，如果意向性的整体论满足理论为真——但是，这个前提为假，这个结论不需要被接受。

再次，麦金在普特南的意义观点上表明了他自己的态度立场。麦金希望通过显示对有关心理状态个体化的思考，来对普特南的一些论断产生影响。他指出，普特南主张构成一个人理解一个词项（大块的词项、自然种类的词项、单称词项）的心理状态并不唯一地（uniquely）确定它的外延。因为普特南得出结论：（个体的或社会的）心理状态并不决定意义："一个人的语词的意义不是在他的头脑中"。支持这个最初论点的理由是，两个言说者或两个语言共同体，能使用（语音上等同的）这样的词项：其外延在它们各自的语言中是脱节的，并且在这些词项和它们的外延方面，他们仍是处于相同心理状态的。麦金同意普特南的是，"水"的外延在这两种语言中是不同的，他也同意该词项的使用者可能不能区分这两种物质，并且假定它们是等同的。

但是，麦金并不认为能够得出这样的结论，即就这些脱节的外延方面来说，他们的心理状态是相同的。因为，在上面所倡导的心理状态的同一性条件构念上，在 H_2O 和 XYZ 方面，两组言说者的心理状态的一个正确具体化会提及这些物质；它们的不同性保证了指向它们的心理状态的不同性。这对于知觉是明显的：由于他们感知不同的物质，所以他们的知觉状态是不同的。类比于信念：在具体化他们的关系信念中，如果我们要充分地报告，我们必须把这些信念指称到物质的因果相互作用中。我们不应该让这种初步的观察由这样的事实所模糊：他们假定他们的心理状态是等同的。这不会有助于纯粹现象学上描述这样状态的学说，因此，这种理智的心理状态唯一地确定外延的理由就是这个状态由外延所确定。

事实上，这个关键点符合普特南学说的其他方面。因为他坚持认为，讨论中的词项是隐秘地索引的，并且索引词项是这些表达式把握的范式，它们的含义要求在把握者的部分上的一种从物（de re）态度：一个人并不知道"那个人"的一个个例的真之条件被做出的作用，除非他知道正是有关那个人。有讽刺意味的是，普特南也应该支持一种指称的因果理论视角，因为一个词项的使用以及它的意义的把握，将会是因果地相关联的，以一种趋向一个指称关系的方式，具有被指称的对象或物质。普特南在有关世界作用上只是不得不运用他的观点到意义、到心理状态的本质和个体化。

麦金认为，抵抗普特南的论证允许这样两个吸引人的论题的保持力：①意义理论是有关意义的知识的一个理论，即意义本质上是一种认识观念，能够只是一种语言的语义学；②语义事实是随附于心理的或社会学的事实：在所有心理的（社会的）方面不能有两个言说者（共同体）是相同的，然而在某个语义方面是有所不同的。实际上，普特南的言说者提供了一个很好的阐述。一个解释者，被告之化学理论，会指派到普特南的两组言说者语句和信念不同的取值，经由知觉，根据他们与这些物质的被观察的因果相互作用。并且在两种语言中，他不会被引诱来确定"水"的外延，仅仅因为在言说者被倾向于运用到他们现实地不同的物质的谓词方面，它们是不可区分的。在由 H_2O 所围绕的那个共同体中，他不会指派 XYZ 到"水"。为了解决他们的言说和信念的主题，被观察的认识接触（contact）就是最重要的标准。①

对于我们已经延伸到宽容主张的彻底解释方法来说，麦金总结：戴维森提法的核心观念是，我们从关于真的信念中提取出一个丰富的翻译概念，通过把本土语言的语句与我们自己语言的语句配对，基于以这样方式被分享的真值：产生对解释密切相关的某个东西。因此，戴维森的方法会在根基上削弱：是否在一个可构想的情况中，言说者能拥有占优势地为假的信念。这表明，持有真不能在戴维森已经尝试削弱它的一个彻底解释程序中发挥作用。

进而麦金表明，解释可以以这样的方式成功：推测一个意义理论和由一个所拥有的无论什么预感或期待所指导的命题态度，那么对是否该主体有所行动做出检验。麦金指出，尽管戴维森认为没有宽容就不能够有方法，但是没有宽容或方法，能够有解释。这样，通过对解释问题的分析，麦金就将意义问题与

---

① McGinn C. Charity, interpretation, and belief. *The Journal of Philosophy*, 1977, 74（9）: 521-535.

心理状态论题进行了合理的关联，也使得意义-内容问题得以拓展到心灵哲学领域。这些都代表着麦金早期的心理内容思想。

在这里需要指出的是，麦金后期的心理内容观念有所改变。在当代意向性的自然化运动过程中，麦金本人的哲学思想注重自然科学基础，具有深厚的科学哲学理论背景。在1989年《心理内容》一书中，趋向神秘主义的麦金在对内容外在主义和内在主义进行评析的基础上，提出了自己颇具特色的内容模型观。

一方面麦金的内容观具有动态特点，而且他强调内容的目的论描述方案。他在坚持传统的命题态度内容的基础上指出，内容出现于理性和目的论的交叉点（intersection），并且理性带来专有功能使它屈服成为非本质固有的内容。"用其他方式是来说，当语句上被构造的状态来被看作具有特定的关系功能时，它们就被当作具有内容"，而且"指向世界的内容的目的论描述对基于内容的心理学提供勾勒一种自然主义巩固的希望……内容被证明不是颇具野心的（high-flown）形而上学，而是讲实际的（earthbound）生物学，是很自然的。"①

另一方面，麦金强调内容在进化中的初始性地位，他说："内容，是一个相对初始的进化成就；较意识或信念、期望实践推理更初始。"②在此基础上麦金还为内容构建了一个心理模型，并根据这个心理模型来解释心理内容。这个模型的构成要素主要有：概念结构、真与假、逻辑关系、呈现方式、整体论、预测性、自然主义，这些形成一个完整的内容图式（图3-1）。

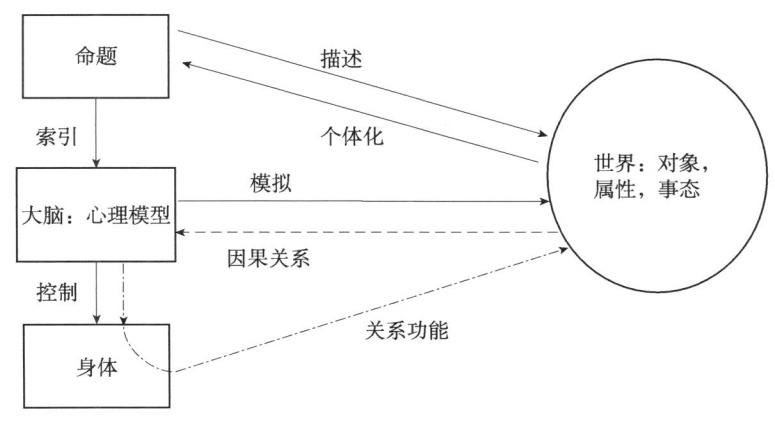

图3-1　内容图式

---

① McGinn C. *Mental Content*. New York：Blackwell，1989：151-152.
② McGinn C. *Mental Content*. New York：Blackwell，1989：163.

这个图式存在于一个循环中：从世界到命题，从命题到模型，从模型到关系功能，从关系功能到世界。① 麦金的这个心理内容模型也为后来人工智能自主体的内容问题研究提供了可资借鉴的可能条件。

第二节　伯奇对宽内容的系列拓展论证

普通的心理内容是宽的，其论证的第三个主要来源是伯奇的一系列有影响的论证，其中包括其标志性论文《个体主义和心理的东西》。伯奇提供了对称为"反个体主义的"外在主义观点的许多论证，这些在他后来的思想中逐渐被很有用地进行了区分和描述。

一、强调环境的作用

第一个论证是，通过密切联系普特南的"水"案例，伯奇强调在关于自然种类的思维中环境的作用。值得注意的是，普特南和伯奇之所以进行内容外在主义的有关论证，是因为在唐纳兰、克里普克等人所引领的直接指称运动的大背景下，普特南和伯奇就自然种类词项的指称问题展开了对传统指称理论的挑战，并将意义的形而上学思考带入了新的高潮。他们认为，心理内容不仅由这个人所是的物理的和本质上心理的方式所影响，而且由他的物理环境的本质所影响。②

尽管普特南本人给出"水"的意义以及相关类比，但他主要集中关注意义而不是关注命题态度。在伯奇看来，这些例子阐述了这样的事实：所有包括自然种类观念的态度（包括从言态度），都预设了从物态度。但是这些例子并不显示：自然种类的语言表达式在任何普通意义上是索引的；它们也不显示包括自然种类观念的信念总是从物的。即使它们显示了：从现实情况到反事实情况的变化也会影响到that从句中自然种类词项的间接发生，并且其中这些间接发生是认知内容归属的关键。

伯奇意识到从一开始，在决定心理状态和事件的本质中，社会关系的作用

---

① McGinn C. *Mental Content*. New York: Blackwell, 1989: 209.
② Burge T. Individualism and the mental. *Midwest Studies in Philosophy*, 1979, 4 (1): 73-122.

是一个较长序列的一部分。伯奇认为，许多心理状态的本质部分地是由与物理环境的关系所决定的[①]，他强调"我"在"他身"中的一个关键点：普特南并不使用他自己有关语言、"意义"和指称的有想象力论证来支持这样的观点（即大多数普通的非事实的心理状态和事件的本质部分地由对物理环境的关系所决定的）。这样一个观点自然支持：心理状态和它的不同表征内容或"意义"在现实个体和反事实个体之间是不变的，甚至当被分享的思想内容的指称物不同时。毫无疑问，这个观念在普特南的有关心灵的孪生地球论证中发挥了作用。

伯奇指出，这个思想实验不能被注释为包括在情境依赖思想中的指称转换。在决定心理状态的本质中，伯奇把物理环境当作比社会环境更根本，它在心理学上、个体发生上和种系法发生上都更根本。伯奇首先集中关注社会环境，是因为他认为它很少被意识到。在后来的工作中，他发展了物理环境的作用。心理内容是宽的，它不完全由该个体的本质固有属性所决定，而是部分地由该个体的环境特征所决定。但是，如果我的信念内容不是完全由我的内在状态所决定的，那么其他的什么东西能决定它呢？

这里存在两种不同的环境因素。普特南的奥斯卡和他的孪生地球复制品的例子集中关注自然环境的作用。其关键观念是，当我们拥有关于自然种类的思想或信念时，我们经常不知道这些种类的本质特征是什么，即使我们假定有这样的本质特征。在这样的情况中，我们正在思考关于的东西不仅依赖于内在的有用因素，而且依赖于关于我们正思考关于的那些种类的物理的、化学的或生物的组成事实。

相比较而言，伯奇的关节炎例子集中关注社会环境的作用。在我们关于许多种类东西的思想中，包括自然种类，也包括人类发明的种类（如家具或契约），我们假定其他人可以拥有比我们更专业的知识。这样，我们正思考关于的东西不仅依赖于我们本质固有属性，而且依赖于专家意见。就我们确切地思考关于的东西来说，我们遵从专家。鉴于此，这种社会环境的作用有时被指称为"语义遵从"（semantic deference）。语义遵从的现象密切关联于普特南的"语言劳动分工"（the linguistic division of labor）的东西。普特南认为，只要有某些语词指称什么东西方面的专家，我们都不需要拥有这种专门的知识；我们能依赖于专家的知识。然而，在伯奇看来，这种现象不仅仅是语言学的：不仅我们遵从语词"关节炎"意义方面的专家；我们也遵从这种疾病关节炎方面的专家。这样对于伯奇来说，这个现象不仅影响通过我们使用的语词我们所意指的东西，

---

① Burge T. Individualism and the mental. *Midwest Studies in Philosophy*, 1979, 4（1）: 73-122.

而且影响我们思想的内容。

总体上来看，伯奇的主要观念是，一个个体人的意向的或表征的心理状态和事件的许多本质和正确个体化通常以一种构成方式依赖于个体对一个更广泛的社会环境的所产生的关系。伯奇通过关节炎思想实验（详后）等来支持这个观念。伯奇认为："思想的类型或本质中的不同依赖于在两种情形中个体的不同社会关系。特别是，不同方式（以这样的方式这个社会链把个体关联于不同的主题）体现他们思想中的不同。……个体思想的本质，正如被他们思想的表征内容所标志的一样，在构成上依赖于社会环境。这些个体本身不可以足够清楚地描述社会环境或主题（其构成上决定他们思想的本质）中的元素。"①伯奇强调社会环境因素对内容的重要性，这也是内容外在主义观点的核心之处。

二、关节炎思想实验

第二个论证，是通过关节炎思想实验提供了被他称之为"反个体主义的"外在主义观点的论证。这些论证依赖于这样的事实：在许多情况中，我们想要知道，我们正在思考或谈论关于的什么东西在某种程度上依赖于我们共同体中的其他人的信念，特别是那些专家的信念。伯奇指出，心理内容的某些方面显示了对于心理状态来说是本质的那样一种社会元素，这已经远超出了心灵的一些突出模式（例如功能主义和还原唯物主义）。②

在普特南观点的基础上，伯奇展开了相关论证。首先，伯奇指出，自从黑格尔的《精神现象学》以来，个体及其社会环境之间强调一种广泛且不言而喻的划分，这就已经标志着有关心灵的哲学讨论了。一方面，有关于心理状态和事件的个体主体的传统关注。在笛卡儿式传统中，聚焦的是在个体（他的秘密沉思、他的天赋认知结构、他的私人知觉和内省、他的观念的把握、概念或形式）"中"什么存在或发生。更明显的导向性运动，如行为主义及其后来的发展，已经高度强调个体的公开可观察行为。但是笛卡儿式的和行为主义的观点倾向描述个体主体。另一方面，在影响个体和他的思想内容方面，有黑格尔式的关注于社会机构的因素。同时在英语国家里，却以一种对语言的集中关注的形式获得了回应。许多在语言和心灵上的哲学工作已经处于笛卡儿式或行为主义的观点

---

① Burge T. Individualism and the mental//Burge T. *Foundations of Mind: Philosophical Essays*, Volume 2. Oxford: Oxford University Press, 2007: 151.

② Burge T. Individualism and the mental//Chalmers D. *Philosophy of Mind: Classical and Contemporary Readings*. Oxford: Oxford University Press, 2002: 597-607.

的兴趣当中，伯奇称之为"个体主义"。但是更多有关指称理论的近期工作已经显示，在决定一个个体思考什么的过程中，一些社会合作发挥了作用。①

当然，在许多方面，这些在哲学中的强调——个体主义的和社会的——是可相容的。伯奇指出，社会因素的哲学讨论已经趋向是模糊的、呼之欲出的、隐喻的或普通的，或是倾向于建立关于历史过程和人的命运的某个大的论题。伯奇在描述一个个体的心理现象中提供强调社会因素的一些考虑。这些考虑要求质疑若干传统的和近代的心灵对待方式的个体主义预设。

其次，伯奇通过自己的"关节炎"思想实验来阐述自己的宽内容观点。他对这个思想实验进行了三个步骤的假设。假设第一步：一个给定的人有很多的态度，通常用在间接包含"关节炎"的内容从句来被归属。例如，他（正确地）认为他有关节炎有很多年了，并且在他的手腕和手指中的关节炎比在他的脚踝中的关节炎更疼痛，他也认为有关节炎比有肝炎更好，并且变硬的关节是关节炎的一个症状，并且某些疼痛是关节炎的特征，有各种关节炎，等等。总之，他有广泛范围的这样的态度。加上这些不令人惊奇的态度，他认为他的大腿中已经发生了关节炎。在一般理性或理智能力上，这个病人报告给他的医生他害怕的是，他的关节炎现在已经进入到他的大腿。医生回答他不能如此，因为关节炎是一种关节的炎症。任何字典都能够告诉他相同的答案。这个病人很吃惊，但是放弃了他的观点并且继续问他的大腿可能有什么问题。

这个思想实验的第二步由一个反事实的假定所组成。我们要构想一种情形，在其中这个病人从出生以来一直进行着相同的那些物理事件，包括他首次向他的医生报告他害怕的事件。正好相同的事情（非意向地被描述）发生在他身上。他有相同的生理历史、相同的疾病、相同的内在生理发生。他做出相同的动作，进行相同的行为，他有相同的感觉入口（生理学上被描述的）。他对回应刺激的倾向在物理理论中被解释。所有这些延伸到他与语言表达式的相互作用中。在相同时刻他说和听到相同的语词（语词形式），他倾向于断言"关节炎能在大腿中发生"和"我大腿中有关节炎"。这样的倾向可能已经以许多方式出现了。但是，我们能假定，在现实的和反事实的两种情形中，他从因果交谈或解读中获得语词"关节炎"，并运用这个语词来描述他大腿中的一个炎症（或其他肢体部分的炎症），这似乎产生类似于在他的手和脚踝中疾病的疼痛或症状。

在现实的和反事实的这两种情形中，这种倾向从未被强加或消除，直到他

---

① Burge T. Individualism and the mental//Burge T. *Foundations of Mind: Philosophical Essays*, Volume 2. Oxford: Oxford University Press, 2007: 100.

本人向医生表达的时候。我们进一步想象这个病人的非意向的、现象的经验是相同的。他有相同的疼痛、视觉领域、想象以及内在的口头说法。在这个假定中的反事实性仅仅触及这个患者的社会环境。在现实事实中，"关节炎"并不用于指关节以外的炎症。但是，在我们的想象情况中，生理学家、词典编纂者和非正式的外行运用"关节炎"不仅到关节炎而且运用到各种其他风湿炎症。这个词项的标准使用是被构想来包含这个病人的现实误用的。我们能想象或者这个关节炎不被挑选来作为一个疾病族，或者除"关节炎"之外的某个其他词项通过外行人不经常地被运用到关节炎。总结这第二步：在语词"关节炎"惯例地被运用和被定义来运用到各种风湿炎症的同时，这个人可能已经拥有相同的生理历史和非意向的心理现象。①

最后一步是这个反事实情况的一个解释，或这种描述的一个补充。合理地假定：在反事实情形中，这个病人缺少一些（可能所有的）那种通常在间接发生中被归属具有包含"关节炎"的内容从句的那种态度。他缺少发生的思想或信念：他在大腿中有关节炎，他有关节炎很多年了，变硬的关节和各种疼痛都是关节炎的症状，他的父亲有关节炎，等等。我们假定，在反事实的情况中，我们不能正确地刻画任何包含词项"关节炎"的一个间接发生的内容从句。很难明白这个病人如何已经能挑选这个关节炎观念。在反事实共同体中语词"关节炎"并不意指**关节炎**。它并不仅仅用于关节的炎症。我们假定在这个病人的系统中没有任何其他语词意指**关节炎**。在反事实情形中，"关节炎"在词典定义和来自"关节炎"的外延中都有所不同，正如我们使用它一样。我们对病人所做的有关内容从句的刻画不会构成我们现实归属的相同内容的归属。因为在内容从句中的配对物表达式现实地或反事实地是可刻画的，它们在外延上并不是等值的。然而，我们在反事实的情形中刻画这个病人的态度，它不会是具有外延上等值于"关节炎"的一个词项或短语。因此这个病人的反事实态度内容与他的现实态度内容是不同的。

这些想法的结果就是，这个病人的心理内容有所不同，在他整个生理和非意向心理历史中，被考虑在与他的社会情境孤立中是保持相同的。这种不同似乎来自于"外在于"这个病人的不同。在他的心理内容中的不同是可归属到在他的社会环境中的不同的。总之，这个病人的内在质的经验、他的生理状态和事件、他的行为上被描述的刺激和反映、他的行为倾向，以及无论什么作为他

---

① Burge T. Individualism and the mental//Burge T. *Foundations of Mind: Philosophical Essays*, Volume 2. Oxford: Oxford University Press, 2007: 106.

输入和输出中介的状态的序列——所有这些保持不变，同时他的态度内容有所不同，甚至在配对物观念的外延中也如此。正如我们开始观察到的一样，这样的不同通常在心理状态和事件中被认为是不同的。

再次，伯奇对这个关节炎思想实验做出进一步的例证。伯奇认为，除了语词"关节炎"之外，我们还有许多不同类型的词项。我们能使用一个人造词项、一个普通自然种类语词、一个颜色形容词、一个社会作用词项、一个表现历史风格的词项、一个抽象名词、一个行为动词、一个物理运动动词或各种其他种类语词的任何一个。相应的论证能在任何情况下得以开始，这些情况中直观上可能归属一个心理状态或事件，并且这样的状态或事件的内容包括这样一个该主体完全理解的观念。这种可能性是这个思想实验的关键。伯奇对这种可能性给予了一个更具体意义。例如：①支持这个思想实验的大多数不完全理解的情况会是相当特殊的。②尽管大多数错误分析是相当特殊的，但似乎某些类型的错误是相对普遍的——但是不是如此普遍和统一来表明这个相关词项展现新含义。③一个人不需要关注外行人从科学角度所获得的东西。④某人仅仅一般地精通音乐史，或人为地获得若干音乐乐器的图片，可能自然地或错误地认为：翼琴包括没有琴腿的大键琴。⑤在律师的客户当中一个相当普遍的错误就是认为一个人不能和某人有一个合同，除非已经有了一个书面协议。⑥有时人们关于颜色范围也产生错误。他们可以正确地运用一个颜色词项到某个颜色，也可以错误地运用它到一个邻近颜色的阴影中。

伯奇进而指出，这个思想实验中第一步的相关归属不需要展现该主体的错误，它们可以是一个真内容的归属。我们能开始一个包括被错误构想观念的命题态度，但是在它的一个真的、没问题的运用中：例如，这个病人的信念：像他的父亲一样，他在58岁时在脚踝和手腕上患上了关节炎（在其中"关节炎"间接地发生）。在这个思想实验中，一个人不需要依赖一个根本的错误概念。他可以挑选一个情况，在其中这个主体仅仅部分地理解一个表达式。他可以在许多情况中正确地、肯定地运用它，但是在普通实践中并不清楚或不知道关于它的某种运用等。①

伯奇指出，这个思想实验的转换带来一个重要的关键点：对于其内容来说，命题态度依赖于独立于该个体的社会因素。因为如果社会环境已经不同了，那么这些态度的内容也就会不同。伯奇认为，除去该思想实验的这些转换情况，

---

① Burge T. Individualism and the mental//Burge T. *Foundations of Mind：Philosophical Essays*，Volume 2. Oxford：Oxford University Press，2007：113.

看似合理的是（在它的最初视角上）我们很好地理解的命题态度（就它们的内容来说），部分地依赖于独立于该个体的社会因素。这个论证表明，在确定主体的态度内容中，甚至在主体完全理解这个内容的情况中，公共的实践是一个因素（加上主体的理解、推理模式，以及可能行为、物理活动、其他特征等）。

在此基础上，伯奇进而认为，这个思想实验并不在心理学的"成功"动词或"事实"动词（像"知道""后悔""认识到""记住""预知""察觉"）上发挥作用。通过改变环境，一个人能改变内容的真值，因此该主体不再能被说知道这个内容了。伯奇认为，正是该个体的意向心理状态（像信念），它不携带任何真实性或成功的隐含意味，这样的意向心理状态不能通过纯粹集中关注于该个体的行动、倾向以及"内在"发生的东西来被理解。并且这个思想实验也不以任何直接的方式来依赖于索引性现象或从物态度。似乎在伯奇看来，这个思想实验根本不需要依赖于从物态度。[1] 这表明，社会环境感染了心理主义归属的不同心理特征。没有任何人的意向心理现象是孤立的，每一个人是社会大陆的一个片段、社会力量的一部分。

最后，伯奇对关节炎思想实验的三步骤做出进一步辩护。他指出，在理论化这些心理主义概念中存在哲学兴趣。他假定获得理论理解的一个主要方式是集中关注我们有关心理主义观念的*谈论*。并且他相信在命题态度归属的普遍实践中是有各种步骤很好地被表达的。他认为，与心理内容的若干哲学描述可相容的是，包括诉诸更抽象的实体（如弗雷格式思想或罗素式命题）的那种描述，以及寻找否认内容从句显示可能被称作一个内容东西的那种描述。[2] 这样，他认为，第一步骤很可能遭遇反对。因为一个人理解的东西真正是体现他在使用语词过程中能表达思想的主要因素之一。如果在命题态度和理解之间没有深层的和重要的关联，一个人几乎不能预期他的心理内容归属。但是我们的例子提供理由来相信这些关联不仅仅蕴涵这样的结果：拥有一个命题态度严格地隐含对其内容的完全理解。而第三步骤的确切解释相关于许多心理现象的因果理论或功能理论。在此基础上，伯奇进一步给出了相应地不完全理解和重新解释的标准情况，以及重新解释这个思想实验的方法。在这个阐述过程中，伯奇转入到第三个论证。

---

[1] Burge T. Individualism and the mental//Burge T. *Foundations of Mind*：*Philosophical Essays*，Volume 2. Oxford：Oxford University Press，2007：116.

[2] Burge T. Individualism and the mental//Burge T. *Foundations of Mind*：*Philosophical Essays*，Volume 2. Oxford：Oxford University Press，2007：117.

三、内容反个体主义的拓展论述

首先，伯奇讨论词项"个体主义"。他认为，这个词项是模糊的，通常的哲学理解是：用来明白一个人的意向心理现象，最终地或纯粹地是根据什么，这个人正在发生什么事情，并且他如何对他的物理环境做出回应，且无须考虑其社会情境。① 伯奇运用词项"个体主义的"指称他所讨论的特定情况，具体有：

（1）笛卡儿－罗素式模式。我们知道，有关心灵的传统内省主义对待方式，即柏拉图、笛卡儿、罗素和许多其他人的方式，是基于这样一个模式：这种模式趋向于鼓励心理东西的个体主义对待方式。这种模式以其最粗糙的形式在罗素的一段名言中被表达："无论何时假定或判断的一个关系发生，假定的或判断的心灵和与之相关的词项必须是讨论中的这个心灵所亲知的那些词项……似乎在我看来，这个原则的真是明显的，只要这个原则被理解。"② 对于罗素来说，亲知是直接的、确实可靠的、非命题的、非视角的知识。"词项"像概念、观念、属性、形式、意义或含义一样，是在判断中或多或少直接发生在心灵面前的。

这种模式在笛卡儿的著作中是更有资格和更复杂的。他强调这样的可能性，即一个人可能不清晰地或不明了地感知他的心灵的内容。他写道"一些人在他们的生活中没有正确地感知任何东西"。③ 在笛卡儿的观点上，这个人的理解能力，所谓适当地理解的能力，不产生任何错误。无法把握一个人的心理内容，这或者根源于盲目偏见，或者根源于身体上的感觉和对物质东西上的想象的那种干扰。这也就是说，一个人仅仅需要仔细地或适当地被指导，在他的内省中来获得对他的意向心理内容的完全理解。

笛卡儿的观点表明，在该主体无法获得完全理解的情况下，没有任何确定的内容能被归属到他，他的"思"由不可具体化的或不确定的想象所构成；确定的概念内容的归属是被排除的。这些在笛卡儿的诉诸自明的、不用质疑的真中被加强："有一些如此明显并且同时如此简单的、我们不能思考它们的东西，并且无须相信它们为真……因为我们不能质疑它们，除非我们思考它们；并且没有同时相信它们为真，我们就不能思考它们，即我们从未质疑它们"。④ 这种

---

① Burge T. Individualism and the mental Burge T. *Foundations of Mind*：*Philosophical Essays*，Volume 2. Oxford：Oxford University Press，2007：133
② Russell B. *Mysticism and Logic*. London：Unwin Hyman，1959：221.
③ Descartes R. Principles of philosophy//Haldane E，Ross G. *Philosophical Works*. New York：Dover，1955：xlv-xli.
④ Descartes R. *Philosophical Works*. New York：Dover，1955：Replies：42.

自明性来自于对真之纯粹理解,并且完全理解它们是思考它们的前提。

在经验主义传统中,在直接经验模式上笛卡儿的影响趋向于消失。并且在主导的语言哲学家当中,这种笛卡儿—罗素式模式很少有严格的信徒。但是,尽管它已经被广泛地拒斥或客气地绕开了,但它的令人厌烦或有益之处的相关论断仍是很平常的,甚至在它的反对者当中。这些论断声称,基于一个人的语言的使用,限制我们能归属到他的思想内容。这些限制仅仅模仿了笛卡儿的一些论断。

(2)行为主义模式。20世纪最显著的代替传统笛卡儿式模式的尝试是行为主义运动以及它的继承者。伯奇反对最激进行为主义("哲学的""逻辑的""分析的"行为主义)视角。这是这样的观点:心理主义归属能是"分析地"被定义的;或者纯粹以非心理的、行为的术语,被给予严格的意义等值。没有任何分析纯粹依赖于该个体的行为倾向,并且没有任何这样的分析能给予有关一个心理内容归属一个"分析的"定义,因为我们能构想行为的定义项而心理主义不能。

在这里,作为行为主义的继承方案,常被冠以"功能主义"名称。伯奇指出,"……在我的术语中,说明意向性很大程度上等于说明心理状态和事件的内容。(当然有从物情况中的内容的运用。但是在这里不做考虑。)这样的内容明显是我们主体状态的功能作用无法破坏的东西的一部分。"[1]伯奇认为,功能主义者经常给予心理内容仅仅粗略的讨论。但是,通过说明所有具体的功能状态和事件,以非意向的、功能的语言,一个功能描述解释意向性,这样的论断出现在如下中:"具体化交流中被使用的一个语句的意义,部分地就是具体化被表达的那个信念或其他心理状态;并且该状态的表征特征由它的功能作用所决定"[2];"信息被有机体存储、计算……或者加工,这种方式解释它的认知状态,尤其是解释它的命题态度"[3];等等。

在伯奇看来,功能主义描述的个体主义格局导致他们在处理第一人称权威问题上的不充分。但在这里,值得再次强调的是,这个问题并未被这样的提法所影响:我们根据在该主体的物理环境中的对象或材质的特定因果关系,具体化输入和输出。伯奇指出,功能主义方案提供另一种情况,即在其中心理内容并不以非意向术语来看似合理地被说明。心理状态和事件的意向的或语义的作

---

[1] Burge T. Individualism and the mental//Burge T. *Foundations of Mind*:*Philosophical Essays*,Volume 2. Oxford:Oxford University Press,2007:138.

[2] Dennett D. *Content and Consciousness*. London:Routledge & Kegan Paul,1969:20-45.

[3] Fodor J. *The Language of Thought*. Cambridge,MA:Harvard University Press,1975:27-98.

用，不是纯粹在个体中它们的功能上被具体化的作用。意向心理状态和事件的这些描述，其失败来源于对认知现象的社会依赖特征的一种低估。

（3）心灵和意义之间的关系情况。关于心理东西的个体主义假定已经深入到了关于心灵和意义之间关系的理论化。一个例子是，根据个体的某种复杂意图和信念来说明约定或语言学意义的格赖斯式方案。[1]根据"相互的知识"或关于彼此的信念和意图，以及共同体的大多数或所有成员的信念和意图，格赖斯式方案分析约定意义。这个方案预设了，一个主体的相信或想要某物的观念总是"概念上"独立于被用来表达这个东西的符号之约定的（conventional）意义。仅仅通过改变周围的共同体的约定，我们主体的信念或意图内容能被构想来发生变化，并且个体的信念内容似乎有时部分地依赖于他们环境中的社会约定。

（4）个体主义假定也有讨论心理东西的本体论氛围。相关方案经常被看作复兴心理主义同一理论的一个旧论证。这种论证是三阶段的：第一，一个人给予每一个心理主义表达方式一种哲学的"描述"，表面上中立的一个描述被当作本体论；第二，相关的功能上被具体化的状态或事件，是被期待在经验上相互关联或可相互关联于心理状态或事件的。这种被假定的相互关联本质在不同理论中是被不同描述的；第三，基于解释的简单性和科学方法，主体当中的"个例"心理状态或事件被坚持认为是等同于相关的（"个例的"）生理状态或事件。

伯奇怀疑这种论证的每一阶段，并且他想关注反对唯物主义同一理论的一些考虑。因为同一理论并不穷尽唯物主义的来源。"真正地，我的主要兴趣根本不是本体论的。已经被确定和质疑的个体主义假定在有关心理东西的唯物主义方案中，如同在有关心理东西的笛卡儿式方案中一样。"这样，在后来20世纪80年代中期以后，伯奇逐渐一致地使用词项"个体主义"来运用到任何这样的观点：认为，心理状态的本质完全依赖于在认知上有助于个体心理来源中的物理因素。

在该词项的这种理解中，个体主义不纯粹关注于否认个体之上的社会关系的作用。它关注于否认对个体之上的任何因素的一种构成上的作用。伯奇指出，一些作者逐渐使用词项"内在主义"来表示更宽泛的现象，限制"个体主义"到关于社会关系的论断上，并且更多的作者把这些词项当作大致是可相互交换的。[2]尽管当代诸多学者把伯奇作为内容外在主义的主要代表之一，但是却有许

---

[1] Grice H P. Meaning. *The Philosophical Review*, 1957（66）: 377-388.
[2] Burge T. Individualism and the mental//Burge T. *Foundations of Mind: Philosophical Essays*, Volume 2. Oxford: Oxford University Press, 2007: 154.

多理由表明，伯奇并不喜欢使用"内在主义"和"外在主义"。

理由之一就是他对"个体主义"更宽泛的使用是较早类似于"内在主义"用法的。在这种宽意义上，个体主义排除了对一个社会的、物理的、数学的环境的关系作为决定心理种类的构成因素。他喜欢用"个体主义"的第二个理由就是：词项"内在主义"和"外在主义"已经在哲学中被使用来表示认识论中一个相关的但却不同的问题。第三个理由是，"内在主义"和"外在主义"在关于什么构成内在的–外在的边界上是不具体的。这些词项已经以许多方式被用来做出这种边界。第四个主要理由是，词项"外在主义"表明这个主要的问题本质上关注于空间位置，并且它也表明心理状态和事件本身是"外在于头脑"或是对外在于个体的某个东西的关系的。但伯奇认为这两种说法都是被弄错的，一方面因为这个说法运用到一些情况，在其中没有空间关系予以讨论。他认为，数学思想的本质就是由对一个抽象主题的关系所决定的，这不仅不是在个体中，而且不在任何东西中。关键点是，通过完全集中关注个体，心理种类不可理解。另一方面，反个体主义并不蕴涵思想是"外在于头脑的"或本身是对外在东西的关系的。这两种思想本身以及它们的表征内容，都不是对外在于个体的某个东西的关系，它们的本质在构成上依赖于不可还原为物质的关系。

再者，伯奇明确了他的心灵本质观和内容本质观。心理解释通常并不把心理状态或事件当作对末端环境的关系。它们是表征该环境的心理种类。对此，伯奇认为，必须有对环境的一个根本关系网络，这些是构成上可能的条件。这样，心理解释认为心理状态的本质是理所当然的，但是关系通常不被诉诸在心理解释中；它们并不进入到心理规律中。因此，他关注各种方式：以这些方式，一个个体的心理状态和事件的本质是由该个体和一个更宽的系列或环境之间的关系所决定的。这个更宽的序列将不是一般地在该个体的身体或心灵中的，或受制于由该个体的沉思的认知控制的，或者纯粹根据该个体的功能、因果或倾向能力来可明确表达的。

伯奇认为，通常对反个体主义的一种误解方式就是，把反个体主义当作一个内容理论。然而，反个体主义根本上不是关于内容本质的，它是关于表征的心理状态和事件的本质的。它是关于个体具有该个体所具有的那种心理状态和事件上的构成条件或本质条件的。[1] 在思想实验中，伯奇坚持认为，最初的和反事实的情形中的个体拥有不同表征内容的思想。因为表征内容有助于类型同一

---

[1] Burge T. Individualism and the mental//Burge T. *Foundations of Mind: Philosophical Essays*, Volume 2. Oxford: Oxford University Press, 2007: 156.

思想，这些思想是有关不同类型或种类的。这个思想实验的结论是关于思想本身的，它是关于拥有某些思想如何在构成上依赖于对环境的关系的，它不是关于这些思想内容本身的本质的。这些论证集中关注这个关键点：在最初情形中，一个个体具有一个思想组合，并且在反事实情形中这个个体不能拥有这些相同的思想。在这两种情形中心理状态和事件的类型是不同的。因此，给个体拥有什么类型的心理状态本质上依赖于对不同环境的关系。

伯奇强调：反个体主义是关于心理东西的本质的，不是关于表征内容本质的。后面这个主题似乎在他看来是一个相对讲究的本体论主题。对他来说，这些思想实验是与弗雷格式－柏拉图式观点（即表征内容的本质是完全独立于对其他某物的关系的）是可相容的。在这样一个观点上，不同的思想内容在最初的和反事实的情形中标志出不同种类的思想事件或心理状态。然而，内容本身是独立于空间或时间中的任何东西的。表征内容和心理状态、事件是本体论上不同的主题。决定成为一个表征内容的构成条件是不同于决定成为一个特定种类的信念或思想的构成条件的。然而，表征内容在这种程度上对心理状态或事件的本质是核心的。表征内容是表征的心理状态或事件的根本的或构成的种类的方面。反个体主义是关于在其下心理状态或事件能具有表征内容的条件的，而不是关于这些内容本身的本质的。

从以上分析中可以看出，尽管伯奇对于反个体主义的观点在内容内在主义和外在主义争论中被归入后者，但可以肯定的是，伯奇在20世纪70年代的观点明显是关于心理状态或事件的本质的——思想或命题态度的本质的。尽管他并未严格区分关于命题态度的自然语言刻画和关于态度本质的心灵刻画，但在阐述过程中却让内容本质问题进一步浮出水面，引起学界对语言和心灵的关系问题进一步关注。

从整体上说，伯奇的关节炎思想实验论证策略具有语言学优势，因为语言为许多目的所使用，它具有隐喻的、修辞的、情感的和其他更广泛的交流功能。但另一方面，这个策略具有明显的局限。它从未能直接解释其是否与科学或常识相关联。因为相比较于通过思考语言所获得的知识而言，依靠常识和心理学的、关于心灵的知识是更广泛的。

四、知觉内容的反个体主义论证

伯奇关于知觉内容的反个体主义思想主要来源于其2010年出版的《客观性

的起源》一书。在其中他对自己的立场做出了详细论证辩护。为了更进一步理解和解释心灵的表征方面（尤其是在有关物理世界的表征方面）的起源，伯奇围绕知觉，开始对经验表征等问题作深入的反个体主义拓展。这既是对1979年他的观点的一些修正，也顺应了当代认知科学发展中相关哲学问题日益凸显的态势。伯奇结合当代自然科学的研究成果来探究：在什么条件下，有关物理世界的精确（客观的）表征才开始？他尝试指出，有关物理世界的客观表征是表征的最基本类型，从而在其较低边界上来理解表征的心灵本质。具体表现在：

1）伯奇发展了他的表征构念和知觉构念

他解释道，表征和知觉是心理学的"种类"或类型，它们会被与其他类型的功能信息记录相区分开来。他通过软体动物对光线和黑暗的感觉，来阐述非知觉的、功能的感觉信息记录；通过许多动物中的视觉前庭（visual-vestibular）系统而在科学和哲学中把"表征"经常运用其中。[1]他论证道，基于科学方面的理由，关键是显示：表征的心灵是会被区别于其他功能信息系统的，它构成一个不同的"种类"或"类型"——本性上的一个"cut"（切面），并且知觉是被设定在这种cut的较低边界上的。这个边界，客观显示了有关知觉的起源，以及表征和客观性的起源，并且这个边界相比较于哲学具有传统的认知而言，以更初始的层次开始。这些是表征的心灵之起源。

伯奇指出，知觉不同于其他感觉能力。他论证道，使用作为一个突出的心理现象（被以科学用途所嵌入）的表征构念，非知觉的感觉状态不是表征的例子。他认为，称它们是"主体的表征"是被弄错的。客观地表征物理世界的知觉表征在系统发生学上（phylogenetically）和发展上是最初始的表征类型。他论证道，与广泛的动物一起，人类分享表征的心灵，在知觉中练习之。有关感觉系统的许多近期研究主要聚焦于大脑。疼痛、知觉、害怕、爱、注意等，这些心理现象是神经活动位置的重心。几乎所有广泛兴趣的神经研究领域都必须被详细的行为学的、功能的、表征的理论化所指导。他认为，知觉心理学，作为心理学中最印象深刻的、发展较成熟的一部分，是心理学科学的一个模型。它隐含在心理学中的、有关理解心灵的真实突出成果还未被广泛地认识到。[2]

还原论方案调用一个广泛而可意识到的"表征"术语。严格地说，在这种术语的使用上，如果这两组现象之间存在一个系统的相互关联，那么一组现象表征另一组现象。这个正表征组是这个被表征组的因果产物，或者是与这个被

---

[1] Burge T. *Origins of Objectivity*. New York：Oxford University Press，2010：xii.
[2] Burge T. *Origins of Objectivity*. New York：Oxford University Press，2010：xiv.

表征组可靠地相关联的。并且这个表征组发挥功能作用来使得一个个体处理这个被表征组。使用术语"表征"的这些方式出现在心理学中,如同出现在哲学中一样。它们是如此广泛以至于它们运用到植物、微生物等的状态上。更重要的是,这种用法倾向于模糊了一个不同于心理学的、更窄的种类。伯奇相信,存在一种标准,它在知觉、语言和思想中被不同地例示。这个种类是心灵的一个基本且突出的特征,它存在于客观性的主要形式的起源,以及视角或观点的起源中。这种表征关联于根据状态、出现或具有诚实性条件的符号解释,并且这种表征包括对这个世界的归属和指称。[①]

伯奇认为,一方面,最初始类型的表征是知觉。伯奇把知觉本身看作是一个不同类型的,以区别于纯粹感觉记录或感觉区分。对知觉的描述将会密切关联于知觉心理学科学。通过它们与一种初始类型的客观性的构成关联,表征和知觉这两种类型是最佳被理解的。另一方面,客观表征是基本类型的表征,客观性和表征都在知觉中开始。伯奇认为,知觉是一种广泛的且初始的能力,在不同于人类的大量动物中呈现。他将表征分离为一个不同的心理学种类和更广泛类型的"表征",并且较窄的表征构念在科学和哲学中具有重要的解释作用。在各种动物的进化中,知觉的开始同时是一种初始类型的客观性的开始,这些开始也是一种初始类型的心灵的开始。表征、知觉以及客观性是心灵开始的地方。

从整体上来说,伯奇的这个立场是 1979 年其反个体主义相关论证的继续。他的反个体主义是这样的论断,即许多心理种类构成上依赖于个体域一个更宽泛的环境或主题对象之间的关系;处于具体的心理状态中,构成上不仅依赖于心理能力,而且依赖于对有关一个更宽泛环境的具体方面的关系;在经验上被作为基础的心理状态的情况中,这些状态是部分依据个体和一个更宽泛环境之间的非心理的、因果的关系而是其所是的。伯奇以这个视角为起点,一直关注知觉哲学和知觉科学方面的相关研究,这也使得他的反个体主义观点在学界颇受关注。

2)伯奇指出知觉在经验表征中的基础性地位

一个个体用什么来客观地表达这个物理世界?更具体地说,对于一个个体来表征这个物理环境来说,以归属具体物理属性到物理特定物的方式,什么是最小构成必要条件?什么条件必须被符合,如果一个个体是在物理环境中表征特定物作为拥有这样的属性(如大小、形状、方位、距离、运动、颜色等)?如果这样的表征是可能的,那么什么心理资源和环境资源是必要的?这些问题的核心实质上是,用什么来表征一个独立于心灵的世界?这是关于获得最简单、

---

① Burge T. *Origins of Objectivity*. New York:Oxford University Press,2010:9.

最主要的客观性形式的最小条件的。从心理学上来看，有关物理环境的、最基本类型的表征是经验（empirical）表征。伯奇主要关注这种自然科学意义上的经验表征。

经验的"empirical"具有两个相关的用途。一个关注于信念或决定的确保（warrant）或辩护（justification）本性。一个经验的确保是其确保效力部分依赖于知觉信念、知觉或其他感觉状态的那种确保。另一种用途关注于表征的本性。经验表征是一种类型的、表征的状态、出现或活动。在这里，我经常简称"状态、出现或活动"到"状态"。一个经验表征或者是一个知觉，或者是构成上依赖于知觉的一个表征状态，其中这种知觉是成为那种构成上依赖于其他感觉能力练习的那种表征状态（如对一个移动的银球的感知），或者这种知觉就是是其所是的那种表征状态（如我很疼这样的信念）。

在伯奇看来，经验表征、真正的知觉表征，在心理学上和发展上对所有表征都是核心的。有关物理环境的经验表征是表征的一个核心例子，并且理解这样的表征是加深理解所有表征的一种方式。表征、意向性、意识，是心灵的最突出特征。因此，理解经验表征加深对心灵的理解。一些哲学家把经验表征当作对所有其他东西的表征是概念上必要的，对此伯奇并不接受。他认为，有关数学的、伦理的以及心理学的主题对象的各种表征，在概念上和认识上独立于经验表征。但是，有关物理环境的知觉和经验思想在三个方面是主要的：发展上、心理学上以及系统发生学上。并且，常识知识和自然科学知识在有关物理环境的经验表征方面具有它们的根源。因此，理解这样的表征形成，是理解有关知识发展起源和系统发生学起源的一个本质背景。

更进一步地说，有关物理世界的、基本类型的经验表征构成客观性的核心例子。客观性是心理表征的一个值（objectivity is a value for mental representation）。它在心灵和知识的发展中具有重要的位置，因为理解有关物理环境的客观表征的最小条件是获得对许多有关较复杂类型客观性的基础洞察。而表征、知觉、客观性、心灵、诚实性、知识、确保都是密切关联的，而对有关物理环境的经验表征的、最小构成条件的思考反映了较广泛的观念范围。

3）伯奇对知觉进行哲学的、科学的反个体主义描述

伯奇相信，知觉标志着有关一个独立于心灵的世界的客观表征的开始，也标志着作为一种表征能力（其形成心理学的一个突出主题）的心灵的开始。伯奇不仅关注知觉哲学方面，还关注知觉心理学（主要是视觉科学）、生理感觉心理学、发展心理学、动物心理学、动物行为学以及动物学，进而对物理世界的

人类感知觉如何与许多其他有机体的感觉能力相关联提供相应说明,这些有机体的感觉能力是非知觉的,如蜘蛛、蜜蜂、鱼、鸟以及非人的哺乳动物。其中一些感觉能力是知觉的。他尝试获得对于知觉的理解,如什么是构成的、什么是本质的,以及知觉如何不同于其他感觉能力。

伯奇认为,没有任何有关意识的科学。相比较而言,有一个巨大的、相对成熟的、有关表征状态(如知觉状态)的科学。伯奇的近期主要聚焦点是有关心灵的表征的方方面面。较之有意识的方面而言,这些方面是有关心灵的更加普遍存在的。他强调心灵,不是因为他认为心灵飘溢出大脑,或物理实在的其他方面,而是因为他认为,以心理主义的或心理的术语所做的解释和描述需要更深入、科学而必要的洞察。

在科学方面,自从20世纪70年代以来,知觉心理学得以成熟发展,并引起诸多关注。随后八九十年里我们已经看到的复苏趋向是科学中不稳定的、敌对、挑衅心理主义的观念。心理学中的行为主义者认为,心理主义观念是不适合于科学的,应该一并抛弃它们。在行为主义这种崩溃后的几十年里,对神经研究的热情导致许多人(在科学和流行文化中)以令人混淆的方式,把大脑谈论和心理学谈论混合在一起。许多哲学家,甚至一些使得心理学解释具有科学价值的人,都坚持认为,心理学谈论需要哲学维护(vindication)、需要某些哲学解释。这种维护通常包括对非心理术语(行为的、功能的、信息的或神经的术语)的一种尝试性还原。

伯奇认为,所有这样的观点是被弄错的。科学自身(最深刻的视觉科学、更广泛的知觉心理学和发展心理学)已经维护了心理学的、心理主义的观念。科学的解释为了科学的目的维护这些观念的可行性。知觉心理学中数学解释的出现,以及通过科学(如动物心理学、儿童发展心理学),来自知觉心理学的用途,把怀疑论、敌对性思想以及关于心理学观念的科学价值不稳定性与科学本身不一致地放置在一起。并且关于心理学解释和其他类型的解释之间的关系的科学问题和哲学问题仍然存在。

在哲学方面,哲学已经经历了一个稍早些开始的,重要的独立发展。20世纪60年代在理解指称方面,出现了一个主要的哲学革命。这个革命开始于语言哲学中。这个革命的要旨是,相比较于个体的描述或知道关于这个指称物的能力而言,通过各种简单的表达式(专名、指示词、某些自然种类的普通名称)的语言指称更多地依赖于个体的、对环境(有时是通过一个言说者共同体作为中介)的因果关系。20世纪70年代后期和80年代,在心灵的语言方面,伯奇的研究正好用来拓展这个关键点：从语言指称到心理状态的本质，以及从若干类型的表征装置到一个更巨大的表征范围。理解语言和心灵的这整个革命的结果显示：相比较于一个个体的知识、描述力或定义而言，指称以及个体的心理状态的本性都倾向于更加依赖于世界中具体类型实体的关系。这个传统中的大多数研究要么集中于语言，要么集中于相对唯我的心理状态（仅仅人类可能拥有的状态）。而在努力理解指称的因果基础方面，知觉为此提供大部分的理由依据。因此，伯奇认为，"哲学中的这个革命集中在大象的尾巴上多些，较之集中在大象的鼻子和头上。"

当然，直到20世纪中期，知觉在哲学中才是一个核心主题，尤其在最主导的研究核心中。尽管现代知觉心理学的基本方案已经在19世纪被建立了，但是在20世纪中期，科学成果是很分散的，而且并不与广泛的数学化相关联。到了20世纪的后半期，知觉问题后退成最主导哲学家中大多数人的一个背景问题。然而，一些哲学家对知觉和经验信念（empirical belief）做出了强有力的承诺，丝毫没有关注到这个兴起的学科。伯奇指出，"甚至到现在，当知觉已经作为哲学中的一个重要主题再次出现时，相当多的知觉主题的哲学研究是鼓励的和不相关的，因为缺乏对相关科学的真正理解。许多写有关知觉问题的哲学家仅仅对知觉心理学做出了粗略的参考——通常是大卫·马尔《视觉》的第一章……却几乎没有任何真正的理解这门科学的方法和结果。"①尽管科学研究在概念上是令人混淆的，并且尽管哲学问题经常在规范上不同于科学问题，但在知觉问题上的哲学研究必须考虑科学。哲学已经在一些领域做得相当好，如语言哲学，逻辑哲学以及各种其他的科学哲学和数学的分支领域，这些也会激起当代知觉析取主义问题等的交叉学科研究。

第三节 窄 内 容

窄心理内容是不依赖于主体环境的一种心理内容。通常一个特定心理状态（如信念）的窄内容就是完全由该个体的本质固有属性所决定的内容，并且这种本质固有属性根本不依赖于该个体环境的属性。这样，一个信念或其他心理状态的窄内容是，无论该个体的环境如何的不同，其对应的心理状态会具有它现

---

① Burge T. *Origins of Objectivity*. New York: Oxford University Press, 2010: xvii.

实所具有的那种相同的内容，并且必须是被该个体的任何复制品所分享的内容。那么，目前有哪些相应的窄内容类型？它会如何回应宽内容论证？又该如何辩护窄内容立场？

一、窄内容构念[①]

对于窄内容来说，我们应该如何构想它呢？什么种类的东西才是窄内容呢？目前相关文献中有许多不同的提法，主要有以下几种：

第一种提法是描述内容（descriptive content）。最明显的提法或许是，一个特定信念的窄内容能被理解为有关什么被相信的一个更详细的描述，即描述内容。更具体地说，这个观念是，一个特定概念的窄内容是该概念表达或指称的东西的一个描述。

考虑奥斯卡，他相信水是湿的。这个信念包括水的概念，并且像普特南一样的论证所显示的，这个概念的普通内容是宽的。我们正考虑的这个提法是，对于奥斯卡来说，存在把握这个有关水的概念的窄内容的一个更详细的描述。这个描述可能是像"清澈的、无色的、无味的、从天上掉下来并且流入湖泊的液体"一样的某物，奥斯卡和他的孪生人可以分享这个描述内容，即使他们的"水"概念并不具有相同的宽内容。那么，对于这种提法，当奥斯卡思考这个思想时，他会通过说"水是湿的"来表达；而当孪生奥斯卡思考这个思想时，他会通过用孪生语言"水是湿的"来表达。他们都正在表达具有一个描述内容"清澈的、无色的、无味的、从天上掉下来并且流入湖泊的液体"的一个思想。这种提法说的是，在孪生地球上，这种窄内容决定 XYZ 是湿的这种宽内容，同时在地球上它决定水（即 H_2O）是湿的这种宽内容。需要注意的是，被假定的窄内容"清澈的、无色的、无味的、从天上掉下来并且流入湖泊的液体"必须具有一个隐含的索引成分：讨论中的内容真正是像"围绕这里清澈的、无色的、无味的、从天上掉下来并且流入湖泊的液体"一样的某物。[②]

当然，窄内容的这种描述内容提法适用范围较窄。如果我们具体化被假定来把握普通语言中的一个窄内容的那种描述，那么我们会需要仅仅使用不具有宽内容的普通语言词项。如果对宽内容的论证规范是像伯奇一样的哲学家所相

[①] Brown C. Narrow Mental Content. http：//plato.stanford.edu/entries/content-narrow［2011-10-11］.

[②] Putnam H. The meaning of "meaning" //Gunderson K. *Language*，*Mind and Knowledge*（*Minnesota Studies in the Philosophy of Science*，Volumes VII）. Minneapolis：University of Minnesota Press，1975：234.

信的那样是彻底的，那么很难或不可能找到足够的普通语言表达式来满足这种要求。我们能把我们已经讨论的这种描述当作第一个步骤；第二步就会是替换表达式"液体""天空""湖泊"等具有它们自己的描述内容。但是依次的这些描述可能会包含具有宽内容的表达式，这样会需要具有更深层的描述来替换之。这样，我们面对的问题就是，我们是否能找到足够纯粹的窄表达式来做这种描述工作。

窄内容构念的第二种提法就是把窄内容等同为"概念作用"。这个提法被布洛克在他的论文《对一个心理学语义学的广而告之》中以一种编程方式被展现出来。一般观念是，一个特定状态的概念作用就是它对其他状态的因果关系的事情。正如布洛克所指出的，概念作用"是在推理和熟思中该表达式的因果作用的事情，并且一般地，为了在感觉输入和行为输出之间作为中介，以该表达式与其他表达式相结合和相互作用的方式进行。"①然而，概念作用不应该被理解为包括一个给定状态和其他状态之间的所有因果关系："概念作用从所有因果关系中抽象出来，除了作为推理、归纳或演绎、决策等的中介的那些关系之外。"②

把握概念作用语义学的最容易方式就是考虑这样的例子。假定我们有一个心理表征，我们会符号化为"*"。进一步假定"*"处于与其他心理表征的如下因果关系当中：

（1）如果主体对语句心理表征 P 和 Q 产生那种信念关系，那么这个主体可能也要求对复合表征 P*Q 的信念关系。

（2）如果主体对 P*Q 产生信念关系，那么该主体可能也获得对 P 的信念关系。

（3）如果主体对 P*Q 产生信念关系，那么该主体可能也获得对 Q 的信念关系。

如果表征"*"以对其他心理表征的这些方式被相关，似乎合理的是说，它表达合取关系，即这个"*"应该被解释为"并且"。实际上，我们可能想要说的是，满足上面条件构成意义合取。值得注意的是，这三个条件密切地结合在命题逻辑自然演绎系统中描述合取的规则上。

这里需要指出的是，推理规则是规范的，而不是描述的。它们告诉我们什么推理是可允许的；它们不声称对人们现实地做出的推理提供一个经验描述。不清楚的是，心理状态之间的因果相互作用的一个描述如何能把握这种规范元素。在命题逻辑的情况中，一个标准观点是，逻辑联结词（如合取）的意义是

---

① Block N. Advertisement for a semantics for psychology. *Midwest Studies in Philosophy*，1986，10：615-678. Reprinted in *Mental Representation*，*A Reader*. Stich S，Warfield T. Oxford：Blackwell，1994：93.

② Block N. Advertisement for a semantics for psychology. *Midwest Studies in Philosophy*，1986，10：615-678. Reprinted in *Mental Representation*，*A Reader*. Stich S，Warfield T. Oxford：Blackwell，1994：94.

由一个真值表所给予的，它显示一个复合语句的真或假如何被它的构成成分语句的真值所决定。有关推理规则的一个系统的充分性应该部分地根据它们的语义学来被解释，而不是相反。相比较于对其他种类的表征来说，概念作用语义学似乎对逻辑联结词更看似合理些。当然，把一个合取的心理符号的意义当作由一个主体在包含这个符号的心理表征和那些不包含这个符号的心理表征之间会做出的推理所决定，这是一回事，这也是合取的目的所在；而把更经验的心理表征当作具有以这种方式被决定的它们的意义，这则是另一回事。

窄内容构念的第三种提法是映射构念。怀特和福多已经提供了一种相当不同的、极具影响的思考窄内容的方式。这种构念集中关注于窄内容被假定来实现（accomplish）什么。一个窄内容被假定是奥斯卡和孪生奥斯卡分享的某个东西，并且根据之，奥斯卡相信水是湿的，孪生奥斯卡相信XYZ是湿的。同样地，它应该是阿尔特在他的现实环境中与阿尔特在他的被修改的反事实环境中分享的某个东西，并且依据之，他相信在他的现实环境中他的大腿具有关节炎，并且他相信在反事实环境中，他的大腿具有一个不同的、更广泛的疾病。因此，窄内容的一个方案仅仅是宣称一个窄内容是在一个特定环境中决定一个特定宽内容的某个东西。布洛克称之为"映射理论"，因为在这种描述中，一个窄内容映射环境到宽内容。

要求给予某种考虑的是，决定相关环境是什么。重要的不仅是该主体目前所处的这个环境，而且是在其中该主体被获得相关信念和其他心理状态的那种环境。如果我们把奥斯卡转到孪生地球并且把孪生奥斯卡转到地球，因而我们不会改变他们的思想是关于什么的（至少不是直接地）。奥斯卡仍会思考关于水，并且可能会错误地把XYZ确认为水，孪生奥斯卡仍会思考关于XYZ，并且可能会把水错误地确认为XYZ。什么决定他们思想的宽内容不仅仅是他们在那一刻所处的那个环境，而且是在其中他们首先获得关于水的材质的思想和信念的那种环境。如果我们理解"情境"包括在这两种事实中，我们能描述映射构念为这样一个构念：窄内容是从情境到宽内容的一个函项。

怀特实际上区分了"获得的情境"和"正发生的情境"，并且定义一个"部分特征"构念作为一个高阶函项，它把一个获得的情境当作论证，并且产生从正发生的情境到宽内容的一个函项作为那个有效值。怀特的观点和福多的观点之间的关系很容易被理解，如果我们运用一个更相容的情境构念，这种情境包括一个人的当前环境和他的对相关概念的获得历史。如果我们这样做，我们能摧毁怀特的高阶函项层级到一个层级，产生一个更低阶的函项，像福多的一样。

由一个福多式的被运用到一个特定情境上的窄内容所决定的宽内容是相同于由运用怀特的部分特征到这个情境所决定的那种宽内容的，并且这样运用这种有效的函项到相同的情境。①

窄内容构念的第四种提法是对角线命题（diagonal propositions）。词项"对角线命题"以及相关观念最初由罗伯特·斯托尔纳克在一个不同情境中引入。② 通过回忆映射构念，以之作为背景，我们能考虑视觉化这种映射构念的一种方式。我们会考虑这种描述如何运用到类似于有关奥斯卡和孪生奥斯卡的一个例子中。例如，相对于把地球和孪生地球当作两个不同的行星，它们都存在于现实世界中，我们会考虑他们作为不同的方式。在现实世界中，地球上的有水的材质是 H_2O；在可能的反事实世界中，它是 XYZ。我们会想象奥斯卡考察一大杯无色无味的液体并且正在思考一个思想，他会表达之通过说"那个大口杯包括水"。我们考虑三种可能环境或情境，在那里我们把它们当作中心化世界。这些是：

情境 1：奥斯卡的"水"思想在这样一个环境中已经被获得：在其中，这种无色无味从天上掉下来，流入湖泊的液体是 XYZ。简言之，让我们说奥斯卡的"水"思想被锚定在 XYZ 中。而且，在他面前的大口杯中的物质实际上就是 XYZ。

情境 2：奥斯卡的"水"思想被锚定在 H_2O 中。而且，在他面前的大口杯中的物质实际上是 H_2O。

情境 3：正如在情境 2 中一样，奥斯卡的"水"思想被锚定在 H_2O 中。然而，在情境 3 中，大口杯中的物质既不是 H_2O 也不是 XYZ，而是硫酸 H_2SO_4。

在情境 2 和情境 3 中，奥斯卡的"水"思想是关于水的，即 H_2O，而在情境 1 中它们是关于 XYZ 的。奥斯卡关于在大口杯中的物质的思想是否为真依赖于两件事情：他的思想意指什么，即它的宽内容，并且关于世界的某个事实，即什么物质在这个大口杯中。由于一个情境包括所有关于一个世界加上关于有关这个世界的"中心"的额外信息的所有客观事实，每一个情境决定一个唯一的可能世界。例如，如果我们采用情境 1，并且减去关于时间的信息和该情境被中心化其上的个体，那么我们获得一个能够称为 w 的一个可能世界。

我们能总结这种情形在表 3-1 中：

---

① White S. Partial character and the language of thought. *Pacific Philosophical Quarterly*, 1982, 63: 347-365.

② Stalnaker R. *Context and Content*. Oxford: Oxford University Press, 1999: 4, 6.

表 3-1

	W（情境1） 物质：XYZ	W（情境2） 物质：H_2O	W（情境3） 物质：H_2SO_4
1：锚定：XYZ 物质：XYZ	T	F	F
2：锚定：H_2O 物质：H_2O	F	T	F
3：锚定：H_2O 物质：H_2SO_4	F	T	T

表格的左手栏项目是情境。每个情境右边的水平一排表达真之条件或奥斯卡所具有的宽内容，如果它来自于被显示的情境。例如，在情境1中，奥斯卡的思想具有宽内容：在大口杯中有XYZ。这个思想在情境1的世界中为真，在情境2的世界中为假，在情境3中为假。我们这个表的一个适当拓展视角能被当作视觉上表征奥斯卡关于大口杯中物质的思想，在窄内容的映射构念上，由于对于每一个情境，它都会阐述相关于奥斯卡思想的宽内容的。

现在我们能说，"对角线命题"是什么。它仅仅是上面表格中从最左上边到最右下边的对角线所表征的命题。在有关那个情境的世界中，对于任何情境来说，这表征奥斯卡思想所具有的真值。这给予我们的真之条件是不同于奥斯卡的信念可能具有的、依赖于他的情境的三个宽内容中任何一个的。但是有争议地是，它们也对有关他的窄内容给予了一个更好的描述，这不同于水平命题所描述的。正如他不知道水的化学结构一样，奥斯卡没有任何直接接触过哪个可能情境是他的现实情境，并且这样在这种意义上他不知道他的思想具有什么宽内容。他也不知道大口杯包含什么液体。他所知道的是，如果他的"水"思想被锚定在XYZ中，并且杯子中的物质也是XYZ，那么他的信念就为真；并且，如果他的"水"思想被锚定在H_2O并且杯子中的物质也是H_2O，那么他的信念为真；并且如果他的"水"思想被锚定在H_2O并且杯子中的物质是H_2SO_4，那么他的信念为假；等等。总之，尽管他的内在状态并不满足于决定任何水平的命题，但是它满足于决定对角线命题，因而这似乎对于把握奥斯卡的心灵状态较之水平命题能做更好的工作。

窄内容构念的第五种提法是最大认识可能性的集合。这个观点把窄内容分析为最大认识可能性的集合或情节（scenarios）。[1] 窄内容是用来把握一个主体

---
[1] 情节密切类似于被用来定义对角线命题的中心化世界。是否有对每一个情节的中心化世界，这是被争论的问题。见 Chalmers D. The foundations of two-dimensional semantics//Garcia-Carpintero M，Macia J. *Two-Dimensional Semantics*. Oxford：Oxford University Press，2006，Section 3.4.

对世界的视角的,是根据主体,世界是其所是的那种方式。思考之的一个很自然的方式就是,考虑一个信念或其他思想的窄内容是区分事物可构想其所是的方式,作为与该思想可相容的方式和那些通过它被排除的那些方式的一种方式(be a way of dividing up the ways things could conceivably be into those that are compatible with the thought and those that are ruled out by it)。当然,宽内容也能产生一种可能性的区分。决定真之条件的任何种类的内容都会支配一些可能性并且排除其他可能性。但宽内容并不提供那种被窄内容所需要的那种区分。孪生地球由我的信念湖泊充满水的宽内容做排除,因为孪生地球上的湖泊并不包含水。但是窄内容被引入是为了拥有孪生人和我分享的一种内容,这样,我的思想湖泊包含水的窄内容应该在我的孪生人为中心的孪生地球环境中体现为真,正如我的孪生人同样的思想在那里体现为真一样。明白为什么孪生地球不被我的思想的窄内容所排除的一个相关方式就是注意到,我能想象发现在我的现实环境中所有有水的材质是XYZ。在这种情况中,我不会得出结论:湖泊不含有水;相反,我会得出结论,水是XYZ。因此,我的思想湖泊含有水的窄内容并不排除孪生地球,即使它的宽内容排除之。

查尔莫斯认为,一个思想被说成是认识上可能的,如果它不能被先天地排除,即如果无须任何诉诸经验,它的否定不能被决定性地建立。这样的一个思想对应一个认识可能性。一个情节被定义是一个最大的具体化的认识可能性,一个没有任何细节被留下来未被具体化的一种认识可能性。认识空间是所有这样的情节的集合。任何思想切开认识空间的一个特定区域,通过认同一些情节和排除其他情节。一个思想认同一个情节,如果我们要接受这个情节是现实的,我们会接受这个思想为真。例如,如果我们要接受作为现实的一个情节,在其中,从天上掉下来并流入湖泊中的液体是XYZ,我们会接受为真的这个思想:水是XYZ。我们能把一个思想的窄内容当作由那种划分认识空间为那些它接受和排除的情节的那种方式。更具体地说,我们能把一个思想的窄内容当作从情节到真值的一个函项,或者仅仅当作情节的一个集合,即该思想所认可的那些情节。

明显地,情节与中心化世界有许多共同之处。的确可能的是,仅仅把情节等同于中心化世界。如果情节被当作中心化世界,那么窄内容是从情节到真值的这个观念就明显是这样一种观点的近亲:窄内容是对角线命题(它能被看作从中心化世界到真值的函项)。这两种描述之间的不同不应该被低估。一个直接形式的不同就是,查尔莫斯方案上的窄内容被定义在一个更大的中心化世界类型上，而不是对角线命题上。在对角线方案中，在一个思想被赋值的方面，这些中心化世界必须包括该思想在中心的一个个例，而这不是我们现在考虑的方案的情况。这两个方案之间的另一个不同是，它们导致决定窄内容的不同方案。当然，查尔莫斯方案后来的内容观发生了转变，主张内容的二维观（详后）。

另外，现象意向性的近期工作似乎也与窄内容构念相关联。这个主题上的一些著作表明这样的描述构念："我们怀疑，在现象意向性中对世界的指称关联严格地在指称的描述理论中被表明了，不同于由直接指称理论所表明的那样。"洛尔的现象意向性观点已经被阐述为映射构念的一个视角[1]。霍根和廷森表明，他们的现象意向性构念类似于"所谓的二维模态语义学的方案"，[2]在其中最大认识可能性构念被描述是一个视角。查尔莫斯明确提出拓展认识可能性方案到知觉经验内容。[3]

从整体上来看，尽管存在以上五种窄内容构念的提法，并且这些提法分散在有关窄内容问题研究的各种文献中，但需要注意的是，针对外在主义的相关论证，西格尔还使用"认知内容"来意指真之条件的或指称的内容，并且这种认知内容促成标准的心理解释，从而让我们使用态度归属来获得它。[4]更多学者接受的是，布洛克把窄内容等同为概念作用。[5]当然，概念作用不应该被理解包括一个给定状态和其他状态之间的所有因果关系。

二、对宽内容论证的回应

针对内容外在主义的挑战，内容内在主义者做出了相应的回应。尽管许多哲学家已经被像普特南和伯奇这样的例子所说服：所有的或几乎所有的内容是宽的。这样的哲学家非常怀疑任何窄内容观念的有用性，例如伯奇本人是极端外在主义的一个明显的支持者；其他极端外在主义者包括罗伯特·斯托尔纳克

---

[1] Loar B. Phenomenal intentionality as the basis of mental content//Hahn M, Ramberg B. *Reflections and Replies: Essays on the Philosophy of Tyler Burge*. Cambridge, MA: The MIT Press, 2003: 448.
[2] Horgan T, Tienson J. The intentionality of phenomenology and the phenomenology of intentionality//Chalmers D. *Philosophy of Mind: Classical and Contemporary Readings*. Oxford: Oxford University Press, 2002, note 26.
[3] Chalmers D. The representational character of experience//Chalmers D. *The Character of Consciousness*. Oxford: Oxford University Press, 2010: 376-377.
[4] Segal G. *A Slim Book about Narrow Content*. Cambridge, MA: The MIT Press, 2000: 3-4.
[5] Block N. Advertisement for a semantics for psychology. *Midwest Studies in Philosophy*, 1986, 10: 615-678.

和罗伯特·威尔森（Robert Wilson）。但是，普特南和伯奇的例子都并不成功地显示任何内容是宽的。我们可以采用彻底内在主义来进行回应。彻底内在主义这个主张已经由西格尔（Gabriel Segal）和蒂姆·克瑞恩（Tim Crane）等人所辩护。

在回应普特南的过程中，西格尔指出，我们拥有一些空的自然种类概念——那就是，我们拥有我们想要是自然种类概念的概念，但是实际上它们并不成功地指称一个真实的种类。可能的例子包括女巫、鬼和吐火女怪这样的概念。在这些例子中，环境不能产生普特南所讨论的那种作用，因为这个环境不包括任何相关的种类。然而，拥有它们的人们在他们的推理中使用这些概念，并且他们的行为部分地由这些概念所解释。如果这样，那么我们能拥有并不具有一个环境成分的自然种类概念。现在，似乎是，在解释我们的推理和行动方面，它并不产生一个不同：是否我们认为我们正在推理所关于的种类现实地实存；只要我们认为它们实存，我们就会产生相同的推理和执行相同的行动而不管我们是否是正确的。这可以导致我们怀疑甚至在非空自然种类概念中，我们的推理和行动被最好的解释，根据其内容不是环境上被决定的那些概念，换言之即根据其内容是窄的那些概念。

就伯奇的例子而言，伯奇已经发展了一条非常有影响力的反个体主义思想的路线。他论证道，一个人的概念的认知内容部分地依赖于概念的社会—语言的环境。伯奇的"关节炎"案例外在主义论证现实地体现了在典型情况中，一个说者使用的语词是公共语言的语词。公共语言的一个语词具有一种可用到它的不同使用者的公共意义。熟悉一个语词的说者渐渐使用具有这种公共意义的这个语词。这样，当阿尔夫和医生说"琼斯有关节炎"，他们表达相同认知内容的信念：他们都相信的东西就是琼斯有关节炎。

西格尔表明，很奇怪的是，把认为可能大腿中有关节炎的某人当作其拥有关节炎概念。关节炎恰好是关节的一个炎症；似乎奇怪的是说，并不意识到这儿的某人拥有关节炎概念。相反地，我们应该说，阿尔特拥有一个不同的概念，他错误地关联于语词"关节炎"的一个概念。这样我们可能像否认阿尔特的确相信他大腿中有关节炎。他的确相信的东西就是用语言很难表达的某个东西，因为我们并不拥有运用于所有且仅仅阿尔特会当作关节炎情况的那些情况。西格尔认为这些论证破坏了普特南和伯奇建立的那个观念：关于种类的思想和信念仅仅拥有宽内容。

西格尔接受心理内容促进常识心理学解释和科学心理学的、那些识别意向状态的分支学科的解释。然而，西格尔的观点避免窄内容观的二因素理论学者所面临的担心之一：窄内容是表征的并且能由标准词项具体化。正如西格尔所说："我的信念：老虎能够是好玩的，这个信念的内容仅仅是：老虎能够是好玩的"，西格尔反对心理属性的反个体主义本质，进而支持彻底地窄内容观。这种观点拒斥支持宽内容的思想。针对外在主义的相关论证，西格尔运用"弱消费主义"和"强消费主义"术语来表明自己的彻底窄内容观。所谓"消费主义"背后的观念就是一个说者是具有公共内容的公共语词的一个消费者：对于说者来说，他并不产生他自己的意义或内容。具体使用这些词项如下：

弱消费主义：就是如下两点组成的析取论题：（a）在典型情况中，一个主体通过一个词项所表达的概念的外延条件由专家观点部分地决定，（b）一个概念的认知内容决定它的外延条件。

强消费主义：就是这样的论题：在典型情况中，公共语言的每一词项具有一个与之相关的唯一认知内容，并且当一个说者使用这个词项时，那就是他们通过此词项表达的认知内容。

后来西格尔对这两种消费主义进行论证，并提出修改弱消费主义为弱消费主义 ^{A}，"A"表示"人造物"（artifact）。弱消费主义 ^{A} 就是如下两点的析取论题：①在典型情况中，通过一个人造词项一个主体所表达的概念的外延条件是由专家意见和此词项现实被应用的那些人造物的本质所部分地决定的；②一个概念的认知内容决定它的外延条件。① 这样，西格尔坚持了一种彻底的窄内容观：所有心理内容是窄的——本质固有物理复制品是普遍地心理复制品。

蒂姆·克瑞恩在内容的宽窄之争过程当中，表明了他的内容内在主义立场。② 他在谈论从言命题和从物命题这两种命题态度类型之后，指出：存在思想和态度的从言刻画，这并不蕴涵存在从言意向状态和行动，这样的从言意向状态和行动必然包括对真实实存对象的关注。这样的思考将引起这样的争论：有关意向状态（和行为）是宽的还是窄的。"这种争论是有关心理内容的内在主义者和外在主义者之间发生的。我自己对此争论的同情是具有内在主义的。"③

他指出，内在主义者能认为：窄内容是根据它们所关于的对象而被个体化的；但是它们将不得不否认：这个"个体化"是一个关系。这是因为他们坚持认为：一个人的某一个思想能是相同的，即使它们的对象并不存在。这也就是

---

① Segal G. *A Slim Book about Narrow Content*. Cambridge, MA: The MIT Press, 2000: 61-120.
② 宋荣：论蒂姆·克瑞恩的心理内容观,《福建论坛（人文社会科学版）》, 2013年第7期：第66-72页。
③ Crane T. *Elements of Mind*. Oxford: Oxford University Press, 2001: 117.

说，内在主义是这样一个论题，它是关于思想和意向现象穿过（across）可能世界或反事实情形的同一性条件的论题。这个论题认为：有关 x 的一个思想会是心灵的相同状态或行为，即使 x 并未存在。通常，一个内在主义者将坚持认为：一个人所思考关于的许多或大部分对象现实地实存。当然，内在主义者并不承诺认为在我们观念之外不存在任何世界！他们所说的东西是：在可能世界中，一个思想会保持相同的，其中它的对象并不存在。"因此，对于外在主义者来说，认为仅仅他们有权说思想是由它们所关于的东西所个体化的，这是一个错误。内在主义者仅仅需要弄清这样的观念：'个体化'能以一种本质上非关系的方式被使用"。①

为此，内在主义者要我们反映思考关于非存在东西。外在主义者可能回答：思考有关非存在的东西必然是一个例外：通常情形必须是思考关于现实存在的实体。这确实是正确的；但是，内在主义者能诉诸这样的观念：思想内容的"真实结构"不可能是它最初似乎所是的东西。做这的一个传统方式已经诉诸罗素的摹状词理论，根据之，包含限定摹状词的语句的逻辑形式就是一个被量化语句的逻辑形式：一个语句"F 是 G"被理解为具有形式"确实有是 G 的一个 F"。由于该语句的意义是它所表达的命题，我们能外推到思想的命题内容，并且认为当某人（说）相信一个命题（通过说"F 是 G"所表达的），被相信的这个命题真正是对确实存在是 G 的一个 F 的这样的结果的一个被量化的命题。

蒂姆·克瑞恩认为，在这个思想情况中，我们并未区分它的表面形式和它的真实形式，正如我们语言所表达的；而且，我们区分一个思想表达的表面形式和作为该思想内容的那个命题。当然，可以是：被用作该思想"贯穿你的心灵"（run through your mind）的表达式的那些语词。因此，你可能有意识地对你自己说："冰箱里的菠萝到现在必定烂了"，并且根据罗素的理论，你的思想的命题内容就是：确实冰箱里有一个菠萝并且它到现在必定烂了。然而，并不是本质上将罗素的理论应用到这种区分能被做出的心灵状态；因为，这种运用被假定也来运用到信念，并且相信 that p 并不必要的是：任何语句（或任何其他东西）经过你心里。这个关键点是关于这个信念的真之条件的（在这个信念为真或为假的什么环境下）。对于内在主义者来说，对罗素理论的诉求就是它使得能更好理解许多种类的思想或有关非存在东西的信念。内在主义者假定，"x 是关于 y"这并不表达一种关系。接着，蒂姆·克瑞恩在阐述了外在主义的相关论证之后，

---

① Crane T. *Elements of Mind*. Oxford：Oxford University Press，2001：118.

指出内在主义者否认了外在主义论证的一些前提。[①]他强调，内容内在主义观点的核心主张是，心理的类似性最终导致或存在于事物如何从主体观点来看的那种类似性。

三、决定窄内容的主要策略

从上面我们已经看到，存在一些主要的窄内容类型：描述内容、概念作用、映射构念、对角线命题或最大认识可能性的集合等。但更进一步的核心问题是，相关种类的哪些项目构成一个特定对象的一个特定状态的窄内容。我们能如何找到一个心理状态的窄内容？更核心地说，正是关于一个心理状态的什么，使得它适合于描述该状态来拥有一个特定的窄内容？

尽管我们已经考虑关于窄内容的若干不同观点，所有这些观点（除了概念作用语义学之外），都是这样观念的近亲：窄内容是中心化世界的集合。竞争观点之间的、最实质的不同关注如何决定哪些中心化世界被包括在一个特定主体的一个特定状态的窄内容中。对此学界有决定窄内容的几种主要策略：

（1）对角线化策略。这种策略适合于窄内容作为一个对角线命题的观念。如果我们想要知道一个特定心理状态的窄内容，我们仅仅构造这个对角线命题。那就是说，我们首先想象各种情形或环境，在其中该心理状态能够被嵌入，即包含我们感兴趣其内容的该心理状态的情境或中心化世界的一个集合。对于这些情境中的每一个，我们使用我们的宽内容知识并且它如何被决定来发现该心理状态在该情境中会拥有的宽内容。并且这样我们决定在该情境的世界中，是否具有宽内容的一个信念会为真。

（2）减少策略。减少策略是尝试确定一个主体的信念的窄内容，通过考虑该主体的信念的所有内容并且通过减掉那些不是窄的内容。剩下的内容必定是窄的。更具体地说，如果我的信念的一个内容是我相信的某个东西，那么我的信念的一个窄内容就是我相信的某个东西和被我的每一个可能复制品相信的东西。在这里，我说"普通内容"代替"宽内容"，因为减少策略预设不是所有普通内容都是宽的。

（3）理想环境策略。这个策略由丹尼特提出。这个观念是，一个（中心化）世界被包括在一个人的窄内容中，当且仅当它是一个人被理想地适合于之的一个世界。把一个主体放在一些环境中，并且一切都运作得相当好：该主体对满

[①] Crane T. *Elements of Mind*. Oxford：Oxford University Press，2001：122-123.

足他或她的期望的尝试会每一每刻都成功。其他环境会不这么友好。丹尼特的思想是，我们能把握世界是来自于该主体观点的那种方式，通过采用该主体理想化被适应的中心化世界的集合。这个策略的一个吸引人之处就是它并不使得窄内容寄生于宽内容；另一个吸引人的地方就是，它不要求该主体能回答该主体思想内容方面的问题或反映，以至于它能很容易地被运用到猫和狗，就像运用到人类一样。①

很显然，窄内容观念是非常有争议的。尽管一些思考者拒斥窄内容观念，但许多其他人似乎认为，思考关于心理内容的种类或方面似乎是一种很吸引人的方式，大部分人密切地把握该主体对世界的视角，以及理性信念和推理的本质、先天知识的本质和范围。在它的倡导者当中，在一个窄内容理论应该采用的具体形式方面有相当多的不一致意见，这或许是因为对窄内容范畴的不同构念理解所致，也可能是因为对窄内容论证的角度不同所致。

四、窄内容论证

尽管如此，但当代主张窄内容观的学者仍坚守阵地，展开了卓有成效的论证。存在已经被发现可以令人信服的四种主要论证类型。

1）因果论证

一个有影响的窄内容论证诉诸包括因果解释的考虑。我们可以勾勒这个论证如下。第一个前提是，心理状态依据它们拥有的内容，因果地解释行为。我们的行为似乎是我们信念和期望的一个因果序列；而且这些信念和期望的内容似乎是核心地被包括在行为的因果关系中。我们如此有所行动，是因为我们想要的东西和我们相信的东西。第二个前提是，一个实体的因果力，即它产生结果的能力，这种因果力必须是这个实体的本质固有特征。这样，孪生人，他们分享所有他们的本质固有属性，必须分享他们的因果力。对此，有两个看似合理的理由：第一，因果关系是局部的，环境的特征似乎能影响一个个体的行为，仅仅通过该个体的本质固有属性上的影响方式；第二，因果力应该在语境之间被评价（evaluated across contexts）。如果月球上的一个宇航员能够很容易地举起一个一百公斤的重量，并且我在地球上不能举起之，这并不意味着这个宇航员比我强壮，关键问题是，在相同环境中，是否这个宇航员能够比我举起更重的东西。第三个前提是，宽内容并不描述本质固有属性，至少不是本质上描述之；

---

① Brown C. Narrow Mental Content. http://plato.stanford.edu/entries/content-narrow/［2011-10-11］.

这样，孪生人不需要分享宽内容。根据第一个前提，心理状态必须拥有一种因果地解释行为的内容。放在一起，第二个和第三个前提显示：宽内容不能实现这个作用。这个论证的结果就是：信念内容必须拥有窄内容，那种在孪生人之间被分享的内容。

外在主义者已经在第二个前提上攻击这个论证，这个前提是，因果力必须是本质固有属性。反对因果力必须是本质固有的这个论证，是因为因果关系是局部的，伯奇已经论证道，局部因果关系是完全与宽个体化可相容的。对因果力的相同性的语境之间检验（cross-context test）显示它们是本质固有的，反对这个论证，伯奇表明，因果力典型地是被确认相关于一个常规环境；伯奇也论证道，现实的心理理论（如马尔的视觉理论）并不满足内在主义约束。[①]

在一篇后来的论文[②]中，福多辩护了第二个前提的一个较弱的且更复杂的视角。他表明，有一些非本质固有属性，例如<u>是一个星球</u>，这影响因果力，并且有其他一些非本质固有属性，如<u>是宇宙的一部分</u>，在其中某个硬币投掷超过头顶，这些是与因果力不相关的。这样，他提供了区分因果地相关的非本质固有属性和因果地不相关的非本质固有属性的一个标准：严格地说，一个非本质固有属性是因果地不相关于它逻辑上被关联的结果的。这样，他论证道，宽内容并不满足成为一个因果地相关的非本质固有属性的标准。（应该注意的是，在更多近期工作中福多已经抛弃了窄内容对心理学是很重要的这个观念。）

2）从内省接触角度的论证

窄内容的一种不同动机诉诸这样的观念：我们拥有对我们自己思想的内容的内省接触。换句话说，我们应该内省地决定我们思想中的两个思想是否具有相同的内容。但是区分奥斯卡思想和孪生奥斯卡思想的内容上的那种不同似乎是原则上他们不能内省地意识到的那种不同。从内在角度来看，对于奥斯卡和孪生奥斯卡来说，没有任何方式来分辨是否他们正在思考 XYZ- 思想或 H_2O- 思想。奥斯卡和孪生奥斯卡之间宽内容上的不同似乎是他们本人没有任何接触的一个不同。

然而，很难明确表达这个关键点。例如，奥斯卡能思考水是湿的，并且思考元层次思想，"我正拥有的这个思想是关于水的！"因而指称 H_2O，并且这样表达（区别于孪生奥斯卡最初思想内容的）他自己的最初思想的内容。由于奥斯卡和孪生奥斯卡都不拥有他的孪生人所拥有关于这个实体思想的思想，不明

[①] Burge T. Individualism and psychology. *The Philosophical Review*, 1986, 95: 3-45.

[②] Fodor J. A modal argument for narrow content. *The Journal of Philosophy*, 1991, 88: 5-26.

显的是，说他们不能内省地区分这些不同的思想，这意指什么。试图澄清和强化这个论证的一个方式就是考虑"慢转换"（slow switching）现象。[1] 假定奥斯卡转到孪生地球上。最初他的"水"思想会继续是关于水的，但是似乎逐渐地，他与 XYZ 的相互作用时间越长，他不接触 H_2O 的时间也就越长，他的思想会逐渐是关于 XYZ 而不是 H_2O 的了。如果这是正确的，那么他的"水"思想会跨越时间而拥有以前他们所拥有的一种不同的宽内容。然而，内容中的这个变化完全是奥斯卡本人不可看到的。从他自己主体的观点来看，他的思想显现确切地拥有和以前一样的相同内容。这样，如果有我们内省接触的一种心理内容，并且如果内省接触必须包括识别能力，当内容是相同的或不同的时候，那么我们内省接触的那种内容不能是宽内容。显然，我们需要一种窄内容概念来把握那种我们直接意识到的内容。

伯奇对这种论证的回应是，接受我们有我们自己思想内容的内省知识，但否认这蕴涵我们能内省地分辨两个内容是相同的还是不同的。在回应中，一些人表明，知道我的思想是关于水的，这要求排除相关的其他可能性，并且在慢转换情况中，我的思想是关于 XYZ 的可能性实际上是我们不能排除的一个相关的其他可能性。

3）关于理性的论证

一个相关问题是，根据宽内容描述一个主体的信念能使得一个主体的信念显现为非理性的，即使它们不是非理性的：当信念根据宽内容被描述时，它们能与另一个信念是不一致的，即使这种不一致原则上不可被这个主体发现。一个著名的例子来自于克里普克。在克里普克的例子中，一个法国人皮埃尔，在成长过程中通过说"Londres est jolie"来表达他的一个信念。这个信念具有（宽）内容：伦敦是漂亮的。后来他搬到英格兰，在那里他学会了英语。他逐渐拥有了第二个信念，其用英语表达它，通过说"伦敦不漂亮"。这个信念具有伦敦不漂亮这样的宽内容。皮埃尔从未意识到他当作 Londres 的这个城市和当作伦敦的这个城市实际上是相同的城市。他的两个信念直接彼此矛盾，并且他并不认为这是任何种类的理性失败；对他来说，不可能的是，确定这两个信念是自相矛盾的。

克里普克本人并不提供对他的这个疑难的一个解决方案并且不讨论窄内容。但是对这个例子的一个自然回应就是假定，皮埃尔接受的信念和他拒斥的信念具有相同的宽内容，在此同时他们拥有不同的窄内容。对这种论证的一个回应

---

[1] Boghossian P. Content and self-knowledge in philosophy of mind. *Philosophical Topics*, 1989, 17: 5-26.

就是由斯托尔纳克在批判洛尔观点中所提供的。斯托尔纳克同意，像皮埃尔这样的例子要求我们区分皮埃尔是其所是的这个世界和我们使用来描述这些信念的语句所表达的命题（如伦敦是漂亮的这个命题）。然而，在他的观点上，并不得出的是：根据皮埃尔，有关世界的一个精确描述必须是窄的："我不认为这些信念状态本身是很少因果地、社会地被感染的，相比较于在其中信念被刻画的语言来说。"①

4）从现象意向性角度的论证

对窄内容存在的一个近期论证是从现象意向性角度的论证。为了理解这个论证，我们首先需要理解通过"现象意向性"，它的支持者所意指什么。心灵哲学家传统地明确区分心理状态的现象属性和意向属性。现象属性与有意识经验的被感觉特征有关，与具有内格尔式的"它像什么样子"有关。意向属性与心理状态的表征特征有关，即与它们的内容有关。现象属性和意向属性之间关系的一个观点是，被霍根（Horgan）等人称为"分离主义"（separatism），它们是彼此独立的：任何给定的现象特征能由任何意向属性相伴随，并且反之亦然。在利康看来，这个观点是"20世纪50年代和20世纪80年代之间心灵哲学家当中的标准态度"。在意向东西和现象东西之间关系的另一个观点上，已知作为表征主义，经验的现象特征完全是由它的意向本质所决定的。现象意向性的关键论题就是：表征主义是正确的，现象学和意向性之间有一种密切关联，同时，这种确定在相反方向中进行：有一种意向内容，现象意向性，它完全在构成上由一个心理状态的现象特征所决定。

这个论题是从现象意向性到窄内容论证的一个前提。另一个前提是，经验的现象特征本身是窄的。把这两个前提放在一起，我们得到对窄内容存在的如下论证："①有令人信服的意向内容，它在构成上单独依赖于现象学。②现象学在构成上仅仅依赖于窄因素。因此，③有一个令人信服的意向内容，它在构成上仅仅依赖于窄因素。"②这个论证的两个前提是有争议的。第二个前提，现象学是窄的，被现象外在主义者所拒斥。③同时，第一个前提的有争议特征就是，有完全由现象学决定的意向内容，这能被在这样的事实中明白：它的支持者已经

---

① Stalnaker R. Narrow content//Anderson C, Owens J. *Propositional Attitudes: The Role of Content in Logic, Language, and Mind*. Stanford: CSLI, reprinted in Stalnaker 1999: 203.

② Horgan T, Tienson J. The intentionality of phenomenology and the phenomenology of intentionality//Chalmers D. *Philosophy of Mind: Classical and Contemporary Readings*. Oxford: Oxford University Press, 2002: 527.

③ Lycan W. Phenomenal intentionalities. *American Philosophical Quarterly*, 2008, 45: 233-252.

倡导它作为从正统中的一个分离。现象意向性的辩护者已经支持这两个前提，通过诉诸缸中之脑情节。假定外星生命体综合一个等同于你自己大脑的一个结构，并且把它与一台计算机控制的装置相连接，提供输入到这个像脑一样的对象中，一段时间内它保持与你的大脑的类似性。现象意向性的辩护者直观地发现，看似合理的是，依据它与你的大脑的物理类似性，这个像脑的对象也会分享你的现象学，支持现象学的窄性；并且这个像脑的对象也会分享你心理状态的许多内容，依据分享你的现象学，支持现象上被决定的意向性的存在。[1]

现象意向性的最直接看似合理的、被声称的例子就是知觉经验的内容。如果知觉经验是现象上被决定的意向性的一个真实的例子，那么从现象意向性角度的论证就会显示知觉状态的窄内容存在，但也会对是否其他心理状态（如信念和期望）具有窄内容保持沉默。然而，现象意向性的一些辩护者会进一步论证，有不同的自主体现象学和命题态度现象学；并且这些心理状态的现象属性也在构成上决定意向属性；并且所有意向性或者等同于，或者派生于现象意向性。如果这些大胆的论题是正确的，那么从现象意向性角度的论证就会在思考所有命题态度具有窄内容，以及它们的宽内容派生于这些窄内容等方面给予充分理由。

第四节 宽窄之间：二维内容

在内容的宽窄之争过程中，查尔莫斯指出应该发展两个维度的内容：认识内容（epistemic content）和虚拟语气内容（subjunctive content），从而形成了他的二维内容观。具体来说，他把一个思想的内容分解为两个成分：它的认识内容和虚拟语气内容。[2]查尔莫斯的这种二维内容观试图在内容的宽窄之争当中找到一条中间道路，并且逐渐形成了心理内容观研究中的一道亮丽的风景线。

一、以内涵为基础的二维内容观界定

查尔莫斯在《内容的成分》一文中指出，一个思想的内容能被分解为两个

---

[1] Horgan T, Tienson J, Graham G. Phenomenal intentionality and the brain in a vat//Schantz R. *The Externalist Challenge*. Berlin: Walter de Gruyter, 2004: 302.

[2] Chalmers D. The components of content//Chalmers D. *Philosophy of Mind: Classical and Contemporary Readings*. Oxford: Oxford University Press, 2002: 608-633.

成分：它的认识内容和虚拟语气内容。虚拟语气内容是一种类似外在类型的内容。认识内容是一种较少类似的成分，具有如下属性：①它由一个认知系统的内在状态所决定；②它本身是一种真之条件的内容；③它支配思想之间的理性关系。第一个属性确保了认识内容是一种窄内容；第二个属性确保了它是真语义类型的内容；第三个属性确保了它是认知和行动的动态核心。这三个属性一起帮助解决心灵哲学和语言哲学中的许多问题。

1）认识内涵（epistemic intension）

查尔莫斯指出，当我们考虑一个世界为现实的时候，我们把它当作一种认识可能性：我们的世界可能现实地是其所是的一种方式，因为我们都能先天地知道。对于我们先天地知道的一切来说，可能有 H_2O 在海洋、湖泊，或者可能有 XYZ。令 H_2O– 世界是在海洋、湖泊中具有 H_2O 的一个具体世界，并且令 XYZ– 世界是具有在海洋、湖泊中具有表面上同一于 XYZ 的一个具体的"孪生地球"世界。那么，对于我先天地知道的一切来说，我的世界可能像 H_2O– 世界一样，或者它可能是像 XYZ– 世界一样。

考虑我的思想：水是 H_2O。当我考虑这个假设：H_2O– 世界是现实的时候，这证实了我的思想，如果我接受 H_2O– 世界是现实的，我必须理性地得出结论：水是 H_2O。那就是说，接受 H_2O– 世界是现实的，而否认水是 H_2O，这会是理性上不一致的。当我考虑假设：XYZ– 世界是现实的时候，我必须理性地得出结论：水不是 H_2O。那就是说，接受 XYZ– 世界是现实的，且同时接受水是 H_2O，这是理性上不一致的。因此，H_2O– 世界证实我的思想：水是 H_2O，但 XYZ– 世界并非如此。而且，XYZ– 世界证实一个思想，如水不是 H_2O，或水是 XYZ。

如果我们考虑一个客观世界 W 作为现实的世界，这并不产生一个完全确定的认识可能性。考虑一个世界 W 包含 H_2O 和 XYZ，在各自行星的海洋和湖泊中。这样，如果我把 W 当作现实的，我并不能决定是否水是 H_2O 或 XYZ，因为我并不知道我在哪个行星上。这样，一个完全确定的假设必须包括有关我在一个世界中我的位置的信息。为了处理这，我们能表征认识的可能性，通过被中心化（centered）的世界：被标记具有一个个体和在它们的中心有一个时刻的世界。一个被当作中心化的世界对应来自一个视角的一个世界，被标记在它的中心具有一个视点。在上面所述的情况中，会有许多被当作中心化的世界对应于 W，其中一些在 H_2O 行星上的个体上被中心化，一些则在 XYZ 行星上的个体上被中心化。现在，当我考虑这个假设：一个被中心化的世界 W′ 是现实的时候，我的世界是在质上像 W′ 的，并且我是在 W′ 的中心被标记的那个个体。

如果给予那种信息在上面的情况中，我能决定我在哪个行星上，并且我能决定水是 H_2O 还是 XYZ。

因此，一个思想的认识内涵能被详细地看作一个从被中心化的世界到真值的一个函项。我们能够认为一个思想 T 的认识内涵在一个中心化的世界 W 中为真，当 W 证实 T 时，并且在一个中心化世界 W 中为假，当 W 证否 T 时。如以前一样，W 证实 T，当它理性上不一致地接受 W 是现实的并且否认 T 时，并且 W 证否 T，当它理性上不一致地接受 W 是现实的并且接受 T 时。

在水是 H_2O 情况中，似乎是：在 H_2O– 世界上这个思想的认识内涵会为真，并且在 XYZ– 世界上会为假。首先，一个人可能表明这个思想的认识内涵在一个中心化的世界中会为真，当围绕这个世界的中心的、清澈的、可饮用的液体具有 H_2O 的分子结构时。这似乎严格把握了：对于我们来说，在这个现实世界中，它把什么用来判断水是 H_2O，这依赖于这个世界如何产生之（turn out）。但是这种近似对于真正的内涵没有任何替换。这个内涵本身是通过把具体世界当作认识可能性来被赋予的，并且决定了我们思想的真值的结果。

认识内涵的存在是基于这样的事实：如果给予充分的有关现实世界的信息，我们能知道是否我们的思想为真。例如，在我的环境中，如果给予有关表象行为、对象和实体的分配的充分信息，我就能确定是否水是 H_2O。并且如果这个信息已经产生了不同，我仍能确定是否水是 H_2O。因此如果给予有关一个中心化世界的足够相关的信息，如果这个信息在我自己的世界中是正确的，我就能够认定是否水是 H_2O。对所有各种其他思想都如此。可以在一些情况中，一个中心化世界的一个完整具体化并不解决一个思想的真值。在这种情况中，我们能认为这个思想的认识内涵在这个世界中是非确定的。但是，这个思想的认识内涵在这个世界中会为真或假。

一些思想具有一个直接的认识内涵。例如，看似合理的是，<u>我的思想：我是一个哲学家</u>，其认识内涵在这样一些中心化世界中会为真：在其中在这个中心的这个个体是一个哲学家，在这个中心的这个个体的同一性并不重要：它可能是大卫·查尔莫斯，它可能是伊曼纽尔·康德。毕竟，<u>我的知识：我不是康德</u>，是后天的，因此，这个康德中心化的世界对我来说在一个广义上表征一个认识可能性；且似乎清楚的是：如果我接受这个康德世界是我的现实世界（即我是哲学家在那个世界的中心里的康德），那么我应该得出结论：我是哲学家。

就一个数学思想如 2+2=4，或 π 是无理数而言，这个思想的认识内涵在所有世界中为真。这反映这样的事实：这些思想能被先天地被证明，因此这些思想的否定不会理性上与任何一个后天假设一致（这个合取本身会是认识上不可能的）。复杂数学思想的例子也是如此。认识可能性和必然性观念涉及一个远离我们偶然的认知局限的理性理想化：如果对于一个思想来说，可能的是，它是先天地被知道的，那么这个思想在认识上就是必然的。如果这样，它就会具有一个必要的认识内涵。一个重要的注释——一个思想 T 的认识内涵能通过问下面的问题在一个中心化世界中被赋值：什么是 T 的真值，如在 W 中的思想一样？但是这不是如此。在当前提法中，T 的认识内涵能在包含没有 T 的复制本的世界中被赋值；并且甚至当 T 的一个复制本出现时，它通常不发挥任何特殊作用。例如，在一个中心化世界中，<u>我的思想：我是一个哲学家</u>，为真，不管是否我认为在那里我是一个哲学家。

一个概念的认识内涵挑选出它在一个世界中的内涵来当作为现实的。让我们考虑可由一个词项 B 来表达的一个单称概念 C。为了在一个中心化世界 W 中赋值 C 的认识内涵，一个人考虑这样的假定：W 是现实的，并且问："什么是 B"？一个人能诉诸指陈条件句"如果 W 是现实的，B 是什么？"或者一个人能诉诸形式 C 是如此这般的判断来与<u>假设：W 是现实的</u>，达到理性上的一致。例如，在 XYZ- 世界中，我的概念水的认识内涵挑选出 XYZ。如以前一样，我能够认为：如果 XYZ- 世界是现实的，那么水是 XYZ。另一方面，在 H_2O- 世界中，我的概念水的认识内涵挑选出 H_2O。更一般地说，一个人可能会说，在一个给定的中心化世界 W 中，我的概念水的认识内涵挑选出这个主导的清澈的、可饮用的液体，能被在围绕中心里的那个个体的海洋和湖泊中找到。然而，正如以前，这是一个大概率，并且真内涵对应于考虑和赋值任意中心化世界作为认识可能性的结果。

在许多情况中，当一个思想由概念构成时，这个思想的真值会由这个概念的外延所决定。例如，形如 A 是 B 的一个思想会为真，当 A 的外延与 B 的外延一致时。在这些情况中，这个思想的认识内涵会同样地由这些概念的认识内涵所决定。例如，A 是 B 的认识内涵会在一个世界中为真，当在其中 A 和 B 的认识内涵挑选出相同的个体时。

2）虚拟语气内涵

查尔莫斯指出，为了赋值一个思想的虚拟语气内涵，一个人在一个被当作反事实的世界中给它赋值。为了把一个世界当作反事实的，一个人把它当作一个虚拟语气的可能性：作为一种方式，我们自己的世界可能已经是如此，但可能并不如此。在我们的现实世界中，海洋和湖泊中的液体就是 H_2O，但是海洋和湖泊中的液体可能已经是XYZ。因此，我们能说XYZ–世界可能已经获得，并且XYZ–世界表征一个虚拟语气的可能性。

在一个世界W中一个思想T的虚拟语气内涵挑选出在W中的这个思想的真值，当W被认为是反事实的时候。在这里，我们认为，这个现实世界特征已经是被确定的并且问什么会已经是如此了，如果W已经获得。如果T是可由一个语句S可表达的，我们能够通过问下面的问题来赋值T的虚拟语气内涵：如果W已经被获得，S会已经是如此的吗？如果是，那么T的虚拟语气内涵在W中为真；如果不是，T的虚拟语气内涵在W中为假。当T的虚拟语气内涵在W中为真时，我们能说W满足T。

例如，如果克里普克和普特南是正确的，那么如果XYZ–世界已经获得——那就是说，如果海洋或湖泊中的液体已经是XYZ——那么XYZ不会已经是水。XYZ会纯粹地是有水的材质，并且水仍然会已经是H_2O。如果这样，XYZ–世界满足我的思想：水是H_2O，并且我的思想的虚拟语气内涵在XYZ–世界上为真。更一般地说，如果克里普克和普特南是正确的，那么我的思想的虚拟语气内涵在所有可能世界中为真。

虚拟语气内涵能在行为中不同于认识内涵。如果我们已经明白XYZ–世界证实水不是H_2O，但是它满足水是H_2O。这种不同根源于在认识可能性和虚拟语气可能性之间的不同，并且对应于把一个世界当作现实的和当作反事实之间的不同。这被反映在直陈条件句和虚拟语气条件句的不同行为当中：似乎可能直陈地说，如果海洋和湖泊中的液体是XYZ，那么水是XYZ；但是如果克里普克和普特南是正确的，不可能合理地认为的是：如果海洋和湖泊中的液体已经是XYZ，那么水会已经是XYZ。在把一个世界当作现实的过程中，这样的经验事实并不如此。因此，虚拟语气可能性能由普通的非中心化的世界所表征，并且虚拟语气内涵是由非中心的世界所定义的。

同样地，我们能把虚拟语气内涵关联于概念。在被当作反事实的一个世界中，一个概念的虚拟语气内涵挑选出它的外延。对于可由一个词项B所表达的一个概念C，我们能使用B来问："如果W已经是现实的，B会已经是什么？"例如，在水的情况中，我们能够说，如果XYZ–世界已经是现实的，那么水仍会是H_2O。因此，在XYZ–世界中，水的虚拟语气内涵挑选出H_2O，并且可能会在所有可能世界中挑选出H_2O。对于许多概念来说，在所有可能世界中，这个概念的虚拟语气内涵挑选出它的现实内涵。这特定地运用于严格（rigid）概念：这些可由严格指示符（designator）可表达的概念，如名字或索引词，在所有可能世界中挑选出相同的对象。例如，克里普克论证道，"昏星"是一个严格指示符：如果昏星现实地是金星，那么昏星不可能是不同于金星的。如果这样，那么在所有可能世界中，昏星的虚拟语气内涵挑选出金星。类似地，看似合理的是："我"是一个严格指示符。如果这样，那么在所有可能世界中，我的概念我的虚拟语气内涵挑选出大卫·查尔莫斯。一个概念或一个思想的虚拟语气内涵通常以某种方式依赖于这个概念的认识内涵和这个现实世界。对于一个纯粹描述概念来说，这个虚拟语气内涵仅仅可以是这个认识内涵的一个复制本，经过非中心化的世界。对于一个严格概念来说，这个虚拟语气内涵会对应于这个现实世界中认识内涵的值。在其他情况下，这种依赖性可以是某种程度上更复杂，但是它仍会存在。

通过将概念和思想与一个二维内涵相关联，我们能包含这种依赖性。这种内涵将一个有序对（V，W）组成一个中心化和一个未中心化的世界映射到 W 中的一个内涵或一个真值。当一个思想 T 在（V，W）中被赋值时，它在反事实世界中回到 T 的真值，在假定 V 是现实的情况中。像一个认识内涵一样，一个二维内涵能看似合理性被赋值而无须依赖于经验知识，因为一个人所需要的所有的经验知识是在第一个参数 V 中被给予的。这样，为了在 W 中赋值一个思想的虚拟语气内涵，一个人赋值它的二维内涵在（A，W）中，在其中 A 是那个现实的被中心化的世界。在一个中心化世界 W 中，为了赋值一个思想的认识内涵，我们能在（W，W′）中赋值它的二维内涵，在其中 W′ 是 W 的一个未中心化的视角。这个二维内涵对某些目的来说是有用的，但是我们所需要的大部分时间仅仅需要诉诸一个思想的认识内涵和虚拟语气内涵。

在这里，查尔莫斯将内涵与内容相关联。他认为，一个思想是一个个例命题态度，这样的命题态度旨在表征世界：例如，一个信念、一个期待或一个假说；一个概念是一个心理个例，这样的心理个例旨在挑选出世界中的某物（例如一个个例，一个种类或一个属性）。他指出：一个概念或思想能与上述两个内涵相关联。第一，有一个认识内涵，在一个被认为是现实的世界中，挑选出一个思想或概念的外延。这个内涵把握现实世界所呈现方式上的外延或真值的认识依赖性。第二，有一个虚拟语气的内涵，在一个被认为是反事实的世界中，挑选出一个思想或概念的外延。这个内涵把握在这个世界的反事实状态上的外延或真值的虚拟语气依赖性，如果这个现实世界的特征已经被确定了的话。查尔莫斯指出，一个思想的认识内涵是窄内容，而一个思想的虚拟语气内涵是宽内容。

很显然,在语言学内容上,虚拟语气内涵经常发挥中心作用,因为一个名称或自然种类词项的不同使用者可以具有相当不同的相关联的认识内涵,而虚拟语气内涵一般会是不变的。然而,对于有关思维的理性属性以及它在支配行动中的作用的许多问题来说,我们会看到这个认识内涵是核心的。

二、认识内容和虚拟语气内容[①]

查尔莫斯认为,当一个思想或一个概念的内容仅仅依赖于该思考者的本质固有状态(也就是说,当该思考者的每一个可能的本质固有复制本具有一个对应的、具有相同内容的思想或概念)时,这个内容就是窄的。并且当内容并不仅仅依赖于一个思考者的本质固有状态(那就是说,当一个本质固有的复制本能够拥有一个对应的、具有不同内容的思想或概念)时,这个内容就是宽的。这也就是说,认识内容是窄的,而虚拟语气内容经常是宽的。

很明显,虚拟语气内容经常是宽的。例如,奥斯卡(地球上)和孪生奥斯卡(孪生地球上)或多或少是本质固有的复制品(从不同之处抽离出来,因为在他们身体里的 H_2O 和 XYZ 的出现),并且通过说"水"而拥有对应的他们所表达的概念。但是奥斯卡的概念水的虚拟语气内涵在所有世界中挑选出 XYZ。某种类似的东西应用于最严格的概念,包括昏星和我。这里,一个虚拟语气内涵依赖于一个概念的外延,这种外延通常依赖于一个主体的环境,因此两个本质固有的复制本能拥有不同的虚拟语气内涵。

这种环境依赖并不拓展到认识内容上。一个概念的认识内容通常会独立于它的现实外延的,并且独立于这个现实世界更一般地体现的方式。一个认识内涵包括这样的方式,即以这种格式我们有关外延和真值的理性判断依赖于这个现实世界如何体现的,因此,无须现实环境的任何知识而被赋值,并且看似合理地并不依赖于这个环境。这能通过类似的情况来被阐述。考虑奥斯卡和孪生奥斯卡的各自的思想 T_1 和 T_2,由说"在我的池子里有水"来表达。令 W_1 为以奥斯卡为中心的地球世界,在海洋和湖泊里和奥斯卡的池子里有 H_2O。令 W_2 为以孪生奥斯卡为中心的孪生地球,在海洋和湖泊里和孪生奥斯卡的池子里有 XYZ:这样,很清楚,W_1 证实 T_1,W_2 证实 T_2。但是,W_2 证实 T_1:如果奥斯卡假设上接受 W_2 是现实的,他必须理性地接受 T_2。因此,T_1 和 T_2 的认识内涵

---

① Chalmers D. The components of content//Chalmers D. *Philosophy of Mind: Classical and Contemporary Readings*. Oxford: Oxford University Press, 2002: 608-633.

是同等的，就这些世界方面来说。

某种类似的东西应用于其他世界。令 W_3 是以孪生奥斯卡为中心的一个孪生地球，在海洋和湖泊中具有 XYZ，但在孪生奥斯卡的池子里具有一种被隔离的一定数量的 H_2O。那么 W_3 证伪了 T_1 和 T_2。如果奥斯卡接受 W_3 是现实的，他应该拒斥 T_1；如果孪生奥斯卡接受 W_3 是现实的，他应该拒斥 T_2。对其他任何世界也是如此：如果 W 证实 T_1，它也会证实 T_2，反之亦然。对奥斯卡的任何本质固有的复制本也是如此。我们能想象缸中奥斯卡，他的大脑在缸中接收到认为的刺激。甚至如此，缸中奥斯卡能接受假说：W_1（或 W_2 或 W_3）是他的现实世界，并且能在此基础上达到理性结论，并且他达到的结论会反映奥斯卡和孪生奥斯卡的结论。因此，缸中奥斯卡拥有如奥斯卡一样的相同的认识内涵的一个思想，也同样对本质固有的复制本来说，拥有之。因此，奥斯卡思想的认识内容是窄的。

对其他思想和概念也如此。即使我可以拥有一个孪生人，他的概念由"昏星"所表达，且具有一个不同的外延和虚拟语气内涵，这个概念会拥有相同的认识内涵，如我一样，挑选出任何世界中心附近的昏星。尽管我的孪生人的概念会拥有不同于我的一个外延和虚拟语气内涵，它们也会拥有相同的认识内涵，挑选出任何世界中心里的那个个体，等等。

为什么认识内容是窄的？这是因为一个思想的认识内容是理性上先于一个主体的环境的任何知识的：它把握了这样的方式：一个思想的真值依赖于这个环境的特征，并且独立于这个环境本身。更深层次地说，它可以是因为认识内容是根据思想的理性属性被定义的，并且这些理性属性是内在地被决定的。例如，如果一个主体拥有先天可被证明的一个思想，在这个主体的任何本质固有复制本中的一个对应的思想也会是先天可被证明的；如果这样，一个思想的认识必然性就由该思考者的内在状态所决定。这个观察能被关联于这样的观察：当一个主体接受这样的假设时，一个世界 W 是现实的。这个主体的任何复制本也接受这样的假设：这个 W 是现实的，这第二个观察是基于这样的事实：这些假设语义上包括对世界的中立描述，因此在这里，思考者之间的一个"孪生地球"的不同之处，这是没有任何可能性的。把这些观察放在一起得出的结论就是：如果假设（W 是现实的）认识上必然化一个主体中的一个思想，它就会认识上必然对应于任何复制主体的思想。因此，认识内容是窄的。无论何时外在环境影响我们思想的认识内容，它都会通过应该这个思考者的内在状态来如此做。

三、认识内容的优点[1]

查尔莫斯认为,认识内容的优点之一在于:认识内容决定思想之间的理性关系。如果一个思想先天隐含另一个思想,与第一个思想相关联的认识内涵就蕴涵与第二个思想相关联的认识内涵。(一个内涵蕴涵另一个内涵,无论何时,第二个思想在所有世界中为真时,且在这些世界中第一个思想为真。)如果我知道我现在所在的地方很热,我知道这里很热,反之亦然;这所反映的事实是:这两个思想的认识内容是相同的。思想的虚拟语气内容是很不同的。如果一个思想先天地蕴涵另一个思想,那么任何证实第一个思想的中心化世界将证实第二个思想。相反看似合理的是:如果一个思想的认识内涵蕴涵另一个思想的认识内涵,那么一个思考者应该原则上能先天地从第一个思想中推理推出第二个思想。

我们能在克里普克的皮埃尔例子中诉诸认识内容,皮埃尔悖论地似乎相信:伦敦是漂亮的,并且伦敦不是漂亮的,无须理性中的任何破坏。皮埃尔的概念 Londres 和 London,具有不同的认识内涵:在一个给定的中心化世界中,第一个概念 Londres 挑选出那个著名的称作"Londres"的城市,它是这个个体在这个中心里已经听到的那个城市,而第二个概念 London 挑选出该个体正住在的那个肮脏的城市,它们的虚拟语气内涵是同一的。在每一个世界中挑选出伦敦。因此,皮埃尔的两个信念:<u>Londres 是漂亮的</u>和 <u>London 不是漂亮的</u>,具有矛盾的虚拟语气内涵,但是它们的认识内涵是可相容的。理性关系由认识内容所决定,因此矛盾的虚拟语气内涵没有对非理性给予任何支持。

优点之二在于:认识内容反映思想之间的认知关系。这里存在一个重要的质化,作为我已经定义的认识内容,它并未区分演绎等值的思想之间可能持有的各种认知关系。从认识内容的角度看,一个复杂的数学证明与肯定前件是一样地微不足道;因此,优质的、演绎的认知动态学超出了我在这里所定义的认识内容的范围。一个有资格的论题如下:由于认识内容或虚拟语气内容反映思想之间的认知关系,认识内容的贡献屏蔽了虚拟语气内容的贡献。这就是说,在两个思想认知上相关联的情况中,那么,①在这样的相关情况中:这些思想的认识内容是被坚持不变的,但虚拟语气内容是变化的,这种认识关系被保留;②在这样的相关情况中,虚拟语气内容被保留了,而认识内容没有被保留,这

---

[1] Chalmers D. The components of content//Chalmers D. *Philosophy of Mind: Classical and Contemporary Readings*. Oxford: Oxford University Press, 2002: 608-633.

种认知关系被破坏了。

优点之三在于：认识内容在行为解释中具有合适性作用。经常被注意到的是：虚拟语气内容似乎来自于同步于一个人对一个解释性心理状态期望什么。使用卡普兰的一个例子，如果你正在看着我并且我的短裤着火了，我们各自的信念：我的短裤着火了现在就会具有相同的虚拟语气内容，但是会导致不同的行为（我可能跳进一条河里，而你会坐在那里）。我们的行为之间的不同似乎并不是根据虚拟语气内容一个描述单独能解释的某个东西。同样地，信念状态能产生很相似的行为，因为明显地系统的理由，甚至当这些信念具有不同的虚拟语气内容：显示我的孪生人和我产生的那个行为，当我们思考关于孪生水和水时，或者显示认为"我很饿"的两个人的行为之间的相似性。行为解释的一整个维度很难用虚拟语气内容来解释。

但是，这些解释根据认识内容很容易被处理。如果我认为我很饿，我们思想的认识内容是相同的，并且这种相似性是被反映在我们行动的相似性之中的。当你和我都相信我的短裤着火时，我们的认识内容是不同的，并且我们的行动相应地有所不同。正是认识内容支配行动，并且认识内容存在于一个中心化的内涵当中，它是一种索引内容。另外，认识内容也说明孪生情况之间的相似性；这种相似性反映了这样的事实：我们有关水的信念和我的孪生人有关孪生水的信念具有相同的认识内容。两个思想能分享认识内容（甚至当两个思想者不同时），正如我们的思想：我很饿所显示的一样。认识内容中的相似性会导致行动中的相似性（其他东西相同）。

总之，无论何时，一个思想的认识内容被改变了，不同的后果能够被预期了，即使虚拟语气内容一直被保留着。如果认识内容支配认知关系，并且这种认知支配行动，这就是我们所期待的。相比较而言，如果一个思想的虚拟语气内容被改变了，而认识内容被保持不变，行动就会一直保持不可区分性。例如，我的孪生人和我思考：我需要更多的水到这个壶里，我们的思想的虚拟语气内容不同，但我们都会去水管接水。

为什么认识内容是首要的？为了回答这个问题，思考我的信念内容为构成我的世界的一个模式，这会很有用。这是正如我找到的这个世界的一个模式那样，我在其中的一个中心化世界，并且我的信念是这个世界上的约束（constraints）。信念通过约束认识空间来构成一个模式：这个认识空间是认识可能性的空间，先天地对我开放。一个信念可能排除这些认识可能性作为我所在世界的一个代表，另一个信念可能排除这些，直到仅仅一个被限制的世界类被留下。我在我的世界是这些世界之一的假定下操作信念,并且如果我幸运,我不会太惊讶。

查尔莫斯认为,我的世界模式最终是一个观念世界:认识可能性的一个集合,使得这些可能性没有一个令我惊讶,如果它们体现出是现实的,这些可能性上的约束就是认识内容的约束。由虚拟语气所加强的任何进一步的约束对我都是没用的。我的信念:温度计中的液体是水银,其虚拟语气内容仅仅认可这样的世界:在其中温度计包含原子数字 X 的那个元素,但是这个约束是如此的遥远以至于如果它显示此液体具有原子数字 y,我不会对此惊讶的。在一个重要的意义上,这种约束并不被反映在我的世界模式中。由于在指导认知和行动中我的世界模式对我是有用的,在其之上的约束就完全是认识内容的约束。值得注意的是,在弄清认识内容的首要性时,从当前框架中得出的一切是:环境并不相关于行为的解释,依据它在构成虚拟语气内容的作用。因此,支配行为的这种内容纯粹地是认识的。①

总之,查尔莫斯的观点在于:①一个思想的内容分为认识内容和虚拟语气内容,是由它的认识内涵和虚拟语气内涵所给予的。奥斯卡的思想和孪生奥斯卡思想在他们的虚拟语气内容上有所不同,并且作为结果,对不同的信念刻画提供了理由,但是他们的认识内容是相同的。②我的思想:昏星是昏星和昏星是晨星具有相同的虚拟语气内涵但却有不同的认识内涵,因为概念昏星和概念晨星具有不同的认识内涵。前者的微不足道性并不蕴涵后者的微不足道性,因为它是支配理性关系的认识内容。③皮埃尔两个信念具有矛盾的虚拟语气内涵,但具有可相容的认识内涵。这种明显地矛盾的信念刻画出现了,是因为这种矛盾的虚拟语气内涵,并且是因为他的两个伦敦概念具有能使涉及"伦敦"的信念刻画为真的不同认识内涵。在这里没有任何理性矛盾,因为理性是由认识内涵所支配的。④信念的本质索引性反映了这样的事实:认识内容,(而不是虚拟语气内容)支配行动,并且认识内容(不像虚拟语气内容)是一个索引的、中心化的内涵。⑤作为一个信念刻画的核心呈现方式是认识内涵。信念刻画具体化一个相信者的虚拟语气内容,并且约束这个相信者的认识内容。⑥先天偶然的例子具有一个必然的认识内容但具有一个偶然的虚拟语气内涵。它是约束一个人的世界模式的认识内容,因此一个偶然虚拟语气命题并不显示一个认知成果(achievement)。

---

① Chalmers D. The components of content//Chalmers D. *Philosophy of Mind*: *Classical and Contemporary Readings*. Oxford: Oxford University Press, 2002: 630-633.

四、整体评价

综上所述,心理内容的传统宽窄之分,体现了语言哲学、逻辑哲学与心灵哲学之间对意义问题研究的历史延续性,以及在顺应认知科学发展的时代背景下衍生出共同的研究旨趣,并在意向性自然化运动的过程中呈现出不同的心理内容类型。具体来说:

第一,普特南、麦金、伯奇等人将意义与心灵相关联,并将语言学意义拓展到心理内容层面,使得语言与心灵、世界的关系进一步深化。他们从心理状态本质研究拓展到心理内容本质问题研究,强调心灵与外在环境的关联,并以知觉为基点,挖掘心灵对外部世界的经验表征问题,并重视有关心灵的哲学研究和科学研究。他们及其追随者的观点或论证有力地促进了内容外在主义阵营的形成与发展。

也正因如此,内容外在主义几乎已经成为心灵哲学中的一个正统,坚持宽内容观也几乎成为学界主流。目前外在主义论题以各种方式被明确表达:①一个主体的思想内容依赖于外在于该主体的事实,或是由外在于该主体的事实所个体化的。②一个主体的思想内容不随附于她的内在状态。③一个主体拥有某些思想预设或蕴涵了外在于该主体的东西的实存或特定本质。④一个主体的思想内容不是由她的本质固有的属性所决定的。⑤一些内容属性是关系的。[①]正如法卡斯(Farkas)所说,尽管可能还有其他视角,但是所有视角在一个关键点上是一致的:外在东西和内在东西(或一些相关概念)都需要从主体的观点来思考。这就促使心理内容问题的两大研究传统逐渐相互靠近,相互补充。

第二,窄心理内容是不依赖于主体环境的一种心理内容,是完全由该主体的本质固有属性所决定,并且是任何该主体的复制品都可以分享的内容。内容内在主义者坚持窄内容观,西格尔、洛尔等人也积极回应宽内容的论证,并且形成与内容外在主义抗衡局面。当代一些学者仍坚持从心理因果性、主体理性、内省接触、现象意向性等角度来对窄内容进行论证或辩护。更值得肯定的是,在有关心理内容的分析传统与现象学传统相融合的径路中,窄内容观具有独特的、不可或缺的适用范围,并且在当代心灵的反心理主义和心理主义两大流派中占有一席之地。[②]

第三,查尔莫斯的二维内容观力图融合传统的宽窄之分,显示出他对心理

---

① 宋荣:论蒂姆·克瑞恩的心理内容观,《福建论坛(人文社会科学版)》,2014年第7期:第66-72页。
② Crane T. *Aspects of Psychologism*. Cambridge,MA:Harvard University Press,2014:1-20.

内容明显的折中态度。他所勾勒的这种内容二维框架被关联到许多人的内容研究上，例如卡普兰等人为分析语言的内容所做的有关窄内容研究。后来的布洛克和斯托尔纳克则给予这种二维框架许多反对意见。尽管如此，但不可否认的是，查尔莫斯所指称的思想内容实质上仍是命题内容。这种思想内容是在命题态度状态下所具有的那些心理内容，并且这些内容具有语义学特征，也就是通常意义上被谈论的那些语义内容，它们仍展示了语言哲学和心灵哲学在意义－内容问题上的关联。查尔莫斯试图在内容的宽窄之间找到一条中间道路，但不可避免地也带来了新的问题，比如高度内涵性（hyperintensionality）问题。

第四，需要指出的是，心理内容的传统宽窄之分，不仅体现出意义问题的当代心灵哲学拓展视角，而且也带动了当代心理内容研究两大传统的侧重点有所不同。分析哲学研究传统中的心理内容研究从语言意义出发，结合逻辑分析手段，表明命题在思想（thought）层面上作为内容承担者的重要角色地位，重在对命题内容的分析性描述；而现象学研究传统中的心理内容研究则以知觉经验为基点，表明非概念内容和给予在经验（experience）层面上作为内容的主要表现形式或构念，重在对经验内容的现象学描述。这两大研究传统下的心理内容研究并没有回避传统的内容宽窄之分，反而在查尔莫斯式二维内容观的影响下，将心理内容研究推向更精致的融合径路。接下来的两章将分别就分析性描述中的命题态度及其内容、现象学描述中的经验内容两方面予以论述。

第四章
命题态度及其内容

本章主要论述当代分析性描述中心理内容的主要形态,即命题内容。一般认为,我们有关命题态度的观点组成民间心理学的许多部分和我们有关心灵如何运作的日常理论。在西方心灵哲学中,命题态度传统地被认为是指通过运用诸如相信、期望这样的态度动词所表达的一类心理状态,其内容是以命题形式呈现出来的。尽管"命题态度"是形成民间心理学的系统核心范畴之一,但首次真正对之进行逻辑层面的分析则来源于罗素。目前至少有三种不同的命题态度理论主张:行为倾向主义、有意识的倾向主义和自然种类主义。对命题内容的逻辑本质的追问实质上是对命题本质的追问。[①]

第一节 罗素的命题态度与内容观[②]

在传统理解上,命题被认为是真值的承担者、是语句的意义,并在语言、思想和心灵中都发挥着重要的作用。那么,当我们相信什么东西时,我们的信

---

① 本章是对笔者的专著《思维内容的心灵探究》中有关命题内容的进一步挖掘,为避免重复,有些相关研究不在本章重复,读者可以自行查阅。
② 宋荣,张若思:信念、内容与命题——论罗素的信念内容观,《福建论坛(人文社会科学版)》,2015年3期:第98-102页。

念该如何与命题有关系呢？罗素在对信念三要素进行系统分析的基础上，将命题与信念内容相关联，从而开启了现当代命题理论研究的新篇章。

自20世纪初以来，尽管在心灵哲学中心身问题、意识问题以及心理表征问题已经受到了许多著作的青睐，但相比较而言，在命题态度方面的研究却并未被予以足够重视。直到当代随着行动哲学和道德哲学领域中相关问题被广泛关注，命题态度及其内容研究才被提到重要议程上来。罗素从信念的角度考察命题，对命题界定赋予新视角；在坚持常识心理学信念观的基础上，将命题在信念内容中的角色给予了充分肯定。这样，罗素对"命题"与"内容"的关联思想就成为当代命题态度与内容研究的逻辑渊源。

一、罗素的信念三要素

尽管"命题态度"是形成民间心理学的系统核心范畴之一，但首次真正对之进行逻辑层面的分析则来源于罗素。在1921年的《心的分析》中，罗素在谈到期望（desire）和感觉（feeling）时指出，"很自然地是：把期望在其本质上当作指向被想象的、不是现实的某物的一个态度；这个某物被称作该期望的目标或对象，并且这个某物被说成是由该期望所引起的任何行动的目的。我们把这个期望的内容当作是像一个信念内容一样的，而所趋向内容的这个态度是不同的。"①在这里，罗素将期望这种态度的内容与信念内容进行了比较，同时他指出两者作为态度是不同的，并且态度是指向对象的。而在讲到信念（belief）的内容时，罗素明确地将用语词表达的信念内容与命题相等同。他说："一个信念的内容，当被用语词表达时，是和逻辑上被称之为一个'命题'的东西相同的东西。"②

从文本上来看，罗素意义上的信念包含三个要素：实在物（objective）、所相信的东西和相信（believing）。罗素认为，实在物是信念之外与信念相关联的东西，是信念所指向的对象。其一，罗素将实在物定义为信念之外判定信念真假的特殊事实："一个信念的真或假依赖于该信念之外与其自身之外的事实的关系。我称这个事实是信念的'实在物'。"③显然，这种实在物的本质是一种事实。罗素把使信念为真或为假的东西称为"事实"，而把使一个给定的信念为真或为

---

① Russell B. *The Analysis of Mind*. London: George Allen and Unwin, 1921: 60.
② Russell B. *The Analysis of Mind*. London: George Allen and Unwin, 1921: 261.
③ Russell B. On propositions: what they are and how they mean. *Proceedings of the Aristotelian Society*, Supplementary Volumes, Problems of Science and Philosophy, 1919, 2: 36.

假的特殊事实称为其"实在物"。实在物作为与信念相关的特殊事实，拥有事实应有的一般属性。

其二，实在物的价值在于对信念真假的判定。在罗素看来，信念的真假在于它与其自身之外的事实之间是否"符合"，并由信念朝着或离开其实在物的方向决定：当信念与其自身之外的某种事实相符合时，也就是说信念指向其实在物时，信念就为真；反之，当不存在这种符合时，信念就指离了其实在物，信念为假。例如，对于今天是星期二这个事实，当你相信这天是星期二时，你的信念就指向了这个事实，是真信念；而当你相信今天不是星期二时，你的信念就指离了这一事实，成为假信念。

其三，实在物的角色是信念所指向的外部世界中的对象。一个完整的信念必然通过与外部的客观世界的某种关系才能被感知和评价，实在物架构起信念与外部世界的桥梁。在罗素那里，不管信念如何构成，所信的东西和相信行为一定由发生在相信者身上的当前事件组成，而信念的实在物可能不仅仅是当前事件，它可以是很久之前的一个事实。如设想我相信"哥伦布横穿大西洋"，我的信念的实在物是很久以前发生的一件事，我并未见过它。当我相信它发生过的时候，这个事件本身并不在我心里，我所信的东西是现存于我心中的与这个事件相关的某种事物。也就是说，实在物是外部世界中的东西，它作为信念的对象而存在；而所信的东西是现在处于我思想中的东西。那么，我们所相信的东西是什么呢？

罗素认为，我们所相信的东西即信念的内容。[1] 他指出，信念的内容极其复杂，但无论我们所相信的是什么，它总是以词或意象的形式呈现。信念的内容不仅以词或意象为成分，并且包含各成分之间明确的关系。罗素的信念内容因其所包含的成分的不同被分为四类：只由词组成；只由意象组成；由词和意象混合组成；由词或意象或二者之一加上一种或多种感觉组成。在信念的内容中，必须至少包含词或意象成分中的一种，而感觉成分则是不必然的：首先，最原初的信念内容是全部由意象组成的，例如在纯粹的记忆-信念中只有意象出现。其次，当信念内容全部由词组成时，这是一个被缩短的过程，因为词的产生依赖意象：最初经由与意象的关系，词使我们与时空中遥远的事物发生联系。[2] 再者，由词和意象共同组成的信念内容较普遍，特别是在记忆-信念而非纯粹的记忆-信念中。例如你听到一种声音并说"电车"时，你可能形成电车

---

[1] Russell B. *The Analysis of Mind*. London：George Allen and Unwin，1921：255.
[2] Russell B. *The Analysis of Mind*. London：George Allen and Unwin，1921：219.

的视觉意象并同时说"电车"。另外，一个信念不能单独由感觉组成。因为信念的存在必然依赖其实在物并要求信念的内容有意义，而单独的感觉不能形成意义。

信念内容的特征主要体现在两个方面：第一，内容之间的可转换性。在罗素那里，无论信念内容是由词或由意象组成，不同类型的信念内容之间是可以相互转换的。因为词直接或间接依赖于意象，从而词–内容完全可以转换成相应的意象–内容；尽管意象–内容并不能在任何情况下都可通过词来表达，但意象–内容的意义完全可以通过词来表达——"用词提取出一种意象–内容中一切有意义的东西是很有可能的"[1]，此时，一种意象–内容就过渡到一种词–内容。第二，内容对实在物的依赖性。在罗素理论中，实在物作为信念的对象，是外部世界的东西，它的出现在某种程度上是为了判断我们所相信的东西之真假；信念内容作为我们所信的东西，是处于我们思想中的东西，无论它由词组成还是由意象组成，它总是关于实在物的，并且内容对实在物的依赖通过"亲知"来连接。在这里，信念的真假必然关涉到实在物，而实在物又与信念的内容紧密结合，因此从这一意义上说，信念的真假依赖于信念内容的真假。另外，罗素还指出，相信与所信的东西是有区别的。例如，我可以相信哥伦布横穿大西洋，二加二等于四，今天是星期二等，在这些例子中，所信的东西是可以不同的，但明显的，它们都含有"相信"。那么，什么是相信呢？

在罗素那里，相信（believing）首先是一种感受或复合的感觉。他坚持认为信念情形中的相信行为不能予以否定，因为"相信是一种实际经验到的感受，而非像行为那样是某种假定的东西"[2]。当我们说相信某物或某事时，我们总有某种情感和状态伴随着这种"相信"，如对该物或该事件的过去存在的记忆，对其未来状态的期待或预测以及不涉及时态的单纯同意，所有这些不同的情感都是集合在"信念"这一词之下不同的信念感："至少有三种信念，即记忆、期待以及单纯同意。这三种信念中的每一种都由附属在所信的内容上的某种感受或复合的感觉所构成的。"[3]其次，相信是伴随信念内容的不同信念感的集合，"相信似乎是一个一般词项，它包括不同类型的显现（occurrence）"[4]。再者，"相信"是一种积极感，可被放在与"怀疑"或"不相信"同一认识层次上，

---

[1] Russell B. *The Analysis of Mind*. London：George Allen and Unwin, 1921：261.
[2] Russell B. *The Analysis of Mind*. London：George Allen and Unwin, 1921：252-253.
[3] Russell B. *The Analysis of Mind*. London：George Allen and Unwin, 1921：271.
[4] Russell B. On propositions：what they are and how they mean. *Proceedings of the Aristotelian Society*, Supplementary Volumes, Problems of Science and Philosophy, 1919, 2：29.

并在一些复杂的信念形式中有着必然的存在价值。这样，在考察信念内容和相信的基础上，罗素进一步指出，信念不仅仅是内容和信念感的简单共存，而可能是"信念感以其异常的力量，将自身或多或少偶然地与我们在适当时刻碰巧想到的某种内容联系在一起"①，显然，这种异常的力量来自于信念主体，也就是说，作为信念主体的人将相信与信念的内容关联起来，从而形成一个完整的信念。

值得引起重视的是，罗素还在分析信念感的基础上，明确使用了"命题态度"范畴，指出像信念、记忆、期待、期望等作为具体的命题态度，是不同于命题态度内容的。他指出，"一个非人工构造的语词形式通常不仅表达命题的内容，而且还表达所谓的'命题态度'——记忆、期待、期望等等。这些态度并不构成命题的成分，即不构成当我们相信的时候所相信的内容的一部分，或者当我们期望的时候所期望的内容的一部分。"②在这里，需要说明的是，此处的"命题态度"是在"对命题的态度"的意义上来使用的，即对我们所相信或所期望的内容的态度，它实质上是一种命题态度状态，是构成命题态度微观结构的重要组成部分。

二、命题与信念内容的关联

对于命题的本质，罗素在其一生中有太多不同观点。尽管如此，当今对被构造命题描述的首创者仍被公认为是罗素。在逻辑层面上，罗素使用语词"词项"作为命题的构成成分，并且认为命题是一个统一整体。在语言层面上，罗素认为命题可以是陈述语气中的语句、断定某个事物（而非询问、命令、愿望）的语句，也可能是由"that"一词作先导的语句，并且只有"那种具有'意义'或'客观指称'的系列语词才是命题"。③在信念层面上，罗素认为命题是所相信的东西。他指出："一个命题可以定义为：当我们正确地相信或错误地相信时，我们所相信的东西"。④而要从这一定义中挖掘出对命题是什么的说明，必须先确定"信念是什么、我们能够相信的那类事物是什么、构成一个信念中的

---

① Russell B. *The Analysis of Mind*. London：George Allen and Unwin，1921：274.
② Russell B. On propositions：what they are and how they mean. *Proceedings of the Aristotelian Society*, Supplementary Volumes，Problems of Science and Philosophy，1919，2：29-30.
③ Russell B. *The Analysis of Mind*. London：George Allen and Unwin，1921：261.
④ Russell B. *The Analysis of Mind*. London：George Allen and Unwin，1921：1.

真假是什么"①。这也就是说，探寻信念、信念真假以及所相信的东西是探究"命题是什么"的必要前提。

他说："一个命题是表达那种能被肯定或否定的一系列语词（或有时是一个单一语词）。在我们的措辞中，不是任何系列的语词都是命题，只有那种具有'意义'或'客观指称'的系列语词才是命题。"②在此基础上，罗素还将命题进行拓展，说明命题有真假之分，并指出了意象－命题和语词－命题两大类。"我们可以拓展词项'命题'来涵盖由意象构成的信念的意象－内容。……我们可以把一般的命题等同于现实的和可能的信念内容，并且我们可以说，命题有真假。在逻辑上我们关注命题不同于信念，因为逻辑对事实上人们相信什么不感兴趣，而只是对决定可能信念真假的条件感兴趣。"③

在信念语境中，罗素把信念内容等同于命题。在上一节中罗素已经明确指出，"我们所相信的东西即信念的内容"。在这里罗素直接把命题界定为"我们所相信的东西"，他说："一个信念的内容，当被用语词表达时，是和逻辑上被称之为一个'命题'的东西相同的东西。"④为了更好地分析信念内容，罗素指出人们所相信的东西必定总是我们通过命题所表达的那类东西⑤。一方面，罗素将命题分为基本的两类：语词－命题和意象－命题。语词－命题即以词表达的命题，等同于逻辑学中的"命题"，也就是"表达真假的符号"；意象－命题则是以意象构成的命题。以回忆一个其窗户在门的左边的房间而言，当我们相信这一回忆的场景时，命题就由左边的窗户的意象与右边的门的意象共同组成，类似这样的一类命题就是意象－命题。意象－命题比语词－命题更基本，因为前者可先于语言而出现；一个语词－命题可"意指"一个意象－命题，因为词都是直接或间接地与意象相联系的，反过来，意象命题可通过词来表达。

另一方面，罗素把我们所相信的东西的成分也与命题的成分相关联。在罗素那里，不管我们所相信的是什么，它或者由词组成，或者由意象组成，或者由二者融合而成。也就是说，我们所相信的东西以词或意象为成分，而且我们所相信的东西更基本地是由意象组成，因为当我们说我们相信什么时，一

---

① Russell B. *The Analysis of Mind*. London: George Allen and Unwin, 1921: 1.
② Russell B. *The Analysis of Mind*. London: George Allen and Unwin, 1921: 261.
③ Russell B. *The Analysis of Mind*. London: George Allen and Unwin, 1921: 264.
④ Russell B. *The Analysis of Mind*. London: George Allen and Unwin, 1921: 261.
⑤ Russell B. On propositions: what they are and how they mean. *Proceedings of the Aristotelian Society*, Supplementary Volumes, Problems of Science and Philosophy, 1919, 2: 28.

般总会引起关于我们所相信的事物的意象。当我们相信的东西有词的成分时，它也是直接或间接与意象相联系的，因为当我们所相信的东西仅仅由词组成而不直接引入意象时，它实际上也是一个被缩短的过程。从而，在"我们所相信的东西等于命题"这一意义上，我们所相信的东西的成分也就是命题的成分。

在分析命题的特征上，罗素认为命题的真假在于与实在物的关系。"一个命题，当指向其实在物时就是真的，而当指离其实在物时就是假的。"[①]也就是说，无论是意象－命题还是语词－命题，它总是伴随一个使其为真或假的事实而出现。并且一般地，一个命题首先通过与实在物的"类似"而被认识，进而被判定真假。特别地，意象－命题与实在物的类似主要体现在结构上，并以一种"符合"来被判定。

罗素还认为，命题的特征还表现为其自身的肯定性和可感性。一方面，我们不能形成任何关于否定事实的意象："我们能够想象窗户在门的左边或右边，但对于'窗户不在门的左边'这种单纯否定性的东西，我们不能形成任何意象"[②]，尽管我们可以不信由"窗户在门的左边"所表达的意象－命题。也就是说，意象－命题必须是肯定的，它们可以被人相信或怀疑，但"不容许有与肯定的及否定的事实相对应的任何内容方面的二重性。"[③]另一方面，我们意在用于交流的词或短语必须是可感觉的，而可感觉的东西总是肯定的。例如，A爱B这个肯定事实通过"爱"这个词出现在"A"和"B"两个词之间而被符号化，但"我们不能通过'A'和'B'之间没有'爱'这个词来表示A不爱B这个断定……"[④]，而是通过把"不爱"这个词放在"A"和"B"之间来使A不爱B这个否定事实符号化。在这里，作为我们信念内容的语词－命题本身总是肯定的，尽管它可以断言肯定的和否定的事实。也就是说，语词－命题总是肯定的，但它可以为肯定的实在物或否定的实在物所证实。总之，不管是语词－命题还是意象－命题，它们总是肯定的和可感受的。

另外，罗素认为，我们可以把命题一般地等同于现实的信念内容和可能的信念内容。在逻辑中我们关注命题，我们可以说命题为真或假。逻辑对实际上人们相信什么不感兴趣，而感兴趣于决定可能信念的真假的那些条件。除了当

---

① Russell B. *The Analysis of Mind*. London：George Allen and Unwin，1921：297.
② Russell B. *The Analysis of Mind*. London：George Allen and Unwin，1921：300.
③ Russell B. *The Analysis of Mind*. London：George Allen and Unwin，1921：301.
④ Russell B. On propositions：what they are and how they mean. *Proceedings of the Aristotelian Society*，Supplementary Volumes，Problems of Science and Philosophy，1919，2：39.

现实的信念被讨论之外，无论何时可能的是，它一般是有关命题的一种简化（simplication）。①

三、罗素信念内容观的当代启示

在19世纪末20世纪初哲学发展过程中，罗素的信念内容观具有独特而重要的地位。说它独特是因为罗素巧妙地将当时语言哲学中的意义问题、逻辑哲学中的命题问题、常识心理学中信念问题进行了融合，并首次通过"命题态度"范畴将信念内容、命题、意义相统一；说它重要，是因为罗素的信念理论以逻辑分析为基础，将信念问题引入微观结构研究领域，促成了信念等一系列相关命题态度研究的蓬勃发展。笔者认为，罗素的信念内容观的当代启示主要体现在以下两个方面：

第一，信念是一种基本的命题态度。毋庸置疑，罗素的信念观提供了形如 x 相信/断言/知道 that p 的态度归属的一种语义分析，并且信念成为一种基本的命题态度。在当代，命题态度是指通过运用诸如相信、期望这样的态度动词所表达的一类心理状态。命题态度刻画采用的标准形式是"x Fs that p"。② 当代对命题态度的研究主要集中在两个方面——命题态度状态和命题态度内容。显然，在罗素的信念理论中，"相信"是一种命题态度动词，而命题在罗素那里被定义为信念的内容。从这一意义上说，信念无疑是一种命题态度：相信是一种命题态度状态；信念内容是一种命题态度内容。

目前通常已经被认同的是，所有命题态度是最终由最小的、基本的命题态度集合所构成的；并且还原命题态度到它们的基本成分。这也就是说，有两个基本的态度是被需要的。所有命题态度或者产生一个关于东西如何处于世界中的论断，或者产生有关这个世界的一种需求。这种区分表明了在基本态度中的一种对应的区分。在这种观点上，信念是产生一个论断的那种基本态度，并且因此被用来构建言说东西可能或不可能保持（知道、质疑、怀疑、确信等等）的其他心理状态。期望是产生一种需求的那种基本命题态度，并且被用来构建强调东西是或不是某种方式（但愿、想要、愿意、宁愿等等）的其他心理状态，并且一些其他态度由这两种构成。③

---

① Russell B. *The Analysis of Mind*. London：George Allen and Unwin，1921：262.
② 宋荣：当代心灵哲学中的命题态度及其内容，《哲学动态》，2010年第4期，第98-103页。
③ Griffiths P. *What Emotions Really Are：The Problem of Psychological Categories*. Chicago：University of Chicago Press，1997：1-42.

第二，命题成为当代诸多领域的研究焦点。罗素的诸多原著文本表明，他不仅把命题当作真值承担者，而且还指出了命题是命题态度内容（如信念内容）的承担者。这样，他对命题在语言、逻辑和心灵中所发挥的角色作用研究就拓宽了当代命题研究的视角。在当代，命题不仅是形而上学研究的热门话题，更成为许多学科的聚焦点。一方面，语言哲学、心灵哲学、认知哲学、逻辑哲学等哲学分支发挥各自优势从特定的视角、独特的概念框架对它进行透析。并且由于逻辑哲学家和认知科学家的推动和有效的工作，又有对命题问题的综合的、整合性的研究。

另一方面，当代命题研究关注的问题有了新变化。在命题本质问题上，大多数当代学者倾向于把命题当作是语句的意义、心理状态的内容承担者、真值的初始承担者，①并且提出了事实命题观、认知命题观，以及属性命题观等，从而使得命题成为语言、思想和心灵联系在一起的共同因素。在命题内容问题上，大多数学者认为，一个好的命题内容理论一般应该与自然科学的见解是可相容的；它应该把握命题内容的规范维度；它应该允许命题态度内容的一个优质区分；它应该使得占有这种命题内容的状态能在理性行为的产生过程中发挥作用。②

而在语言哲学中对语义学和语用学之间关系的理解方面，近期的研究进展已经重点强调命题。③大多数学者坚持认为，命题是相对于语境所采用的语句的意义，并且是在一个语境中理解一个语句时所把握的东西。不同的语句可以表达相同的命题（相对于语境），因而"理解一个语句（相关于一个语境）就是把握它所表达的那个命题的事情"。这样，命题用作相关于语境的语句的语义内容，从而被包括（figure in）在语义理论中。④同时已经被广泛关注的是，在描述语境／交流记录中命题也发挥着非常重要的作用。

在心灵哲学方面，当代心理内容研究带来了命题研究的新视角。分析传统下的心理内容研究纲领侧重于理性思维内容的研究，坚持自然主义的研究进路，力图确定心理内容在自然中的位置。研究者在关注意向性内部结构的基础上，围绕如何用自然科学术语、非意向机制来说明意向内容，其实质仍是说明自然化的命题（naturalized propositions），从而形成诸多描述方案。⑤

---

① King J. *New Thinking About Propositions*. Oxford：Oxford University Press，2014：1.
② 宋荣：论当代西方心理内容研究中的命题角色，《清华西方哲学研究》，2016年第1期：第222-237页。
③ Soames S. *What is Meaning*. Princeton：Princeton University Press，2010：4.
④ King J. *New Thinking About Propositions*. Oxford：Oxford University Press，2014：8.
⑤ 详见宋荣：《思维内容的心灵哲学探究》，北京：中国社会科学出版社，2012年：第250-294页。

第二节 命题态度

每一个哲学学科和分支学科都有它所拥有的专业术语，命题态度（PA）和态度刻画语言的研究也不例外。通常认为，命题态度是具有意向性的心理状态。例如，飞上月球的一种意图，就是一种具有意向性的心理状态，而希望、相信、情感、期望、愿望是其他种类具有意向性的心理状态。意向性是这些不同种类心理状态的一种属性。而希望、相信、情感、期望、愿望等就体现了行为人对这些心理状态所关于的东西的各种不同态度。

一、什么是命题态度[①]

关于态度本身，它看上去像一个相当空洞的观念。在哲学发展的早期，态度已经被描述为一种能力，这种能力被直接指向世界的某些方面并且负责产生某些特殊的认知经验。这是柏拉图的观点：能力和因之而发生的（resulting）认知经验。这两部分现在已经成为信念观念的两个独立的部分。

能力观念在当代重新出现，作为倾向的信念观念。倾向观念特别受到有科学主义、行为主义背景倾向的哲学家的青睐。认知经验在当代重新出现，作为有意识的经验，或感觉，或情绪，或逼真的心理表征等。其中有意识经验受到内省的、心理主义哲学家的青睐。除此之外，一个信念还可以由其他信念、心理态度、推理等来表明。当然，有意识经验观念的问题在于：不能分辨哲学家是在谈论信念本身还是相信的结果，或是信念的证据；不能容纳无意识信念。另一类态度就是功能作用。在这种观念上，一个心理内容是一个信念只有当它在有机体的认知和行为中发挥作用时。它体现的是：信念不是倾向而是在某些条件中的练习。它的问题在于：它们无法具体化什么东西使得心理表征操作上受到限制。[②]

当代分析哲学家使用词项"意向性"来指称许多心理状态基于其表征事物且具有"意义"所具有的属性。从历史上看，许多理论已经尝试来解释这种特征为何使心灵的一个状态能够拥有一个意义，或者以一种方式相关于其他某物，从而使得心理状态是关于此物的。这些意向状态经常用词项"命题态度"来表示。

[①] 宋荣：当代心灵哲学中的命题态度及其内容，《哲学动态》，2010年第4期：第98-103页。
[②] Bogdan R J. *Belief: Form, Content, and Function*. Oxford: Clarendon Press, 1986: 1-11.

我们对心理性的日常构念常用像这样的观念来表达,如"信念""期望""意图""希望""害怕""愿望""预期"等。我们用这样的态度来预测和解释行为,并且弄清我们自己和他人生活的意义。这些态度被融入进所有社会的、法律的、政治的和其他机构的网络之中。在信念、期望、意图不出现的地方没有任何东西是一个合同或一个邀请或一次选举或一次死刑判决。没有命题态度的归属,就不会存在任何证明、借口、赞扬、抱怨另一个人。因为在日常事务中无法想象没有态度的任何东西,而问题自然在于:什么是态度的本质?信念和其他态度的概念真正地应用于人类吗?态度的归属为真吗?态度的归属因果地解释行为吗?

一般来说,一个命题态度(PA)就是指 x 是(或将是)如此这般的信念、期望、害怕等等,其中 x 是一个原则上以语句形式可表达的一个命题。例如,信念:在莎伦的厨房桌子上有一盆花,这就是一个命题态度。而记忆对这盆花的视觉经验的状态就不是一个命题态度。期望:在莎伦的厨房桌子上有一盆花,这就是一个命题态度,而情感的一个状态,如与看到此盆花的美学愉悦的一个经验就不是。意向状态是所有的且仅仅那些表征事物的心理状态,以一种本质上的语义方式,PA 就是那些人们能够评价作为具有逻辑蕴涵和真之条件的意向状态的范畴。

这里需要指出的是,由于命题态度类型多种多样,我们无法一一论述它们。我们只将一种基本的命题态度类型——信念——作为我们思考的主要对象。当然,对于信念本身,学界的争论也有很多。正如丹尼特所说:"关于信念的谈论在社会科学中无处不在。由于社会科学家通常会自我意识到他们的方法,因此也有很多关于信念的谈论。由于信念是一种名副其实的奇怪而令人困惑的现象,向世界呈现出许多不同的面目,因此有众多的争议。有时候,信念归属就像是一桩神秘的、冒险的、无法精确估量的事情信念会处于引人注目的中心。不仅这些是麻烦事;而且在我们把信念归属给非人的动物、婴儿、计算机或机器人的时候,或者在我们被迫归属给我们自己社会上的一个明显健康的成年人的信念是矛盾的或甚至是完全错误的时候,也会招致争论和怀疑。"[①]尽管如此,根据标准观点,信念被视为命题态度。大致来说,民间心理学认为,信念是人们的携带信念的心理状态,它们来自于知觉,与适当相关的愿望、愿望相结合可以产生智能行动。

在形式为所有 F 是 G 的信念的一个事例中,体现了一种具体的 PA 事例的

---

① Dennett D. *The Intentional Stance*. Cambridge, MA: The MIT Press, 1987: 14.

语义内容问题。所有单身汉是球迷，这样的信念具有这样的形式，而西班牙是一个西欧国家，这样的信念不具有这样的形式。一个信念－事例是语义上有内容的，因为它具有指称、一个意义或一个真值。内在固有语义观坚持认为，或者概念或者抽象对象是 PA 内容的来源，非内在固有语义观则坚持认为：一个心理语言的符号提供这种内容。苏丹·特纳（Sudan A.Turner）认为，一个成功的意向性理论必须解释：① PA 的真值－保持的因果力，②在保持刻画 PA 的语句的真值方面演绎置换性原则的失败，③ PA 的真值－可评价性。[①] 福多认为，有一个命题态度"就是与一个内部的表征有某种计算的关系。"[②]

二、命题态度的基本结构及其语义特点[③]

命题态度的基本结构来源于民间心理学。常识的或民间心理学的术语包括像如下的一些习惯用语，如："约翰相信文学是无生命力的"，"比尔期望那场京剧演出应该被取消"，"苏珊看到那灯是亮的"。这些惯用语体现了一种类似的、重复的形式。这种形式的论断告诉我们谁对哪个命题具有什么态度。通过产生和收到这样的论断，我们逐渐理解其他人：他们做什么，他们为什么想要如此这般，什么使得他们希望如此这般，等等。在人—态度—内容结构中改变这三个元素给予我们一种刻画他人心灵（和我们自己心灵）的强有力系统，这种系统是古老的且普遍存在的。把这个系统（人—态度—内容结构）当作一个（默许的且未被形式化的）理论，我们能说：民间心理学是运用一种人和有内容态度的解释性本体论理论；具有这些基本的理论资源，它定位有关它的解释性和描述性工作。我们可以说，这个理论是基于内容理论。[④] 同样地，也正如丹尼特所指明的："在命题态度的陈述中有三个自由度（degree of freedom）：人、态度类型、命题；x 相信 p，或 y 相信 p；x 相信 p 或害怕 p 或希望 p；x 相信 p 或 q，如此等等。因此，我们可以说一个人相信很多不同的命题，或一个命题被许多不同的人相信，或者甚至一个命题被不同的人在不同时间"所持有"，或被同一个人在不同时间"所持有"——我过去怀疑 p，但现在我肯定 p。"[⑤] 事实上，从这里我们可以看出，这里的命题是内容的常用表现形式，即命题内容。

---

① Turner S A. *Intrinsically Semantic Concepts and The Intentionality of Propositional Attitudes*. UMI, 2004: 1-2.
② Fodor J. *The Language of Thought*. Cambridge, MA: Harvard University Press, 1975: 198.
③ 宋荣：当代心灵哲学中的命题态度及其内容,《哲学动态》, 2010 年第 4 期: 第 98-103 页.
④ McGinn C. *Mental Content*. New York: Blackwell, 1989: 120.
⑤ Dennett D. *The Intentional Stance*. Cambridge, MA: The MIT Press, 1987: 101.

一个命题态度的语义内容的哲学观念不同于它的语义特征的哲学观念。语义特征的哲学观念存在于一个命题态度的意义或表征某物的纯粹（mere）事实之中，并且以一种可以评价为真或假的方式来进行；语义内容的哲学观存在于一个命题态度现实地意味着或表征什么。一个人能够通过考察具体信念例子"阿尔巴尼亚是东南欧的一个国家"来观察这种不同。这种状态的语义内容仅仅是它所意指的东西，它所表征的东西，或者它作为一个真值所具有的东西。总之，这个内容能够是可以等同于这种意义的命题或内在观念。在这种哲学语境中，由于词项"内容"并不必然地指称内在的某物，某些人可能考虑 PA-事例的语义内容是世界中的现实对象，即便如此，这些对象也是信念所表征的。最后，从一个严格的逻辑或形式角度来看，该命题态度的语义内容能够仅仅是该信念的真值。

对于一个命题态度-事例来说，具有一个语义特征就是恰好对它来说具有一个意义的特点，或者具有表征某物的特点，或者具有一个真值的特点。这样一个状态的语义特征，相比较而言，仅仅是它具有意谓某物、表征某物，或者有一个真值这样的属性事实。例如，信念阿尔巴尼亚是东南欧的一个国家和信念堪萨斯是美国的一个州，都具有意谓某物、表征某物，或者有一个真值这样的语义特征，但是它们具有不同的语义内容。前者所涉及的命题或认知内容就是阿尔巴尼亚是东南欧的一个国家，并且表征阿尔巴尼亚和东南欧，后者涉及有关堪萨斯和美国的内容。正如史蒂芬·玻尔（Steven Boër）所说："依据它们不同的思想-内容，信念和其他态度将拥有各种类似的（quasi-）语义特征。在各种模式（信念、期望、意图等）中对应于特定思想就是什么东西可能自然地被称为它们的满足条件，这样的东西——这些条件，根据思想-内容，对于一个给定信念为真，对于一个给定意图被实现等等来说是充分且必要的，然而，一个命题态度的满足条件，不像它的思想-内容，似乎并不充分地个体化它（命题态度）。"①

命题态度的语义构成成分（或要素）的哲学观念从一个命题态度的语义特征观念和一个命题态度的语义内容观念中分离出来。例如，考察名称"阿尔巴尼亚"和谓词"是东南欧的一个国家"是语句"阿尔巴尼亚是东南欧的一个国家"的一些语言学成分。类似地，一个 PA-事例的语义构成成分就是现实地发生的内在现象，而同时心灵就在此状态之中。这些构成成分使得它如此这般，

---

① Boër S. *Thought-Contents*: *On the Ontology of Belief and the Semantics of Belief Attribution*. Dordrecht: Springer, 2007: 5.

即心灵具有意义或表征某物或具有一个真值的语义特征。它们也提供这种心理状态具有特定的语义内容，该语义内容具有它的特定意义、它的特定外延以及特定真值等。

然而，命题态度的语义学上的这些特点使得当代心灵哲学中诸多学者思考如下问题：人们真正地具有命题态度或者我们的态度归属是方便的工具吗？像这样的问题是当代学者集中争论的焦点。尽管对这些问题存在许多分歧，但是也有一致的"标准观点"（Standard View，SV）：这种标准观点认为，基于特定的态度构念，态度是特定的大脑状态（或由大脑状态构成，或在大脑状态中实现）。标准观点体现：或者态度是大脑状态，或者态度是"合适的虚构"。后者方案有时被与如下主张一起被变得较柔和：尽管态度具有虚构地位，但态度的归属不是简单地为假，而是某种二阶的真。另一方面，态度的实践实在论（PR）认为：①信念和其他态度的概念真正地应用于人类，②态度的归属经常为真而无须量化（如不在某种二阶意义上），③态度因果地解释行为，④态度应该由特定的大脑状态所构成，不存在任何形而上学的要求。并且这些观点无须假设：态度在任何意义上是非物质的。"实践实在论"是实践的，因为它坚持认为形而上学理论是可描述日常事物和科学中的成功实践的；它是实在的，因为它肯定部分地构成成功实践语言之质朴的真。①

除了罗素的逻辑分析之外，词项"命题态度"还来源于这样的常识事实：我们能思考一个态度的内容作为该态度所指向的命题。它能典型地由 that 作为前缀的一个语句所把握。最有影响的命题态度类型是信念、期望和意图，例如，"温迪相信雪是白的""温迪期望明天会下雨""他不想受到伤害"。但也还有无数其他的类型，如希望、愿望、遗憾等。命题态度的讨论典型集中关注于信念和期望，有时是意图，主要是因为这些态度在理性行为的解释中所发挥的作用。例如，玛丽去超市由她想买一些食品和她的信念：在超市里她能买食品所解释；比尔打开开关是由他想要照亮房间和他的信念：他能通过打开开关照亮房间所解释；等等。看似合理的是，我们的常识总是坚持认为：理性行为总能被解释为一个合适的信念与一个合适的想要/期望一起的结果。很明显的是，在解释和说明我们自己和他人的行为过程中，我们总是充分运用命题态度范畴。

总之，命题态度刻画采用的标准形式是"X Fs that p"，其中"X"指谓态度

---

① Baker L R. *Explaining Attitudes：A Practical Approach to the Mind*. Cambridge，UK：Cambridge University Press，1995：4-22.

的主体,"F"是命题态度的一个动词,"that p"给予这个态度的内容。这里的主体一般指有意识的人,命题态度的动词通常是表达命题态度状态的那些意向动词,命题态度的内容是指以命题的形式来呈现态度的那种内容。例如,在语句"约翰相信雪是白的"中,"约翰"指谓态度的主体,"相信"是命题态度的动词,并且"雪是白的"是给予这个态度的内容。表面上看,采用这种刻画形式很自然地表明,形如"X Fs that p"的一个命题态度刻画为真,仅仅在这样的情况下:X处于类型F——一个F-状态(它具有内容that p)——的一个命题态度状态中。例如,"约翰相信雪是白的"为真,仅仅在这样的情况中:约翰处于一个具有雪是白的这样内容的信念状态中。再者,不同的态度能被适用于相同的命题,并且相同的态度能被适用于不同的命题。[①]

三、命题态度状态的本质分析

当代命题态度的讨论一般有两个部分:一部分集中关注于命题态度状态的本质——相信、希望、害怕、但愿、看到、决定等之间的不同;另一部分集中关注于命题态度内容——相信雪是白的、相信雪是灰的等等之间的不同。信念和期望一般被认为是两个不同种类态度的基本例子,因为它们具有描述上不同的适合方向。一方面,有旨在适合世界这样的态度(如信念),它们对于真之理论、证据影响等是非常重要的。另一方面,有旨在使得世界适合它们的态度(如期望),它们对于价值、美德等理论是非常重要的。

目前在命题态度状态本质的研究中,有两个对立的思想流派。第一个流派认为,态度最好被当作是二元的或双重的(dyadic)。在这个观点上,相信that p包括两个心理元素:一个心理表征that p,和由该表征所发挥的作用,即信念的特征。由于相信是在信念作用中拥有一个心理表征,所以相信是一个二元的或双重的关系。同样地,期望that p包括一个心理表征that p和由该表征所发挥的一个相当不同于相信特征的作用。对于其他各种态度也可以同理推知。在很长时间里福多被密切地关联于这种观点。[②] 蒯因也明确一个相信者和一个命题之间的一种双重关系(甚至承认一个相信者、一个对象和一个属性之间的一种三重关系)。[③] 这种态度的双重方式当前至少引发了两个迫切需要解决的问题。第一,什么是心理表征?尤其是,一个心理表征如何逐渐表征that p而不管是否它发

---

① 宋荣:当代心灵哲学中的命题态度及其内容,《哲学动态》,2010年第4期:第98-103页。
② Fodor J. Fodor's guide to mental representation. *Mind*, 1985(94):76-100.
③ Quine W V. Quantifiers and propositional attitudes. *The Journal of Philosophy*, 1956, 53(5):177-187.

挥类似信念的作用或类似期望的作用，或某种其他作用？第二，这样的类似信念的作用真正地是什么？这也就是说，为了认为相信它的命题内容是有价值的，一个人需要哪种用法来形成一个观念？

有关命题态度状态的第二个思想流派坚持认为，最好把态度当作是单一的或一元的（monadic）。相信 that p 不是拥有一个内在表征 that p 的事情，一个人对此拥有一个类似信念的立场；再者，相信 that p 本身是一个人拥有趋向这个世界的一个立场，无须诸如心理表征这样的心理实体。[①] 相信 that p 包括拥有那种相信 that p 的属性的该相信者，以及这是一个一元的或单一的关系。通常持有命题态度一元观点的哲学家也会坚持认为，相信 that p 或期望 that p 就是拥有行为或行为倾向的某个适当集合，其中这些行为或行为倾向保证了该态度的归属。[②]

在命题态度状态的类型方面，目前也有两种不同的视角。一种是功能主义视角。如果信念、期望、意图及其类似物，它们是主体的状态，也就是通过命题态度动词来刻画的那种状态，那么它们是什么种类的状态呢？一个看似合理的观点认为，它们是功能状态——由它们的功能作用所定义、决定或具体化的状态。根据功能主义理论，命题态度状态完全是由它们对另一个状态、知觉输入和行为输出的因果关系所决定的。这里主要有两种思考功能状态的方式：作为作用状态或作为实现者状态。实现者状态是处于功能作用中的一阶状态，它们是发挥作用的特定状态。作用状态是二阶状态：处于某种发挥某种功能作用的一阶状态中的状态。例如，在信念情况中，有一个一阶实现者状态（这个状态现实地提供信念作用——这个状态以不同于信念的方式在知觉输入和行为反映之间起中介作用）；并且还有二阶状态（这个状态处于实现信念作用的某个状态或其他状态）。但一些哲学家认为，神经状态之间的关联仅仅是因果的，而命题态度的状态之间的关联是理性的（并且用来理性化行为）。一个信念使得另一个信念是理性信念；一个人相信和期望的东西可以使得一个行为更理性，等等。然而，理性的原因会更好地被拥有这些随意发生的态度所使用吗？这仍有待于进一步探讨。

另一种是逻辑构造视角。这种视角认为，信念和期望是最基本的两种命题态度，其他命题态度是在这两种命题态度之上所构成的。例如，大多数认识论者赞同，为了知道 that p，一个人必须相信 that p，同样地，当他的信念不是如

---

① Dennett D. Real patterns. *Journal of Philosophy*, 1991, 91（1）: 27-51.
② Schroeder T. Propositional attitudes. *Philosophy Compass*, 2006, 1（1）: 65-73.

它可能是确信的一样时,怀疑 that p 似乎只是相信 that p。因为通常已经被认为的是,所有命题态度是最终由最小的、基本的命题态度集合所构成的;并且还原命题态度到它们的基本成分,这种尝试已经坚持认为,有两个基本的态度是需要的。所有命题态度或者产生一个关于东西如何处于世界中的论断,或者产生有关这个世界的一种需求。在这种观点上,信念是产生一个论断的那种基本态度,并且因此被用来构建言说东西可能或不可能保持(知道、质疑、怀疑、确信等等)的其他心理状态。期望是产生一种需求的那种基本命题态度,并且被用来构建强调东西是或不是某种方式(但愿、想要、愿意、宁愿等等)的其他心理状态,并且一些其他态度由这两种构成。但是,最近 20 年的研究工作表明这种还原策略太具挑战性(ambitious)。毫无疑问正确的是,一些态度是其他更基本态度的纯粹构造,但是基本命题态度的数量似乎比预期的还要多些。许多哲学家继续把相信和期望当作基本的态度,但是现在也包括把想象、打算①、感知和尝试(trying)②也当作同样是基本的态度,并且也试图将情感(emotion)还原到信念和期望。③ 而厄尼斯特·索萨(Ernest Sosa)从典型的命题态度信念出发,指出从言信念是某个命题为真的信念,从物信念是关于一个特定东西(它具有某个属性)的信念,从而拓展到其他命题态度也有这两种类型。④

四、主要的命题态度理论主张

目前关于特定的命题态度,我们至少能采用三种不同的理论主张。一种能被称为行为倾向主义。它坚持认为,一个态度是由某些非-有意识的(non-conscious)倾向所构成的,如典型的行为倾向,或许由某些非-有意识的计算倾向(如果一个人认为心理过程有时包括计算的话)所论证。第二种理论主张能被称为有意识的倾向主义。它坚持认为,一个态度是由某些对意识显现状态的倾向所构成的。第三种理论主张能被称为自然种类主义。它坚持认为,一个态度是无论什么自然种类发挥的所有作用,既是行为的又是现象的,并且我们把

---

① Bratman. *Intentions*, *Plans*, *and Practical Reason*. Cambridge, MA: Harvard University Press, 1987: 15-20.
② Mele. He wants to try. *Analysis*, 1990, 50(3): 251-253.
③ Griffiths P. *What Emotions Really Are*: *The Problem of Psychological Categories*. Chicago: University of Chicago Press, 1997: 1-42.
④ Sosa E. Propositional attitudes de dicto and de re. *The Journal of Philosophy*, 1970, 67(21): 883-896.

这种作用相关于这个态度。

行为倾向主义是目前对命题态度的一个最主要的理论方案。如果一个人很乐于态度的一种一元说明，那么成为一个行为倾向主义者的最容易方式就是成为有关态度的一个解释主义者。这种理论的一个相当标准的版本坚持认为，一个个体所拥有的信念和期望是他或她的行为的最佳解释会归属的那些信念和期望。罗伯特·斯托尔纳克已经提供了有关命题态度的一种不同的一元说明。他坚持认为信念和期望应该是更加直接地相互被定义的。在他的观点上，如果一个人的信念为真，并且相信 that p 是被倾向于以会成功的方式有所行动，那么期望 that p 就是以会使 that p 如此的一种方式有所行动。[1] 如果一个人不乐于采用态度的这种一元说明，那么像斯托尔纳克的观念一样的某物就容易被转变成行为倾向主义的一个二元形式。一个人仅仅坚持认为，期望 that p 就是包含一个心理表征 that p，它使得一个人倾向于为了产生 that p 而有所行动，所有其他的都是相同的，相信 that p 也会类似如此。但是一个人不需要支持这个精致方案：一个人可能采用一种不同的方向，并且坚持认为，相信和期望是拥有对某些口头（非心理的）表征的某些规范关系。

彼得·汉克斯（Peter Hanks）和斯科特·索姆斯（Scott Soames）最近已经发展了类似的命题态度观点。他们认为，在这种观点上，这些命题态度至少部分地由倾向于执行心理行为所组成。他们两人都认为，相信一个命题至少部分地是倾向于执行初始的命题行动（primitive propositional act）：一个行动的执行是任何其他命题行动的执行的一部分；执行这个初始的命题行动是执行像对某物进行思考、述谓、否定、联结、分离等一样的亚命题行动；由于是这样行动的类型，这些初始命题行动解释什么东西会把被构造命题的构成成分一起联结成一个表征的整体。

然而，他们两人在理论细节上有所不同。索姆斯把初始命题行为当作是无效力的接受（entertaining），认为这些接受由思考行为和述谓行为所组成，他把这些接受当作非承诺的属性归属（ascription）。[2] 他把判断的非初始命题行为等同于接受+肯定，把相信等同于倾向于判断，并且把命题等同于接受-类型。例如，在索姆斯的观点上，接受命题：伯纳德是英国人，就是执行下面的亚命题行动：思考伯纳德、思考是一个英国人这个属性、并且述谓或非承诺地归属

---

[1] Stalnaker R. *Inquiry*. Cambridge, MA: The MIT Press, 1984: 59-77.
[2] Soames S. Propositions//Russell G, Fara D G. *The Routledge Companion to the Philosophy of Language*. London: Routledge, 2012: 209-220.

是一个英国人这个属性到伯纳德。相比较而言,汉克斯把初始命题行动当作是有效力的判断,并且认为这些判断由推理行为和述谓行为所组成,他把这些当作承诺的属性归属。① 他把相信等同于倾向于判断,并且把命题等同于判断–类型。而因德里克·雷兰德(Indrek Reiland)认为,索姆斯的"无效力"方案较之汉克斯的"有效力"方案具有更多优点,并且汉克斯所声称的解决方案是不起作用的。②

第二种理论主张(即有意识的倾向主义)在心灵哲学中很少有积极的倡导者,但是他们最近却已显示出更积极的方面了。例如,在信念的主体上,埃里克·思茨格贝尔(Eric Schwitzgebel)已经辩护了这样的观点:相信就是被倾向于个例现象状态(对自己说话、描绘东西、有意识地回忆等),如同被倾向于进行适当的行为一样。③ 在期望的主体上,斯特劳森(Galen Strawson)用《心理实在性》的一章来辩护态度的一种有意识倾向理论,并且坚持认为,正是对愉快和不愉快的倾向(部分地)构成了期望。④

第三种理论主张自然种类主义,也有许多追随者。格里弗斯和普里茨分别辩护有关通常被称为情感的一些⑤或所有的⑥东西的自然种类主义。在莫里罗⑦和施罗德的书中也被找到还有一些有关期望的自然种类理论,他们俩都把大脑的"奖赏系统"(rewarding system)等同于大脑对期望实现的核心,但他们分别给予期望的本质以不同的解释,主要是基于对这种"奖赏系统"的不同理解。⑧

值得注意的是,尽管存在有关命题态度的取消式理论,一些哲学家(例如,蒯因、丘奇兰德、斯蒂克)否认有任何命题态度,他们否认有任何信念、期望、意图和类似东西,他们已经提出从我们的本体论中"取消"命题态度。⑨ 但是,

---

① Hanks P. Structured propositions as types. *Mind*, 2011 (120): 13-14.
② Reiland I. Propositional attitudes and mental acts. *Thought, A Journal of Philosophy*, 2012, 1 (3): 239-245.
③ Schwitzgebel E. A phenomenal, dispositional account of belief. *Nous*, 2002, 36 (2): 249-275.
④ Strawson G. *Mental Reality*. Cambridge, MA: The MIT Press, 1994: 251-289.
⑤ Griffiths P. *What Emotions Really Are: The Problem of Psychological Categories*. Chicago: University of Chicago Press, 1997: 167-247.
⑥ Prinz J J. *Gut Reactions: A Perceptual Theory of the Emotions*. New York: Oxford University Press, 2004: 79-102.
⑦ Morillo C R. The reward event and motivation. *Journal of Philosophy*, 1990, 87 (4): 169-186.
⑧ Schroeder T. *Three Faces of Desire*. New York: Oxford University Press, 2004: 38-70.
⑨ Churchland P. Eliminative materialism and the propositional attitudes. *The Journal of Philosophy*, 1981, 78 (2): 67-90.

到目前为止,许多哲学家仍然感兴趣于命题态度。尤其是,有一个完整的哲学分支——行动哲学(被定位于心灵哲学和道德哲学之间),它已经发展了一种行动理论,并且认为态度(如意图和尝试)是行动的最核心部分。而从事伦理学研究的哲学家也基于自己的研究目的发展了特定态度的理论。[1] 如斯坎伦的工作表明,期望是根源于愉快的理由和感觉的。[2] 相比较而言,史密斯坚持认为,期望是单独地根源于动机的[3];舒勒则主要表明,期望不是动机的唯一来源,因为道德推理(reasoning)也能是正在激发的,而且这种对期望的兴趣来自于对道德动机本质的兴趣。[4]

第三节 命题内容

在心灵哲学背景下,命题态度的内容就是指命题内容,它体现命题态度的内容是命题性的,是以命题作为其内容的基本呈现单元的。由于命题是内容的常用呈现形式,因而习惯于简称为命题内容(propositional content)。对同一内容,人们可以采取愿望、期盼等不同态度;而同一态度可以关涉不同的内容。当代大多数心灵哲学家在探究内容理论及其相关问题时,都直接或间接使用命题内容作为其研究的逻辑起点。

一、命题内容观念及其特点[5]

首先,命题内容的观念开始于观念:在言语行为中什么被言说了——被表达的命题——这个观念从它被言说方式的两个不同方面被抽象出来:一是从用来表达它的方式中抽象,二是从它被表达所具有的确切效力(force)中抽象。相同的命题能够由相同或不同语言的不同语句所表达,并且相同命题能够是在一种情境中一个论断的内容、能够是一个假定的内容、一个析取论断的一个组

---

[1] Schroeder T. Propositional attitudes. *Philosophy Compass*, 2006, 1(1): 65-73.
[2] Scanlon T. *What We Owe to Each Other*. Cambridge, MA: Harvard University Press, 1998: 17-77.
[3] Smith M. The humean theory of motivation. *Mind*, 1987, 96(1): 36-61.
[4] Schueler F. *Desire: Its Role in Practical Reason and the Explanation of Action*. Cambridge, MA: The MIT Press, 1995: 13-45.
[5] 宋荣:当代心灵哲学中的命题态度及其内容,《哲学动态》,2010年第4期:第98-103页。

成部分，或在其他情境中的一个要求。在具有不同确切意义的言语行为中，被表达的内容是如同不同种类心理状态（如信念、期望、意图、希望、害怕）的内容一样的相同种类的东西、正如什么被言说能够与它如何被言说区分开来一样，因此什么被思考能够与心理表征的方式区分开来，能与那种命题被用来具体化的心理状态区分开来。正如你和我可能说相同的东西，即使你用法语说它，我用英语说它，因此你和我可以相信相同的东西，即使心理表征系统是不同的（在这种系统中在我们各自心灵中此信息是被编码的）。正如我可以断言我所仅仅假定的东西，因此我可能相信你所质疑的东西。简单地说，命题内容就是命题态度中态度所断定的通常用命题来表达出来的内容。

其次，命题内容的刻画是与命题态度状态本身不可分的，并且可以形式化地表述出来。我们可以描述特定的信念—状态、期望—状态和意图—状态作为相信、期望和想要如此这般的状态。非限定从句被使用来描述期望和意图不是真正的一种例外，因为期望或想要去做 A（或是 F）恰好是具有一种自我关涉（self-regarding）的期望或意图：自身去做 A（或自身是 F）。如此被理解，信念、期望和意图是哲学家经常用来称为"命题态度"的例子——一个主体 A 的心理状态，一个人能（用英语）报告这些状态根据形如"A Vs that p"的一个语句，其中"V"由适当的态度动词（如"相信"、"希望"、"质疑"、"愿望"等）来替代，并且"p"由一个表达一种思想—内容的语句来替代。这样，涉及相同态度关联的命题态度就是由它们的"思想—内容"所个体化的。当然，根据"命题态度"的语源学，明显地诱惑人的是称这些思想—内容为"命题"。

再次，具有命题内容的命题态度是与那些"直接对象"（direct-object）态度有所不同的。这些"直接对象"态度根据所谓的内涵及物动词像"崇拜"（worship）、"寻找"（seek）、"描述"（depict）等，它们不是把"that-"从句而是把各种名词短语作为语法补语。存在三个特征通常被引用来分别地作为一个及物动词"V"的充分条件来取得一个所谓的内涵及物动词的资格：(i) 同一性置换原则出现失败，当它被应用于"V"的补语或被应用于在那里出现的其他词项时；(ii) 在"V"补语中某些量词短语容许有一种特殊的"窄—范围"解读；(iii) 通常相关于词项的存在承诺，被取消这些词项如此出现或在"V"的补语之中。例如，不管"马克·吐温＝萨缪尔·克莱门斯（美国小说家马克·吐温的真实姓名）"的真值，"汤姆正在期盼（expect）马克·吐温"和"汤姆正在期盼萨缪尔·克莱门斯"可能等值上是失败的；"玛丽寻找（seek）一位配偶"可能为真，即使不存在任何一个她所寻找的特定配偶；"霍默崇拜（worship）宙斯"的真是与宙斯的非实存可以兼容的。①

最后，尽管存在有关命题内容是什么的许多不同理论，但是这些理论都接受如下四个命题内容的一般特征：第一，命题内容能够通过使用一种适当的"that-从句"而被具体化。内容能够被陈述使用一个 that-从句，也就被称为命题内容。负荷内容的心理状态是命题态度，因为它们能够被具体化为对命题的态度或关联。例如，尼尔的希望 that 实用主义将再次流行，就是尼尔具有的、对命题"实用主义将再次流行"的希望性的一种态度。这种分析形式明显地是对内容的一种哲学描述。

第二，命题内容是被构造的。一方面，内容是关联地被构造的。这是由弗雷格有力地陈述的一个论断。心理状态处于对另一内容的逻辑的和理性的关联之中。另一方面，内容是被构造的这个哲学论断基于直观的内容。如果一个人能理解思想"一只特定的青蛙是绿色的"，他也必须能理解对这种结果的思想，其中这种结果就是：不同于青蛙的东西是绿色的和其他青蛙具有不同于绿色的颜色。但是理解第一种思想的能力预设了理解这些其他思想的能力，因为所有显现构成能力。从思维语言假说的角度来看，一些表征主义充分利用思维和语言之间的对称来试着解释思维的系统性。这种论证体现在如下观念上：语言的系统性来自于语句的复合构造，因为思维也是系统的，那么思维系统性的最好解释就是思维的工具——内在心理表征——也拥有一种复合构造，因而命题内容也是被构造的。

第三，命题内容是规范的。语词"规范的"首先它能意味着"规定的"或"指导行为的"；"规范的"也能意味着"与一个规范或一个标准是相关的"。例如，在巴黎公尺棒（metre bar）是"规范的"，在这种意义上它是一个标准，相关于我们能够说我的厨房桌子是一米宽，这两种意义上的区别将是极其关键的。为了明确区分，我们将把"规定的"或"指导行为的"当作是"规范的"主要含义，因而"意义是规范的"和"意义是相关于规范的"有所不同。② 内容的规范性存在于这样的事实中：语词能够被正确地或不正确地使用，并且论断或信念能够为真或假。一个语词或语句的意义决定在其中它会将是正确地使用它的场合。正确的应用就是意义的构成成分。例如，一个信念的内容规定不得不获

---

① Boër S. *Thought-Contents: On the Ontology of Belief and the Semantics of Belief Attribution*. Dordrecht: Springer, 2007: 8.
② Hattiangadi A. *Oughts and Thoughts: Rule-following and the Normativity of Content*. New York: Oxford University Press, 2007: 37.

得使它为真的那种条件。这种正确的应用由规定它的正确使用的规则或系列规则所决定。①

第四,在言语和行为的解释理论中命题内容发挥作用。命题态度心理学是我们弄清、解释和预测他人行为的日常方式。通过展现命题态度的一个复杂系统,它主要通过它的解释性和描述性的工作来发挥作用,从而弄清行为和言语。②尽管在民间心理学能否被描述为一个理论问题上,近年来已经存在许多哲学争论,但是民间心理学仍具有一种系统的解释性特点,它被用来解释行为并且通过刻画负荷内容的心理状态来这样做。③

总之,当代许多学者对于命题内容问题都展开了卓有成效的研究,并且各自关注的研究角度也有所不同。例如,西格尔认为,在思考命题内容时报告人需要关注具体的表达情境。④而皮科克在陈述内容的接受条件理论时指出,存在描述一个给定心理状态的一个给定语句的命题内容的两个维度:第一,存在一个维度携带有关这样事物的信息作为条件,且这些条件可以导致一个思考者接受这样一个条件,并且在思维中它的结果曾经被接受过。第二,存在该内容的真之条件。接受条件决定真之条件。"存在一类内容,它们的真之条件直接由某种它们的接受条件所决定;这类内容之外的内容的真之条件最终由它们与这最初一类之中的内容的关联所决定。"⑤

在信念内容及其他态度(命题)和组合产生命题内容之间也存在大量的争论。德雷斯克坚持认为命题的内容或者是被拥有、被相信、被接受,或者根本不被拥有、不被相信、不被接受等。⑥但相当清楚的是,命题是或为真或为假的实体。因此容易看到,命题的其他语义特质能被理解为是绝对的特质。为了使一个命题为真或为假,它必须应用或不应用于世界。这种观点似乎得出结论使人认为,一个概念能够为真或为假,或真正正确地或错误地被应用,在其中它们或者应用于一个指称物或者它们不应用一个指称物。福多认为,一个概念应该被理解为正确地应用于(表征)一个指称物当它能被说是有关该指称物时,该概念刻画属性到此指称物,这时它拥有由该概念刻画到它的属性,有关的指

---

① McDowell J. *Mind and World*. Cambridge, MA: Harvard University Press, 1994: 40.
② McGinn C. *Mental Content*. New York: Blackwell, 1989: 120.
③ Thornton T. *Wittgenstein on Language and Thought: The Philosophy of Content*. Edinburgh: Edinburgh University Press, 1998: 7-10.
④ Segal G. *A Slim Book about Narrow Content*. Cambridge, MA: The MIT Press, 2000: 81.
⑤ Peacocke C. *Thoughts: An Essay on Content*. New York: Blackwell, 1986: 11-12.
⑥ Dretske F. *Knowledge and the Flow of Information*. Cambridge, MA: The MIT Press, 1981: 57-62.

称物就为真。① 福多进一步讨论一个概念应用于一个指称物，这种应用或者是"真实的"或者是"不真实的"。② 福多指出如下方式："是灰猫是猫，而不是救护飞机是大象，被归入概念 CAT。对于当前目的，它等值于说，灰猫在 CAT 的内涵之中，即'灰猫是一只猫'为真，并且'是一只猫'是有关灰猫的真的。"③ 这种从福多那里的引用，很好地阐明思考命题滑向了思考概念。

综上所述，尽管在命题内容上各家观点不同，但实质上，命题内容就是命题态度的内容，它以命题作为它的内容，也就是说，命题内容＝命题态度的内容＝命题④，这三者实质上说的是同一个东西。这样，一些共同问题仍然值得我们进一步深思或反思。

二、作为内容承担者的命题⑤

在西方哲学史上，亚里士多德首先对命题进行了哲学思考。亚里士多德认为，语言中的"名词"、"动词"和"命题"或"陈述句"这些词需要下定义。他和柏拉图一样，认为它们不仅是所讲的话的符号，而且也是心理经验或思想的符号。他指出："语言只是内心经验的符号，内心经验自身，对整个人类来说都是相同的，而且由这种内心经验所表现的类似的对象也是相同的。"⑥ 在这里，亚里士多德指出了语言与心灵之间的关系，语言只是心灵的外在符号而已，语言可以不同，但内心经验却相同，因而其所表现的类似对象也相同。而"名词是因约定俗成而具有某种意义的与时间无关的声音"、"动词是不仅具有某种特殊意义而且还与时间有关的词"。很明显，名词或动词单独使用时虽有意思，但不是真的或假的，语言是因为约定才有意思。

接着，亚里士多德指出句子只作为表达，而与命题区分开来。"句子是一

---

① Fodor J. *Psychosemantics*: *The Problem of Meaning in the Philosophy of Mind*. Cambridge, MA: The MIT Press, 1987: 8.
② Fodor J. *Psychosemantics*: *The Problem of Meaning in the Philosophy of Mind*. Cambridge, MA: The MIT Press, 1987: 101.
③ Fodor J. *Concepts*: *Where Cognitive Science Went Wrong*. New York: Oxford University Press, 1998: 24.
④ 对于命题究竟是什么，详见宋荣：《思维内容的心灵哲学探究》，北京：中国社会科学出版社，2012年，第5章2节。
⑤ 部分参见宋荣：命题、态度与心灵：当代西方心灵哲学中命题态度研究的最新进展，《哲学动态》，2014年第11期：第103-108页。
⑥ 亚里士多德：解释篇，第1-4节，《亚里士多德全集》第1卷，苗力田，北京：中国人民大学出版社，1990年。

连串有意义的声音，它的每一个部分都有其独立的意思，但只是作为表达，而不是作为肯定命题或否定命题"。① 在这里，亚里士多德指出了语句的组合部分，也指出了语句的表达功能。亚里士多德在语句中间区分出一类特殊的语句，只有这类语句才具有真假。亚里士多德还指出，所有句子都有意义，不过，并不是作为工具，而是如前所说是约定俗成的。"并非任何句子都是命题，只有那些自身或者是真实的或者是虚假的句子才是命题。"这也就是说，自身有真假的句子是命题，不是所有句子是命题。亚里士多德没有自觉地澄清"是"和"表达"的区别，他认为命题是语句，并且有真假的语句才是命题，这也带给后世诸多解读。但从这句话中，我们可以得出的是，命题是有真假的，并且与语句是在一个层面上。在《形而上学》中，亚里士多德对真假观也同样带来了后世的不同解读。尽管如此，亚里士多德在命题和语句的区分上思路仍是非常清晰的：第一，命题具有真假；第二，命题与语句不同；第三，语句只作为表达功能；第四，语句具有约定俗成的意义。②

当代学者涅尔从逻辑哲学视角明确了命题的角色。他指出，命题或命题内容（propositional content）是指在提出陈述句时所断言的东西，或者是在提出的那种从句中并没有断言什么但有所表达的东西。显然，谓词"真的"和"假的"从根本上说是用在命题上的。表达命题的语句和子语句都可以同样用命题记号来描述。涅尔指出，在中世纪，拉丁文 propositio 是用在"命题记号"这个意义上的，"命题"在较老的英语中有时就有这种意思，但在现代的用法里，它是和"命题内容"同义的。这也就是为什么当代心灵哲学家们在谈论内容问题时很自然地就使用了"命题内容"或"命题"。③

涅尔指出，命题的指示词是"that"所引导的子句或某种语言的等价物（通常会写作"that p"）。这种语言手段，逻辑学家如果要讨论命题的话是必定要承认的，他为了说明有效性概念也必须要明白承认的。在现代欧洲语言里，使用引号这种方法有时是作为一种手段，用来指明引号内使用直说语句所表达的命题。陈述句的作用主要是传达信息，当然这不是它们唯一的作用，而命令句和请求句的作用是要人去做某种事情等等。当我们做出陈述句时，我们就表示了对所表达的命题的一种态度，而当我们下命令时，我们表示了对所表达的命题应该是真的一种愿望。陈述句的作用主要是用来传达信息，即要别人承认某些

---

① 亚里士多德：解释篇，第 4 节，《亚里士多德全集》第 1 卷，苗力田，北京：中国人民大学出版社，1990 年。
② 斯多葛学派在开启命题逻辑的研究领域过程中，对命题与意义问题首次进行了关联。详见前面章节。
③ 涅尔：《逻辑学的发展》，张家龙，洪汉鼎译，北京：商务印书馆，1985 年：第 65-66 页。

命题是真的，它们主要是用真或假来评价，而命令句是用明智或不明智来评价，并不是一定要考虑他们是否执行。正是因为这种理由，通常总是习惯在真或假的两种意义上来刻画陈述句。[1]涅尔指出，"真的"和"假的"这两个词的各种不同用法，以及说明它们之间的关系是合适的：①命题基本的意义是真的或假的；②殊型句当它们表达真命题时是真的；③种种陈述句的类型句当它们表达真命题时是真的；④一个人当他说出了一句表达真命题的直陈语句时，他就提出一个真的陈述句；⑤信念、思想或意见，当它们的表达式是真命题的表达式时，就是真的。

很显然，涅尔既继承和发展了命题作为真值承担者的传统角色理解，又拓展了命题作为内容承担者的当代角色理解，为后来心理内容研究能够成为专门的研究领域奠定了逻辑基础。当然，需要指出的是，当代哲学家伯奇则比涅尔更进一步，直接用术语"内容从句"来表示其命题内容，更详细地将语句表达式问题拓展到命题内容问题，进而丰富了心灵哲学视角中的心理内容探究。

一方面，伯奇从语言层面上明确了"内容"和"内容从句"等术语问题，并详细讨论了 that p 这种命题态度内容。他认为，我们普通的心理主义谈论广泛地划分为两种习语。一种是根据语句表达式典型地对心理状态或事件产生指称；另一种则不是。第一种习语的一个清晰情况是"Alfred 认为他朋友的沙发很脏"。第二种清晰的情况是"Alfred 很痛（in pain）"。思想、信念、意图等典型地根据从属的语句从句、that 从句来被具体化，它可以被判断为真或假。疼痛、瘙痒等对语句或对真假没有任何特殊的语义关联，这也就是后来被逐步引起关注的经验内容部分。但是，伯奇仅讨论前面那种心理主义习语，即命题态度内容从句。他认为，在普通意义上，在心理主义习语中，嵌在语句表达式中的名词短语提供心理状态或事件的内容。"我们称 that 从句和它们的语法变种为'内容从句'。这样，表达式'that 沙发比长凳更舒服'提供 Alfred 的信念：沙发比长凳更舒服的内容。"在 that 从句如何发挥功能作用和内容是什么的各种语义的和形而上学的描述当中，伯奇尝试对"内容"等术语保持一种中立。[2]伯奇认为，尽管"内容"的这种使用是理论的，但它不是理论上有争议的。"在我们将认为内容是不同的那些情况中，这些情况会是没有争议的（uncontentious）：在任何语义理论中，在 that 从句中配对物表达式的外延（现实的指谓、指称或运用）中的不同

---

[1] 涅尔：《逻辑学的发展》，张家龙，洪汉鼎译，北京：商务印书馆，1985年：第69页。
[2] Burge T. Individualism and the mental//Burge T. *Foundations of Mind：Philosophical Essays*, Volume 2. Oxford：Oxford University Press，2007：100-102.

会在语义上被表示的,并且以我们的术语会在内容上产生不同"。伯奇还使用词项"观念(notion)"来运用于内容的成分或元素。正如整个 that 从句提供一个人的态度的内容一样,that 从句的语义上相关的成分会被用来显示观念是进入到态度(或态度的内容)中。这个词项被假定是本体论上中立的。[1]

另一方面,在内容或观念的归属方面,伯奇认为:对于归属一个内容或观念,以及归属一个 that 从句或其他语言片段来说,刻画是归属的语言学类似物。在内容从句中有涉及表达式的行为的语义复合物,我们能接近大多数的内容。对于一个主体来说基础的观察是,以关于维持正包含的语句的真值的方式,内容从句中的表达式经常不可用外延上等值的表达式相互替换。例如,从水是 H_2O 和波特兰认为:水不适合喝,这样的事实中,并不得出:波特兰认为 H_2O 不是适合喝。在我们有关波特兰的思想报告中"水"和"H_2O"是不可相互交换的,其原因就是:在描述一个不同的心理行为或状态中"水"发挥了一个作用,这不同于在描述中"H_2O"会发挥的作用。在这样的情境中,至少,思考水不是适合于喝就不同于思考 H_2O 不适合于喝。

相比较而言,在内容从句中有表达式的非间接发生。一个人可能会说一些水——例如,那边玻璃杯中的水——被波特兰认为是不纯的;或者波特兰认为那水是不纯的。通过用"H_2O"替换"水"或任何其他外延上等值于"那水"的表达式,一个人可能想要不作出会有所损失的任何区分。我们可能允许这些交换,即使波特兰从未听说过 H_2O。在它的非间接发生中,词项"这个水"简单地孤立于波特兰或他的思想所相关或运用的那种湿的材质的一部分,以许多同样很好的方式中的一种。在某些情况中,它也可以标志出一个情境,在其中波特兰的思想被运用。但是,在描述这个人方面,正是在内容从句中在间接发生中的表达式,在提供心理状态或事件的内容方面主要起作用。

由此可知,命题角色在内容问题研究领域才显得日益重要。命题态度的内容是命题,即通常所称之为命题内容。[2] 洛尔(E.J.Lowe)就明确指出:"到目前为止,我们已经描述了命题态度状态——简称为'态度状态'——作为包括一个主体取向一个命题的'态度'。讨论中的这个命题构成这个状态的命题内容。"[3] 例如,就信念这种基本的命题态度来说,目前有两种观点。信念命题的二元关系观认为,信念是一个主体和一个命题之间的一种二元关系,这个命题是

---

[1] Burge T. Individualism and the mental//Burge T. *Foundations of Mind:Philosophical Essays*,Volume 2. Oxford:Oxford University Press,2007:103.

[2] 命题内容:the propositional content;命题的内容:content of the proposition。

[3] Lowe E J. *An Introduction to the Philosophy of Mind.* Cambridge,UK:Cambridge University Press,2000:69.

该主体信念的内容。对于一个主体拥有一个信念来说，没有任何其他属性或关系需要被例示。这也就是说，如果某个东西 x 是某人的信念内容，那么 x 是一个命题。这蕴含：在相信者和命题之间，这个信念是一种二元的关系。但是，也存在一个与这种二元关系观并不相一致的观点，即信念命题的三元关系观。它认为，这种信念关系使得一个相信者和一个命题相关联，并且它蕴含：某人相信某个东西，当且仅当在一个相信者、一个命题和某个信念状态当中一种三元关系被获得。[1] 那些坚持三元关系观的人认为，一个给定信念的内容是命题，并且信念是一种三元关系，而不是一种二元关系。

这两种竞争观点后来导致了内容属性理论的出现。在 20 世纪 70 年代，齐硕姆和大卫·刘易斯分别独立地发展了这种属性理论。根据这种理论，（例如）我的信念我是左撇子的内容不是一个命题，而是一个属性（property），即是左撇子这个属性。这个属性并不是为真或假的某个东西。在这种描述上，一种态度的每一个具体事例证明是一个从我态度。这种属性理论以两种重要方式不同于传统观点。第一种方式是，指派到态度的内容是不同于命题的属性；第二种不同是，属性理论把反身性（reflexivity）构建成一个有意识主体和他的态度内容之间的关系。例如，相信（believing）是让自身拥有（taking-oneself-to-have）某个属性。但笔者认为，这种属性理论是不合理的，因为①从我态度（指有关自我的态度）要求一种相当复杂类型的自我觉知，并不是每一个态度主体都需要拥有之；②这种属性理论不能合乎情理地说明蕴含其主体的非实存的那些态度，也不能说明可能情形中能被赋值的某些其他态度，尤其在态度主体并不实存的情况下；③这种属性理论在说明我们对其他人的属性的沟通方面也有麻烦；④这种属性理论不能充分地说明某些直观推理的有效性，其中这种有效推理包括认知态度的归属。

尽管争论仍在继续，但命题内容理论研究仍在当代心理内容研究中占主导地位。例如，杰弗瑞·金在其专著中明确将命题作为内容的承担者。他整本书的核心都是在对命题进行形而上学描述和逻辑论证，而其书名却是《内容的本质和结构》。自 20 世纪 90 年代以来，杰弗瑞·金一直关注命题的形而上学本质。他指出：如果①存在一个命题描述，根据之没有任何有关它们是什么的神秘可言；②存在好的理由相信它们存在；③这个描述强调命题的核心特点（如它们表征世界如何所是）；④这个描述不具有有争议的后果；⑤反对命题的论证能被去掉，那么，我们应该采用命题的这种描述。他在坚持被构造命题描述的前提

---

[1] Feit N. *Belief about the Self*. Oxford: Oxford University Press, 2008: 10-11.

下，他假定个体、属性和关系是命题的构成成分；假定名词、摹状词、索引词体现个体，他们在语境中指派给它们由语句所表达的那些命题；也假定 n 元谓词体现命题的 n 元关系，也假定真值函项语句联结词（如"并且"）体现对命题的真值函项；假定限定词（"每一""一些"等）体现对命题的属性间的二元关系。例如，"每一"对命题体现属性 A 和 B 之间获得的关系，当且仅当 A 的每一个例子是 B 的一个例子。

杰弗瑞·金坚持命题的事实观。首先，让我们称占有一个属性的一个对象，或处于一个 n 元关系中的 n 个对象，或处于一个 n 元关系中的 n 个属性，或其他，为一个事实。这样，我们称这样的对象、属性、关系是这个事实的成分。因此，拥有属性 P 的对象 O 的事实，具有 O 和 P 作为它的成分。他的论断是：命题恰恰是某些事实。他使用语词"fact"，体现的是，占有一个属性的一个对象或者处于一个 n 元关系中的 n 个对象，或者处于一个 n 元关系中的 n 个属性等，是一个事实。例如，瑞贝卡游泳这个命题就是一个事实。这个事实因为瑞贝卡现实地承担了对游泳属性的这种关系。

在这里，杰弗瑞·金所勾画的命题观有三个优点。第一个优点是，所有命题就其本质而言，是由句法上包括复杂谓词的语句所表达的。允许包括这种复杂谓词的语句表达命题，即使这些复杂谓词并不代表任何属性。句法上的复杂谓词有助于把复杂的亚命题构成成分用于命题。当思考命题是被构造时，也就在考虑包括其中的命题态度。一个命题的结构将同一于表达它的语句的句法结构。[①] 第二个优点在于：被构造的命题观对于命题是什么和命题存在的问题没有任何神秘而言。命题是某种事实，更具体地说，它们是有关存在表达的一个语境和存在某个语言 L 的词汇词条的事实，其中的 L 处于某个句法关系之中，并且这些词汇词条具有这般相关于该语境的语义值。这样就很容易理解这些是什么种类的事实，因而很容易理解命题是什么。而对于命题的存在，作最小的假定。第一个假定是，一个人必须假定命题的构成成分存在：对象、属性和关系的存在；第二个假定是，一个人必须假定语词对对象、属性和关系相关于语境承担语义关系，并因而使这些东西作为它们的语义值；第三个假定是，一个人必须假定语词在句法层次上处于对彼此的语句关系之中，在这个句法层次中，量词范围关系是明显被表征的。命题事实观的第三个优点是：对于理解命题如何表征世界为某种方式是可能的。也就是说，命题如何具有真之条件。通过使用词项"命题"和使用 that 从句来谈论它们。我们对它们的谈论表明，命题被

---

① King J C. *The Nature and Structure of Content*. Oxford：Oxford University Press，2009：53.

期望用来作为真和假的承担者，态度的对象、模态属性的承担者，并且我们必须能刻画我们称之为的命题作用。①

当然，到目前为止，我们一直在思考有关被构造的命题的形而上学。因为命题在当今哲学家之间被广泛接受，并且有各种重要的工作与命题有关。第一，似乎是，语句编码信息片断，并且不同的语句编码相同的信息片断，如情况"雪是白的"和"schnee ist weiss"。如果命题存在，我们能将它们与这些信息片断统一在一起，并且弄清它。语句表达命题（相关于情境），不同的语句可以表达相同的命题，并且依赖于世界如何所是，命题为真或假。第二，我们认为，一些东西是模态特征（如是不可能的、可能的、必然的）的占有者。命题是模态特征的承担者，并且通过表达不同语言的语句，人们可能归属相同的模态特征到相同的命题。第三，存在我们相信、质疑的东西，并且假设这些东西是为真或假的相同东西，并且占有模态特征，如当我们谈到相信必然为真的某物时。如果命题存在，并且是我们态度的对象，我们能够理解这如何会如此。在相信某物的过程中，主体处于与一个命题的一个关系当中，并且该命题是可以必然为真的。第四，当我们尝试形成一个自然语言的语义学时，就会调用（invoke）命题产生一个好的、整洁的语义学。模态词总是存在于命题之中才行，而且包含命题态度动词的语句断定个体处于与命题的关系之中。

纵观当代心灵哲学家的相关研究，类似于伯奇、杰弗瑞·金的哲学家在对命题态度及其内容的研究过程中，不仅从语言层面将命题态度进行了微观的分析（即逻辑线条：语句的意义＝命题＝命题态度内容），而且从心灵层面明确了心理状态与心理内容、对象之间的一种类似俄罗斯套娃一样的关系，即意向主体拥有心理状态，心理状态具有心理内容，心理内容包括（involve）对象。这就使得命题态度内容的哲学研究更加立体化、层次化，这也就进一步导致当代对于命题态度及其内容的本质追问。

三、评价

综上所述，分析性描述中的命题态度及其内容展示了当代西方分析哲学研究传统中心理内容研究的共同旨趣。在笔者看来：

第一，尽管"命题态度"是形成民间心理学的核心范畴之一，但首次真正

---

① King J C. *The Nature and Structure of Content*. Oxford：Oxford University Press，2009：59-64.

对之进行逻辑层面的分析则来源于罗素。罗素通过对信念这种基本命题态度状态的分析，将语言哲学中的意义范畴、逻辑哲学中的命题范畴、心灵哲学中的内容范畴进行了密切关联，也使得心理内容范畴有了明确的分析哲学历史渊源，并给当代命题的哲学研究带来了新的启示。

第二，从当代三种不同的命题态度理论主张以及对命题内容的逻辑本质追问来看，命题内容通常被理解为狭义的心理内容。这一方面主要是由于意向性自然化诸多方案（如福多的心理表征方案、德雷斯克的信息语义学方案、米利肯的目的论方案）的需要，力图将心理内容还原为心理表征符号、信息、专有功能等更微观的认知要素。[①]例如，福多曾发展了有关命题态度理论的5个满足条件：它必须符合经验基础；它必须表征命题态度为持有该态度的人和该态度被持有所关于的东西之间的一种关系；它必须解释为什么我们能说和思考的东西似乎是相同的；它必须解释在意向状态的刻画中为什么我们不能自由置换指称相同东西的词项；它必须解释为什么各种言语行为对应于各种命题态度。这些条件表明，福多意义上的命题态度不是指向口头语言中语句的那种态度，而是指向具有心理语言结构的意向表征态度——即属于思维语言的表征。

另一方面也是由于在这一系列的还原论论证过程中，命题作为内容的承担者更有利于对意向性诸多问题的逻辑论证，以便于充分显示其分析传统的逻辑特征和语义特征。正如蒂姆·克瑞恩所指出的："内容这个概念在意义理论（语义学）中使用，也在心灵哲学意向性理论、心理表征理论中使用。……许多意向性理论认为意向内容是命题的，也就是说，它们认为意向状态是有命题内容的。命题内容是可被赋予真值的内容。"[②]

第三，当代尽管有很多有关命题本质的讨论方案，但重要的关键点在于，一个好的命题内容理论一般应该具有如下的特征：①它应与自然科学的见解是可相容的，并且隶属于意向性自然主义研究方案范围之内。②它应明确把握命题内容的规范维度。目前规范本质主义认为，能被以规范术语理解的命题态度状态有两个维度，即态度成分和内容成分。[③]③它应允许命题态度内容的优质区分。④它不应把命题态度的占有与特定语言联系得太紧。例如，它应该允许相同的态度能被没有共同语言的生物所拥有，并且态度能由根本不说任何语言的生物真正占有。⑤它应明确的是，占有这种命题内容的状态能在理性行为的产

---

① 详见宋荣：《思维内容的心灵哲学探究》，北京：中国社会科学出版社，2012年：第161-192页。
② Crane T. *Aspects of Psychologism*. Cambridge, MA: Harvard University Press, 2014: 8.
③ 宋荣：心理内容：探索心灵世界的新维度——当代心理内容研究的最新进展，《江汉论坛》，2012年第4期：第46-50页。

生过程中发挥作用,这使得命题内容与行动哲学相关联。① 这些充分表明,命题内容问题已经成为语言哲学、逻辑哲学、心灵哲学、认知哲学等哲学分支的一个核心交叉研究区域。

随着当代西方心灵哲学的发展,尤其是分析哲学研究传统和现象学研究传统的日趋融合,心理内容的研究也从分析性描述拓展到了现象学描述,进而在命题内容的研究视角之外,形成了独具特色的经验内容研究领域。

---

① 宋荣:论当代西方心理内容研究中的命题角色,《清华西方哲学研究》,2016年第1期:第222-237页。

第五章
经验内容

本章主要论述当代现象学描述中心理内容的主要形态，即经验内容。本章所使用的经验是一种狭义理解上的经验。它是相对于命题态度状态（即思想状态）而言的，其实质上是指主体能逻辑理性化之后所剩下的那些心理状态，也就是不能够概念化、命题化的心理状态。这种经验状态所具有的内容即经验内容。经验内容强调经验状态的现象特征，知觉经验的内容更是当代研究的基础核心部分。本章以知觉经验为基点，展开对非概念内容、给予等经验内容呈现形式的当代论述。

第一节 心灵与知觉经验

一个经验没有相应的经验者是不可能的。不能够存在没有一个经验主体的经验，因为经验必然是主体对某个东西的经验。我们对世界的感知始于知觉经验。通过我们的感觉器官，我们的心灵具有感知这个世界的能力，这种能力是我们的感知觉能力。那么，当我们感知的时候，心灵会呈现什么样的经验状态呢？

|心理内容：探索心灵世界的新维度|

一、两种心灵研究传统的日趋融合

如果我们回顾 19 世纪末心灵的哲学和心理学讨论，我们就会发现对于心理状态的意向结构存在纷繁复杂的讨论。冯特、费希纳、詹姆斯、罗素、胡塞尔等心理学家和哲学家都直接或间接地影响彼此。例如，詹姆斯受欧洲理论学者、实验学者的启发，在 1890 年出版的《心理学原理》中，他引用布伦塔诺及其弟子的研究。胡塞尔也从詹姆斯处学到许多，还与逻辑学家弗雷格通信，都批判当时流行的心理主义（即逻辑规律现实地可还原为心理学规律）。他们都对数学哲学和逻辑感兴趣，也对罗素的理论有兴趣。而转向 20 世纪时，这些思想家和他们特有的哲学方法开始分离。詹姆斯很少涉及心理学并且发展了美国实用主义哲学。而以弗雷格和罗素工作为基础的那种逻辑分析成为分析哲学的基础，而胡塞尔发展了对意识和经验的现象学研究。①

到 20 世纪中期，乃至整个后半期，我们发现就有关心灵的讨论方面而言，在分析的心灵哲学和现象学之间很少有进一步继续的沟通了，甚至已经从完全的不重视发展到彻底的敌对。马里恩（Jean-Luc Marion）表明在 20 世纪期间，现象学本质上已经假定了哲学的作用，明显忽视任何分析哲学的贡献。而在另一边，梅茨格（Thomas Metziger）明确声称现象学是一个"不足信的研究纲领……理智上破产了至少 50 年。"甚至当现象学者与分析哲学家谈论时，我们发现反应如塞尔的论断：现象学遭遇了严重的限制，或正如他所指出的，"我几乎想要说——破产——并且［它］对意向性的逻辑结构或社会结构的实在逻辑结构的主题没有太多贡献。"史密斯（David W. Smith）也观察到："应该明显的是，现象学已经在称为心灵哲学的领域说了许多。而心灵的现象学传统和分析哲学传统已经没有密切地联系在一起了，尽管有兴趣交叉的领域"。②

在心理学进展方面，19 世纪末和 20 世纪初学者们的兴趣在于解释涉及注意和记忆的有意识经验和认知过程。早期的实验心理学家依赖内省方法，旨在产生有关心灵的可测量数据。1913 年左右，研究重心转移到行为观念作为心理学研究对象。作为研究动物和人类心理学的一个方案，行为主义逐渐主导心理学研究（尤其在美国），一直延续到 20 世纪 70 年代。20 世纪 50 年代左右是其顶峰时期，转向行为以及它对可观察行为测量的强调，同时也是从心灵内在生活

---

① Gallagher S, Zahavi D. *The Phenomenological Mind: An Introduction to Philosophy of Mind and Cognitive Science*. London: Routledge, 2008: 1.

② Gallagher S, Zahavi D. *The Phenomenological Mind: An Introduction to Philosophy of Mind and Cognitive Science*. London: Routledge, 2008: 2.

和内省方法的一个转变。随后，行为主义最终由认知方案所替代，重回早期对心理生活内在过程的兴趣，并且随着计算机科学中计算模式的发展以及脑研究中的所有科学进展，最后在20世纪80年代晚期和整个90年代，研究者再次集中关注尝试理解和解释意识。

心灵的分析哲学和现象学的当代主流之间的不同刻画是：当今的大多数分析哲学家接受某种形式的自然主义，而现象学者已经倾向于采用一种非自然主义或甚至反自然主义的方案。通常被认为的是，科学倾向于采用一个自然主义视角，以至于最后认知革命发生时，也就是说，当20世纪50年代和60年代心理学开始处于心灵的计算理论的影响中时，当有关心灵的交叉学科研究已经作为认知科学开始涌现时，似乎更贴近于科学的哲学方案是心灵的分析哲学，而且许多心灵哲学家的工作也体现了其主导模式是一种计算模式。于是，逻辑和逻辑分析在计算模式中发挥一种本质作用。然而，更重要的是，心灵哲学对有关心灵的科学研究贡献了重要的理论基础和概念分析。例如，功能主义的哲学定义在明确计算模式中发挥了重要作用以至于它能应用于人工智能。①

在认知学科中，现象学被定义为具体的哲学方案，它被推到一边，并且被认为是不相关的。很长一段时间，仅有德雷福斯（Hubert Dreyfus）坚持认为它与人工智能和认知科学领域的相关问题有关。但是，这种情形最近已经变化了，更多的学者开始关注这些领域，这主要得益于三个方面的发展：

第一个方面的发展是对现象意识的兴趣剧增。20世纪80年代后期开始心理学家和哲学家开始在认知科学语境下谈论意识。从20世纪90年代广泛讨论有关意识的"难题"开始，由查尔莫斯领导，以及其他人如内格尔、塞尔、丹尼特和弗拉纳根（Owen Flanagan），当方法论问题引发有关科学如何研究经验维度，而无须诉诸旧式的内省主义时，现象学的新讨论就开始了。在一些学术圈，当意识被提出来作为一个科学问题时，现象学作为一种哲学方案被认为是有其重要性的。

第二个方面的发展，对现象学作为一个哲学–科学方案的重新考虑，发生在有关认知具身方案的出现中。在认知科学中，具身认知观念在20世纪90年代体现出强劲势头，并且持续到至今。克拉克（Andy Clark）等人反对笛卡儿式心身二元论，而梅洛–庞蒂强调在认知科学中现象学如何发挥重要作用。

第三个发展是，相关于实验科学的、对认知的现象学方案在神经科学中已

---

① Gallagher S, Zahavi D. *The Phenomenological Mind: An Introduction to Philosophy of Mind and Cognitive Science*. London: Routledge, 2008: 6-10.

经取得惊人进展。在过去几十年，我们已经学习了许多有关大脑如何工作的东西，如脑成像的技术已产生新的实验模式，但是使用相关技术的神经加工的成像产生，已使得许多依赖于报告有关实验主体经验的实验成为可能。为了符合设计实验和解释它们的结果，实验者经常想要知道主体的经验像什么。再者，方法论的问题要求考虑可靠方式来刻画有意识经验，而现象学提供了这样一种方法。

近年来，在心灵哲学的分析哲学家和实验科学的现象学家之间已经体现出正在增长的共同旨趣。由于各种历史和概念的原因，如果分析哲学和现象学已经有一段时间正在忽视彼此的话，那么意识研究使得他们重新相互沟通。大多数心灵哲学或认知科学的导论性教科书开始于讨论描述不同的形而上学主张：二元论、唯物主义、同一理论、功能主义、取消主义等，而现象学把这些放到一边，要我们注意研究这背后的现象。现象学概念之一就是，重新占有这些形而上学问题所失去联系的真正主题：经验。正因如此，心灵哲学和认知科学的一个重要关注应该对各种经验结构提供一个现象学上的敏感说明，这引起学界对心理内容（尤其是经验内容）的高度关注。

当然，对于各种相关问题，现象学者并不否认之，也不肯定之。他们悬置有关这些问题的诸多判断。他们以经验（如知觉经验）开始，再加上这种我们如何经验到世界的意向分析，或者这个世界如何显现给我们，现象学者也能探究有关感知者的现象状态。有时这在心灵哲学文献中被指为经验的质特征或现象特征，或者经验到某物"像什么样子"，并且这种经验的现象特征并不与意向特征相分离。

值得注意的是，在胡塞尔原初的现象学概念上，他认为现象学不分析人类的心理生理构成，也不做意识的实证科学研究，而是对本质上、原则上所刻画的知觉、判断、情感等的一种理解。但我们也应明白，这种现象学描述是与一门知觉科学相关的。近年来，词项"现象学"逐渐被学者（主要是心灵哲学家和认知科学家）使用来指派（designate）"像什么样子"经验的第一人称描述。

二、感受、信息内容与经验内容

对于理解心理状态的内容来说，知觉经验是较根本的。在有关观察概念和初始阐述性思想的描述以及在亲知原则的讨论中，我们将需要诉诸知觉经验。

第五章 经验内容

拥有一个经验就是,在其自身中是一个心理状态并且是引起许多困惑的心理状态。通常认为,感受(sensation)概念对于描述任何经验的本质是必不可少的。这个论断处于与这样观点的对立中:当一个主体被问来以一个特定方式关注于他自己的经验时,感受可以出现,或者可以出现作为知觉的副产品,它们在常规人类经验的主流中不能被找到。

鉴于此,历史上有争议的知觉经验和感受之间的区分是这样的:本身表征该经验者的环境为是某种方式的那些经验,和不具有任何这样的表征内容的那些经验。由坐在桌上的某人所享受的一个视觉知觉经验可以表征各种书写工具和家具作为对该经验者和另一个人具有特定的空间关系,并且表征为它们自身具有各种性质。一些人认为,在常规的、成熟的人类经验中感受不发挥任何作用,或至少常规人类视觉经验中如此,通常引用作为他们的对这些事实的理由是:所有视觉经验具有某种表征内容。如果这是一个事实,那么很显然,没有任何人类视觉经验是一个纯粹感受。但是,并不得出的是,这样的经验并不具有感受属性。相对应于感受和知觉之间的这种历史区分,我们能在经验的感受属性和表征属性之间做出一个区分。表征属性是一个经验依据其表征内容的特征而所具有的属性;而感受属性是一个经验依据某个方面(不同于它的表征内容)——依据拥有这个经验像什么(what it is like to have that experience)——所具有的属性。[1]

经验内容不同于判断内容。例如,皮科克肯定经验具有自己特定的内容。他说:"一经验的内容应该与经验所引起的判断的内容区别开来。"[2] 一个人可以熟悉被画在门上的一个幻境画式的(trompe-l'oeil)小提琴:不过,他的经验可以继续表征一个小提琴为悬挂在他面前的门上。这种独立可能性是经验内容的标志之一。判断内容和经验内容的这种独立性并不意味着判断不能因果地影响经验内容。在一些情况中它们确实如此。你可以走进你的客厅并且似乎听到外面下雨了。接着,你注意到,某人已经留下这个立体声系统开着,并且意识到你所听到的声音是一场音乐会末尾的掌声。[3] 在意识到这之后恰巧许多人,这个声音作为掌声逐渐被听到:经验内容是受判断内容影响的。由于判断内容实质就是前面所讲到的命题内容形式,通常通过命题的形式,由 that- 从句所表达。

---

[1] Noë A, Thompson E T. *Vision and Mind: Selected Readings in the Philosophy of Perception*. Cambridge, MA: The MIT Press, 2002: 268.

[2] Peacocke C. *Sense and Content*. Oxford: Clarendon Press, 1983: 5-6.

[3] Peacocke C. *Sense and Content*. Oxford: Clarendon Press, 1983: 269.

经验内容包含信息内容。对于信息概念的理解来说，最具影响的信息理论可归功于香农，但它可以很容易导致某种混淆。例如，查尔莫斯使用信息观念，被理解为帖用贝塔森的路线，作为"产生一个不同的差别"，但是他称这个观念为"香农的信息观念"，这不是很精确；香农的信息理论是有问题的，但这并不意指贝塔森的格言是不正确的；完整的段落定义信息的"比特"（bit），并且这个观念可以被以两种方式被理解：第一，以香农的方式，它并不是贝塔森所想的，正如它要求具体化接收者的可能性或不确定性一样；以第二种方式，它可以被理解为一个等值于马凯的注册系统的一个结构观念。马凯强调"本质的是……区分信息的质上概念和信息数量的各种量上测量。"他继续区分三种不同测量：①香农的，他称之为"选择的–信息–内容"；②"机构的–信息–内容"或"注册系统–内容"；③"矩阵的–信息–内容"。[①]

在术语"信息"的许多当前使用当中，总是与表征内容的当前观念相关联。信息内容是人的内部状态、身体部位、外界事物都可能携带的内容。例如，地上留下的脚印有这样的信息内容：在过去的某一时刻，此地曾有人经过。存在一个感觉（sense），在其中，一个脚印包含这样的信息，即具有如此大小、形状的一只脚的一个人是在之前的这个脚印的位置；并且在其中，一个化石可以包含这样的信息，即存在某个有机体过去在它的位置。这是"信息内容"的一个清晰且重要的使用，似乎被解释的是：x 在 t 时是 F 具有这样的信息内容，即存在某个东西，处于对 x 的 R 关系中，在某个较早时刻 t' 并且它是 G，当且仅当在常规环境中，在某个特定时刻一个对象是 F，是因果地、不同地被解释的，通过存在在某个较早时刻，处于对之的 R 关系中的一个对象并且它是 G。由此一个经验在这种意义上当然具有信息内容。

一般认为，所谓经验内容实即现象学经验状态的现象特征或现象内容。虽然心理内容领域的当代争论很多，但并没有实质性的明显进步。其原因主要是，对内容的呈现形式缺乏足够的重视和研究，其次是研究的视角比较单一，尤其是缺乏与现象学的沟通。尽管如此，但有一点可以肯定的是：经验具有内容。虽然学界在内容类型上出现了混乱使用，使得对于经验具有什么样的内容这样的问题出现了不同的答案，但主流观点坚持经验具有非概念内容（详后）。

需要指出的是，本章所使用的、摩尔意义上的经验是一种狭义理解上的经验。它是相对于命题态度状态（即思想状态）而言的，其实质上是指主体能逻

---

① MacKay D. *Information, Mechanism and Meaning*. Cambridge, MA: The MIT Press, 1969: 80-81.

辑理性化之后所剩下的那些心理状态，也就是不能够概念化、命题化的心理状态。这种经验状态所具有的内容即经验内容。在摩尔（G.E.Moore）看来，感觉经验包括意象、梦中的感觉经验、幻觉与错觉、后像、合适的感受五类。[1] 尽管当代对经验内容的争论中有极少数学者坚持经验具有概念内容，但绝大多数学者已经主张经验具有非概念内容，从而能更有效地区分于思想状态中的命题内容。[2] 具体表示如表5-1所示：

表 5-1 分类

心理状态类型	内容类型	主要表现形式
命题态度状态（思想状态）	命题内容	命题
经验状态（非思想状态）	经验内容	非概念内容、给予

三、知觉经验的传统三原则

哲学家关注许多激起经验探究的问题，这些问题是有关我们的感知能力如何关联于我们的大脑、身体和环境等的。知觉的哲学理论也明显采用更多的哲学考虑，其特别重要的两个考虑如下：①现象学考虑：知觉经验是典型地（paradigmatically）有意识的经验。以内格尔有影响的术语，它们具有一种现象学或存在感知其所像的某个东西（something it is like to perceive）。并且如果存在感知其所像的某个东西，那么我们能问感知其像什么：具体地说，看到一头粉色的大象、被挠痒或闻到咖啡的味道，这些像什么。然而，像内格尔、杰克逊这样的哲学家已经论证道，有一个重要方面，在其中知觉的科学理论并不真正地强调有关知觉意识的问题。对于知觉哲学家的一个关键角色将会是，以一种给予重视其地位作为一个有意识经验的方式来理论化知觉。②认识论考虑：知觉经验的另一个关键特征是，知觉是我们有关我们生活其中的这个世界的知识的那个初始来源。对知觉理论的更进一步的考虑将会是，它多大程度上能弄清知觉作为经验知识的一个来源的角色。[3]

这显示了知觉的哲学理论具有两个不同身份：现象学的和认识论的。其现象学身份聚焦于视觉经验的有意识的方方面面；其认识论身份聚焦于知觉提供

---

[1] Moore G E. The refutation of idealism. *Mind*, 1903, 12（48）: 433-453.
[2] 在此，非常感谢美国哲学家 Michael Tye 教授在一次学术会议后与笔者的长谈。从那次谈话中，笔者获益颇多，尤其是对 thought 和 experience 的英文语境理解。
[3] Fish W. *Philosophy of Perception: A Contemporary Introduction*. London: Routledge, 2010: 2.

给我们关于外部世界的信息的角色。正因为这样的身份不同,知觉的哲学理论能得以彼此区分,其关键在于三个重要的原则。

第一个原则是共同因素原则,它陈述了不可区分的诚实知觉、幻觉和错觉具有一个共同的根本的心理状态。这个原则开始于这样的观察:不同的经验能或多或少地是正确的或成功的。传统的区分三种情况:①完全成功的知觉情况——被称之为知觉或有时称之为诚实知觉。当它接近一个相关的动词时,如果我们找到一个主体"看到"或"感知",应该被理解的是,我们正在处理一个成功的知觉情况。②相比较而言,错觉指称这样的情况:在其中一个对象被看到但是是被不正确地看到或不是如其所是。例如,错觉包括这样的情况,在其中一个圆对象被看到是椭圆的,一个蓝色对象被看到是绿色的,或一个高的对象被看到是矮的。很显然,当被要求时,我们将不得不谈论处在一个错觉下或遭受一个错觉的主体。③幻觉指称这样的情况:在其中,似乎这个主题仿佛某个东西被看到,但事实上在那里没有任何东西被看到。经典的例子包括麦克白(Macbeth)对一把匕首的幻觉以及哈姆莱特对他父亲的幻觉。我们还有一个可接受的动词形式:幻想(hallucinate)。如果我们需要一个术语来指称一个经验,不论它被归于这三个范畴中的哪一个,在你找到这个术语的地方,它应该被理解为一个种类词项,包括知觉、错觉和幻觉。现在,知觉的任何哲学理论的核心就是,说明当我们感知时发生的那个心理状态或事件的本质。①

共同因素原则认为,在这样的不可区分的知觉、错觉和幻觉情况中,所出现的那个心理状态或事件是相同的,不论这种视觉经验归入这三个范畴中的哪一个。我们能阐述共同因素原则如下:现象学上不可区分的知觉、幻觉和错觉具有一个共同的、根本的心理状态。

为什么我们认为这个原则是直观上貌似合理的呢?第一个重要的考虑是,这样的事实,即假定主体完全不能区分他们所拥有的那个经验,当他们感知时、当他们幻想时和当他们遭受一个错觉时。如果我们认为我们的内省能力必须能发现两个心理状态或事件之间的一个不同,那么我们不能发现知觉、错觉以及幻觉之间的一个不同会显示,它们之间没有任何不同。第二个理由关联于心理学和神经科学的证据考虑。从研究大量现象中我们知道,我们拥有诚实经验的能力依赖于发生在我们大脑中的正确的各种活动。我们也知道,如果这种大脑活动以某些可预期的方式所改变,主体能被作为是具有错觉经验的。我们也很有信心的是,大脑活动单独能对一个主体拥有一个幻觉是充分的。这些考虑显

---

① Fish W. *Philosophy of Perception*: *A Contemporary Introduction*. London: Routledge, 2010: 4.

示，这个经验的本质是由这种根本的大脑活动所决定的。鉴于此，貌似合理的是假定，如果这种相同类型的大脑活动以一种非标准的情形出现，这个主体会经历这相同种类的一个经验。第三，也有一个对日常谈论视觉经验的诉求。考虑一种情况，在其中我们并不知道是否我们正看到一头粉色的大象或幻想一头这样的大象，在这样的情况中，我们可能自然地认为，我们正拥有似乎看到一头粉色大象的那个经验，在那里这被理解为能出现在诚实知觉和幻觉中的某个东西。

第二个原则是现象原则。它陈述了：如果我有意识地觉知到一个属性，那么这个属性的承担者对于我来说必须实存且是有意识地觉知的。这常常在一个知名的段落中被解释，即普赖斯写道："当我看到一个番茄，存在许多我能质疑的东西。我能质疑是否它是我正看到的一个番茄或是一个精心涂色的蜡块。我能质疑是否由任何物质的东西在那里。或许……"① 而罗宾森更清晰地阐述这个现象原则如下："如果可感上显现（sensibly appears）给一个主体是其占有一个特定可感性质的某个东西，那么就存在某个东西，这个主体觉知到它并且它占有那个性质。"② 可感上显现被用来表明，我们正处理有意识的觉知：可以说，可感上显现给我的某个粉色的东西就是说粉色性在现象上呈现给我。这个现象原则陈述，在这样一个情况中，必须确实存在我所觉知的、粉色的某个东西。重要的是注意，现象原则具有一个条件句的形式，一个如果—那么陈述，具有一个现象学前件和一个形而上学后件。它告诉我们的是，为了对于我们来说，某个东西是现象学上的某个方式，那么某些东西必须实存。目前学界认可现象原则的主要动机，来源于有关对于我们拥有有意识经验像什么的、我们自己的内省知识方面。

第三个原则是表征原则。此原则陈述如下：所有视觉经验是意向的或表征的。当理论学者论断一个视觉经验是意向的，他们正尝试我们注意这样经验的一个特有特征：它是关于世界中的某个东西的——不同于它自身或"超出它自身"的某个东西。这引起了这样的一个问题：视觉经验如何来拥有这个吸引人的属性。对于视觉经验如何具有"关于"某个东西这个属性，一个共同的当代理解是，把它们看作表征这个世界是某个方式。这个原则因表征观念本身的不同解读而更加复杂，并且还引发了当代有关表征本质的探讨。

---

① Price H. *Perception*. London：Methuen，1932：3.
② Robinson H. *Perception*. London：Routledge，1994：32.

第二节　知觉与命题态度

在当代，有些哲学家把知觉看作像信念一样，认为它能为真或为假。诚然，知觉经验具有意向性，但是它具有命题内容吗？

一、当代知觉的主要研究方案

亚里士多德的《论灵魂》和《论感觉和可感物》是有关知觉的最具影响力的哲学力作。其核心的亚里士多德式观念是，感觉是知觉力（perceptual powers），并且这些知觉力是由作为知觉对象的东西所因果地激发的。通过分析各种可能性及其相互作用，有关知觉以及其他心理东西的亚里士多德方案已经在哲学史中非常流行，并且即使亚里士多德理论的物理方面已经过时了，但许多对古典思想感兴趣的哲学家仍继续坚持他的理论是一种有价值的概念模型。[1]

感知觉是哲学中的经典主题之一。尽管或许不在最激动人心的主题当中，但传统地被认为是许多问题（如心身关系、意识、知识和怀疑论）的一个必要前提。这种前提式的作用不是知觉中存在哲学兴趣的唯一理由，它也是引起一系列重要问题的一种现象，如关于什么被感知、一个知觉经验如何被引起、知觉内容是什么、是否这个内容是知觉的、知觉如何被关联于认识态度等等这些问题。哲学心理学是主流领域，在其中知觉被融入在当代哲学中，它也在知识理论、认知科学、哲学美学、形而上学中被讨论。

近些年来，有关知觉的各种哲学理论的丰富传统已经被心灵哲学史学者不断地研究。当然，在心理学、生理学和当代神经科学中也存在许多知觉的科学研究。经常可被辩护的是，知觉（尤其是视觉）理论是心理学和神经科学的领域，这个领域已经在近些年取得了最伟大的进步。尽管有这些进步，或者因为这种进步，有关知觉的哲学问题仍保持着对哲学和科学的一种巨大紧迫性。

知觉哲学是有关心灵的形而上学的一个微观世界（microcosm）。它的核心问题——什么是知觉？什么是知觉意识的本质？一个人如何能够把对知觉经验的描述归并入有关心灵本质和世界的一个更宽泛的描述中？——依然是形而上学的核心问题之一。然而，超越这些一般评论之上，很难精确陈述知觉哲学包含什么。大量有关知觉的哲学问题以及知觉哲学中的许多困难分支是存在的。

---

[1] Knuuttila S, Kärkkäinen P. *Theories of Perception in Medieval and Early Modern Philosophy*. Dordrecht: Springer, 2008: vii.

鉴于此，我们并未尝试在此囊括所有的有关知觉的哲学著作。我们的目标聚焦于有关知觉本质的一种哲学的和科学的传统。一些人辩护正统的观点，而大多数人批判它，另一些人则提出了可行的替代方案。

正统观点认为，知觉是一个过程，通过大脑，或大脑的一个功能上被显示的子系统，以及基于感觉接收器所编码的信息，来建立有关这个环境的相关特征的表征。有关知觉的这个正统或"确立观"（establishment view）（福多、皮利辛的观点）已经影响了最近50多年之久。正统观点的大多数拥护者也相信，对于主体的每一有意识的知觉状态来说，一特定集合的神经元实存，并且对于这样的状态的出现来说，它们的活动是充分的，就如同一种科学规律一样。戴维德·特勒（Davida Teller）称这样的神经元为视知觉的"桥梁所在地"；其他人（如查尔莫斯）则称它们为视知觉的"意识的神经关联"（NCC）。根据这种观点，假定没有任何桥梁所在地或意识的神经关联，这就会放弃拯救对知觉经验之科学解释的所有希望。①

那么，我们如何设法享受这样的丰富细节的、有关这个环境的视觉经验呢？面对这个疑难，大卫·马尔总结说："视觉是从意象中发现的过程，是在世界中什么以及在哪里被呈现的过程（Vision is the process of discovering from images what is present in the world, and where it is）。"因为视网膜上的模型对于决定周围环境的布局本身并不是充分的。正如理查德·格雷戈里（Richard Gregory）提出的，知觉是有关最接近刺激的末端原因的假说。在著名的霍尔姆霍茨段落中，知觉被认为是无意识的推理（unconscious inference）。

这种正统观点，以它的现代计算形式，把知觉当作一个"亚人"过程，这个过程由例示在这个人或动物的大脑中的功能子系统或模块所执行。鉴于此，经常被坚持认为的是，许多知觉——尤其是"早期视觉"，在其中表面布局的一个模型被假定是被产生的——是"认知上难以渗透的"，这就是说，这样的知觉是不会受到认知或思想的直接影响的。换句话说，感知者的信念和期待被认为对构成知觉的亚人计算的特征不具有任何影响。这样，在正统方案上，知觉是思想独立的（thought-independent）。

尽管上述正统观点已经在知觉心理学、视觉神经科学以及人工视觉和机器人当中占据主导地位，但是重要的替代研究方案或非正统观点（heterodox views）已经存在许多年了，其影响在主流的认知科学和哲学中已经不断增强

---

① Noë A, Thompson E T. *Vision and Mind: Selected Readings in the Philosophy of Perception*. Cambridge, MA: The MIT Press, 2002: 3.

了。这些方案尽管有所不同,但是它们的共同点在于,它们对正统观点的某些基本批判上的趋同,以及它们对知觉和行动的不可分离性的坚持。这些方案主要有:

(1)生态学方案。知觉心理学家吉布森(James J. Gibson)所从事的有关视觉的理论研究和经验(empirical)研究标志着与正统观点的一个重要分离。吉布森论证道,知觉不是一个发生在感知者大脑中的一个显现(occurrence),而是这整个动物的一个行动、知觉上被指导的、有关该环境探索的那个行动。一个人错误地描述视觉,如果他把这个视觉当作一个亚人过程,通过大脑构建一个有关该环境的内在模型,这个模型是基于被用尽的感觉意象(sensory images)。这样一个视觉构念被定位在错误的层次上,即有关视觉的内在能行条件层次而不是视觉本身作为这整个动物的一个获得的层次上。换句话来说,视觉的功能是使得这个感知者与环境相关联并且指导行动,而不是产生内在经验和表征。

根据这种动物层次的说明,在视觉中直接对感知者有用的信息不是被建立在视网膜表面的照射(irradiation)模型中,而是在该动物本身探索的那个世界或环境。换句话说,吉布森否认这个正统观点的假定(以及一般有关表征理论的假定),即一个人并不直接接触他所看到的东西。对于吉布森来说,知觉是直接的:它不是由感受或意象所作为中介的,并且这些感受或意象用作重构有关我们看到的那些东西的一个表征的基础。一个人可能说,知觉是直接审查(inspection),而不是再次呈现(re-presentation)。①

这个生态学方案的核心假说是,感知者对环境直接相关联。在这里,有两个关键点是重要的:第一,知觉是积极的(active):这个动物转动它的眼睛、头部以及身体来扫描(scan)那种视觉上进而刺激上通过该环境而转动的那个布局。这样,视觉知觉出现不是作为对应于静止的视网膜意象的一系列瞬象(snapshot),而是作为一个动态的视觉流(visual flow)。第二,在这种视觉流的结构和该环境的可视属性之间存在合规律的相互关联。因为感知者是隐含地熟悉这些合规律的相互关联的,它们不能从该环境中"挑选出"内容。

这种生态学方案仍保持高度的争议性。或许最著名的批判来自于福多和皮利辛。他们辩护上述那种正统的确立观,并且他们坚持认为,吉布森无法与这种观点完全分离。他们表明,一个人在知觉中与这个世界的唯一重要关联是透

---

① Noë A, Thompson E T. *Vision and Mind: Selected Readings in the Philosophy of Perception*. Cambridge, MA: The MIT Press, 2002: 4.

过这个人的感觉接收器刺激，经由能量模式。因此，知觉必须是间接的：它必须是基于外围感觉关联的一个表征过程。根据这种科学视角的思考方式，知觉仍保持计算表征的一个亚人过程，并且不是被当作一个动物–层次的获得。另一方面，约翰·麦克道尔刨根问底式追问的是，有关这种确立的、概念的和认识论的一致性决定在关于知觉经验的内容和知识的哲学问题的语境中；他论证道，知觉的本质会继续被误解，只要知觉被当作一个内在的、亚人的过程。

（2）驱动方案。对知觉的另一个替代方案已经出现在神经科学家瓦尔拉等人的研究工作中。他们论证道，一个错误是，把这个神经系统当作编码有关外部世界的一个内在表征的一个输入–输出系统。不同于表征一个独立的、外在的世界，这个神经系统产生或带来该动物的知觉运动（perceptuo-motor）区域，基于它自己的自我被组织的活动。基于此，瓦尔拉提出了知觉的驱动方案，作为认知科学中的一个综合驱动或具身观点的一个成分。根据这个观点，以头脑里面的一个世界模型的形式，不同于内在地被表征的，有意义的知觉事项（meaningful perceptual items），被驱动或被产生作为这个有机体及其环境的结构配对的一个结果。驱动方案的一个较好的例子是瓦尔拉等人所提供的颜色视觉说明。他们拒斥正统观点，并且基于颜色视觉的交叉–种类比较，他们论证道：不同的动物具有不同的现象颜色空间，并且颜色视觉并不具有探测任何单一类型的环境属性的功能。他们使用这些论证来激发一种对颜色的驱动说明，颜色属性是由使得动物与它们的环境相匹配的知觉运动（perceptuomotor）所驱动的。[①]

（3）赋予生命的视觉（animate vision）方案。赋予生命的视觉研究方案已经出现在计算视觉、人工智能和机器人的界面上了，替代从它们的身体语境中抽离出知觉过程。赋予生命的视觉提出了博拉德称之为解释的一种突出的具身层次，其中这种解释具体化感觉运动具身事实如何影响知觉。例如，这个正统观点开始于静止的视网膜意象的抽离并且要求（ask）这个视觉系统如何设法产生一个有关客观世界的模型；在如此做的过程中，它分解视觉过程为在与运动过程不相互关联意义上是消极的模块。然而，赋予生命的视觉以急跳的眼睛运动和注视确定的感觉运动周期开始，并且要求（ask）这个感知者如何能确定运动中的点；在这样做的过程中，它分解视觉过程为指导行动和探究的视觉运动模块。这样，一种具身的、基于行动的分析减少了对视觉中的某些种类的表征的

[①] Noë A，Thompson E T. *Vision and Mind: Selected Readings in the Philosophy of Perception*. Cambridge, MA: The MIT Press，2002：3-4.

需要，尤其是对一个在线的、运动对运动的、详细的世界—模型。[1]

（4）感觉运动偶然性理论。这个理论由欧里根和诺伊（J. Kevin O'Regan and Alva Noë）所提出，他们认为，把视觉当作发生在大脑中的一个过程，这是一个错误。尽管大脑对视觉是必要的，但神经过程本身并不对产生看到（seeing）是充分的。相反，看到是一个解释性的活动，由该动物对感觉运动偶然性的把握所调解的。那就是说，看到是一种有关环境探究的基于技巧的活动。视觉经验不是发生在一个个体中（in）的某个东西。它是他或她做的某个东西。这种感觉运动构念形成诺伊和欧里根对这个众所周知观点挑战的基础。

如果从非正统观点中出现了一个共同的主题，那么就是：正是知觉，必须在行动和具身语境中被理解。这种行动和具身的重要性已经被那些源于胡塞尔的现象学传统的哲学家和心理学家所强调；鉴于此，在这种传统的关注和分析与目前认知科学中、源于行动的知觉方案之间存在重要的汇聚点。在胡塞尔的知觉经验现象学分析中，他描绘知觉和动觉（kinaesthesis）的错综复杂的功能的相互依赖，并且这些分析被梅洛－庞蒂在他的1945年的《知觉现象学》中发展。值得注意的是，神经心理学家米尔勒等人提供了来自关注知觉行动关联重要性的当前神经科学。他们论证道，两个视觉系统实存，其中一个专注于有关行动的视觉指导。他们举出了病例研究，在其中感知者做出的报告显示错误知觉，即使他们的运动反应似乎是被基于有关环境的、精确的视觉评估。而巴赫利特（Paul Bach-y-Rita）讨论他在触觉－视觉置换系统上的研究。这种研究表明，通过触觉感受"看到"是可能的，如果这些感受在一个感觉运动框架里面是适当地被嵌入的。以一种不同的方式，埃文斯则强调知觉的身体运动的有技巧能力的重要性，在他的有关经典的"Molyneux Question"的哲学分析中（这个问题由William Molyneux向洛克提出），是否一个出生就瞎的人，通过接触他能区别一个球形和一个立方体。埃文斯论证道，通过这个感知者，对一组知觉运动技能的这种把握是该感知者经验到空间的能力的一个条件。[2]

尽管有关知觉的这些观点或方案所涉及问题很艰深，但是许多研究工作仍在继续进行。其中知觉经验的思想独立性是近期知觉哲学的另一个重要主题。德雷斯克（Fred Dretske）等人已经对此进行了辩护和阐述。然而，它被安斯康姆、斯特劳森、皮科克、塞拉斯等人所拒斥。他们的核心观念（对现象学传统

---

[1] Noë A, Thompson E T. *Vision and Mind: Selected Readings in the Philosophy of Perception*. Cambridge, MA: The MIT Press, 2002: 5-6.

[2] Noë A, Thompson E T. *Vision and Mind: Selected Readings in the Philosophy of Perception*. Cambridge, MA: The MIT Press, 2002: 7-12.

也是核心）是，知觉经验具有意向内容——那就是说，它主张表征这个世界为是这个方式或那个方式。以这种方式，对于具有知觉内容的经验来说，感知者必须对该经验表征这个世界是其所是拥有某种把握。知觉经验的这种意向的、世界指称的特征具有一个更重要的后果。他们的一个共同论断是，基于知觉经验而被做出的知觉判断超出在这个经验本身中所被给予的东西。经验的一个严格精确的描述必须避免对有关心灵独立的世界材质的所有提及，并且限制它自身的出现到原感觉材料。然而，这种论证闪烁其词，因为正如斯特劳森所坚持的，它错误地描述了我们知觉经验的特征，因为精确地描述这种经验是不可能的。

二、知觉是命题态度吗[①]

在很长时间里，被哲学家们注意到的是：我们以许多不同的方式谈论有关知觉经验内容。有时，我们运用具有语句补语的知觉动词来刻画我们的经验，就如同当我们说某人看到或听到这辆巴士已经到了一样。在其他情况中，我们使用及物的知觉动词，它的直接宾语是由名词短语所给予的，如当我们说某人看到或听到这辆巴士，或看到或听到这辆巴士的到来一样；有时被感知的东西由所谓的"小从句"所给予，如当我们说某人看到或听到这辆巴士到达时一样。通过这些名词短语和小从句被指称的那种东西是被变化了的：复杂时间、人、声音和味道都在其中。从谈论经验的角度来看，它们之间仍存在其他明显的不同。那么，存在一种谈论有关知觉，或知觉经验的方式吗？观点各不相同。

对此，近年来有一种流行观点就是：知觉经验是一个命题态度。根据伯恩（Alex Byrne），广泛被接受的是："感知（perceiving）是非常像一个传统的命题态度的，就像相信或打算一样……当一个人具有一个知觉经验时，他承担了对某个命题p的那种知觉关系。"[②]对于采用这个观点的人来说，他们会很自然地坚持认为，知觉刻画的这种标准或根本形式应该是在其中，知觉动词具有语句补语。因为经验是对一个命题的一个关系，刻画一个经验给某人的最佳方式就是说，他们知觉地经验到that……，其中"……"由表达这个命题的一个语句填充。

[①] 此处部分文献来自笔者的剑桥大学课堂笔记和 Tim Crane 的研讨会笔记。
[②] Byrne A. Perception and conceptual content//Steup M，Sosa E. *Contemporary Debates in Epistemology*. Oxford：Blackwell，2005：231-232.

一些哲学家也相信，如果经验的内容是命题的，那么经验的内容就是能是一个信念或判断的内容的那种东西，因为这些也是命题的。这个论断已经被约翰·麦克道尔所辩护。在《心灵与世界》中，他论证道，"在一个特定的经验中，一个人不被误导，他所采用的东西就是：东西是如此这般的，这是这个经验的内容，并且它也是一个判断的内容。"①麦克道尔的观念是这样一个论断的具体版本：经验具有命题内容。他认为，经验仅仅能够具有这个结构，如果经验的内容是概念的。相信经验具有非概念内容的一些人不赞同这样论断：经验能具有无须是概念的那种内容的一个命题内容。当代的主流观点认为，伯恩和麦克道尔都是错的：经验的内容不是命题的，因而它不能是那种能作为一个信念或判断的内容的那种东西。知觉经验、知觉本身都不是一个命题态度。

笔者认为，知觉不是命题态度。通常对命题内容或命题的理解是，把命题当作真值承担者、陈述语句的意义、真值函项逻辑关系的关系者项，等等。并且我们对命题内容的把握或理解是放在思想（thought）范围里面的，而知觉是属于独立于思想的经验（experience）范围中的。即使我们想要在知觉经验内容中寻找与命题的关系或角色，我们可以指出：这种经验内容是非命题的，它不具有命题内容，它具有与思想内容或命题内容完全不同的描述方式。

1）从图画表征角度的论证

知觉经验能够是不同种类的经验。它们能够是视觉的、听觉的、触觉的等，并且它们有对象。知觉经验的对象就是被看到的东西、被听到的东西、被触及的东西等。经验的内容观念是在经验中什么东西被表征的方式的观念。在说经验具有内容过程中，一个人所引发的基本承诺就是这样的承诺：经验表征世界。因为那些拒斥经验表征世界这个观念的那些人也倾向拒斥这样的观念：经验具有内容。因为当代学者已经能够明确地区分内容和对象。

有关知觉的命题态度论题不是这样的论题：知觉经验是信念，这是由阿姆斯特朗辩护的一个观点②。有许多众所周知的理由反对把经验看成是信念（这种等同最多应该是和信念的亲知一致）。例如，系统错觉显示经验能以我们知道的一种方式来表征世界，但这不是貌似合理地表征为一个矛盾信念的情况。但是，命题态度论题并不认为知觉是信念，它仅仅认为，它们具有相同种类的内容作为信念。正如麦克道尔所说，一个经验的内容是"一个人也能够……判断的那

---

① McDowell J. *Mind and World*. Cambridge, MA: Harvard University Press, 1994: 26.
② Armstrong D M. *A Materialist Theory of the Mind*. London: Routledge, 1968.

种东西"①。一个人所能够判断的东西就是一个命题,为真或为假的某个东西。由于命题是为真和假的东西,这样命题态度论题就认为经验的内容能够为真或假。

但是这个论断并不由这样的事实来得出:经验能是精确的或不精确的。精确性不是真。以一个人看到一幅图画为例。我们知道,一幅图画能或多或少是精确的,但这幅图画不是为真或为假。因此,从下面的论断中没有任何直接的演绎推理:经验能是精确的和不精确的,从而得出结论:它们能为真或为假,它们具有命题内容。

图画不为真或假,因此它们不能处于逻辑关系之中②。图画不隐含另一个图画,它们不能被否定或被分离。或许会被回答说,尽管图画和经验不处于逻辑关系之中,但它们的内容可能处于逻辑关系之中。正如我们应该区分一个语句和它的内容一样,我们应该区分一个图画和它的内容。如此这样的一个语句就是能被非语义地刻画的一个东西。当一个语句被语义地刻画时,我们说它表达一个命题。毕竟在标准观点上,正是命题处于逻辑关系当中,因为处于逻辑关系中的东西必须是真值承担者。

那么,我们能以类似的方式区分一幅图画及其内容。图画本身能被非语义地刻画。当语义地被刻画时,我们能说一个图画表征某物。这个内容能被肯定和否定,它能隐含其他内容。因此,尽管图画本身并不处于逻辑关系之中,但没有任何东西阻止它们的内容处于逻辑关系之中。当然,我们应该承认一个图画和它的内容之间的区别,我们也应该承认逻辑关系在语句的内容之间持有。这是由这样的事实所阐述的:正如图画本身并不断言任何东西一样,因此语句本身也并不断言任何东西。

但是,图画和语句之间的类比依然无法达到一个关键点。这能由考虑断定所引发出来。正如上面所述,一个语句本身并不断言任何东西。一个命题也不断言任何东西。断言(assertion)是言语行为。言说者使用语句来断言东西:他们所断言的东西就是某个语句所表达的那个命题。那如何说明图画呢?图画本身并不断言某物,但是某人能通过使用一个图画来断言某物吗?某人能断言那个图画所表达的那个命题吗?

似乎是,某人能够通过使用一幅图画来断言某物——但是仅仅通过言说某物。如果我拿着一张著名的拿破仑加冕的图画,我想要断言它表示什么东西,那么我不得不说"拿破仑加冕他自己"或类似的那种东西。我不能仅仅使用这

---

① McDowell J. *Mind and World*. Cambridge, MA: Harvard University Press, 1994: 36.
② Westerhoff J. Logical relations between pictures. *Journal of Philosophy*, 2005, 102: 603-623.

幅图画本身来断言这点。同样，我仅仅能否认通过使用一些语词来否认这幅图画表示了什么。我能够拿起这幅画说"这不是它如何所表述的：拿破仑并未加冕自己"。没有任何仅仅单独使用一幅图画来否认它表示什么东西的方式。同样应用在否定和析取的逻辑操作中。你能仅仅否定或分离一幅图画的内容，通过使用某个非图画的符号。

这样，即使我们必须区分这幅图画及其内容，区分一个语句及其内容，这并不隐含图画和语句都具有命题内容。因为为了获得一个人能断言的某物，或一个人能应用逻辑操作的某物，你需要使用非图画符号。没有这些非图画符号，很难弄清这幅图画的内容是能被断言、否认、否定或分离的某物。但是命题态度理论能从不同方向被辩护。尽管它可以被承认的是：那幅图画的内容仅仅通过使用图画不能被断言，但是就不能够有一个具有相同内容的语句来作为这幅图画的内容吗？总之，下面的原则（P）不可以为真吗？

    P   对于任何图画 P，有一个给予 P 的内容的语句。

这个原则似乎不可否认。因为，如果通过这幅图画的内容我所意指的东西——这幅图画的对象如何被表征了——那么这个原则就纯粹是对这样观念的一个承诺：总是能够有一个语句来刻画一幅图画表征什么和这幅图画如何表征之。

可能被认为的是，一些图画太复杂而在语言中不被描述。但是对此的论证在哪呢？P 原则并未说：这个语句是不足的，或这个语句必须被限制到任何一种语言，或我们不能对内容的各个方面组织语词，当这个语句在一个自然语言中缺少相应的语词时。事实上，容易显示的是 P 为真，如果我们允许包含指示词的语句能给予有关图画的描述，并且帮助表达它们的内容。形式"拿破仑做过这并且这……"的一个语句能表达前面所说的那副拿破仑图画的内容。包含指示词的语句明显能够表达命题；它用什么东西来理解这样一个语句的一个说话方式是另一个问题，在这个问题上 P 原则保持沉默。

原则 P 认为，总是有一个刻画一幅图画的内容的语句。但是刻画这个内容和成为这个内容不是一回事。我们认为，一个表征的内容是它的对象如何被表征的。这种意义上的内容能以许多方式来被刻画；这个内容的刻画与这个内容本身不是一回事。例如，一幅图画的内容能够通过断言"这是这幅图画的内容"或"这是这幅图画表征的东西"来被给予的。因此，图画具有命题内容，这个论题不能与由原则 P 所表达的这个论题是相同的。为了说对于每一个图画来说，有一个表达一个命题的语句，并且这个语句给予这幅图画的内容与说这幅图画具有命题内容不是一回事。

知觉经验的内容更像一幅图画的内容。这并不是蕴涵拥有一个视觉经验就像是看着一幅图画。这不是思考经验的正确方式。但是图画和经验之间的比较依然是恰当的,因为例如一个画家在画一幅真实的图画时,他真正做的事情之一就是描绘东西如何看。关键不是:视觉本质上是图画的;而是:绘画本质上是视觉的。

当然,我们需要区分一幅图画的内容和这个知觉经验内容的一个刻画。这种区分能应用于意向状态。对于意向状态来说有一个原则 I 平行于对于图画的 P 原则:

I　　对于任何意向状态 I 来说,有一个给予 I 的内容的语句。

但是,正如 P 原则并未蕴涵图画具有命题内容一样,I 原则并未蕴涵意向状态具有命题内容。

对于知觉经验,相关的原则是 E:

E　　对于任何一个知觉内容 E 来说,有一个给予 E 的内容的语句。

像 P 一样,原则 E 是一个无懈可击的原则。像 P 一样,原则 E 并未做出任何有关正是什么来理解给予一个经验的内容的那个语句的论断。E 不能是由知觉经验是一个命题态度这样的论题所意指的全部。尽管 E 所说的全部就是任何经验的内容能由一个语句来给予或刻画,但这并不蕴涵这个内容就是命题的。

2)从非概念内容角度的论证

事实上,经验的内容是否是命题的,这个问题不同于这样的问题:经验内容是否是概念的,在正确理解概念内容、非概念内容上,尽管我们容易将这两个问题联系在一起。理查德·赫克(Richard Heck)认为,理解经验具有非概念内容有两种方式。一种是有关内容本身的结构和组合的观点。在这个观点上,概念内容是由概念组成的内容,在其中概念是在含义层次上(而不是指称层次上)被个体化的实体。因而非概念内容就是不由概念构成的内容。我们遵循赫克,称理解非概念内容观念的这个方式为"内容观"。

另一种观点上,非概念内容论题根本上是有关心理状态类型的一个论题。这个观点认为,一个概念状态是在其中要求对某些概念(即规范地描述这个状态内容的那种概念)的占有的那种状态。一个心灵状态的一个规范描述就是这样的一种描述:以把握处于这个状态的某人的观点的方式来描述内容。因此,一个状态是概念的,当这个主体 S 不得不占有这样的概念:这些概念是被要求的,为了从 S 自己的观点中描述它。一个非概念状态就是这样的一个状态:在其中并不要求对这样概念的占有。这种非概念观被赫克称为"状态观"。

如果内容观是理解"非概念的"的正确方式，那么刘易斯/斯托尔纳克的信念内容构念（作为世界集合或可能物的集合）就会是非概念内容的一个构念，因为既没有世界也没有个体是概念。但是把信念算作具有非概念内容的一个理论会错过非概念内容最初引入的观点，即用来确认心理表征的一种形式，其中这种心理表征以一些方式是较之信念更原初更基本的。那么，这种状态观和经验是一个命题态度这个观念之间的关系是什么呢？

似乎是，这些观点都严格地说是独立于彼此的。假定，相信知觉具有一个命题内容。从是否你不得不占有对于为了处于这个状态中的内容的规范的概念中，你得不出任何东西。那就是说，没有任何东西得出有关这个状态是否是一个概念状态。另一方面，假定你相信知觉并不具有一个命题内容。同样地，没有任何东西得出有关这个状态是否是一个概念状态。

假定此刻概念观是构想一个状态具有非概念内容这个论题的正确方式，那么：如果经验具有一个非概念内容正如内容观所理解的一样，那么仍然会有悬而未决的一个问题：是否它具有一个命题内容，只要命题能由其他不同于概念的东西构成。同样地，如果经验具有一个概念内容，正如内容观所理解的一样，那么仍会有悬而未决的一个问题：是否它具有一个命题内容，只要根据定义，命题不是状态能够具有的唯一的那种内容。对于知觉的研究来说，知觉表征的一个理论需要表明立场（take a stand on）是否它是概念的（在状态观意义上），正如这个理论需要表明立场是否这个表征是命题的一样。

知觉状态是非概念的，如同是非命题的一样。经验内容的一个说明显示它如何既是①非命题的，又是②非概念的（在状态观意义上），这可能看上去类似于皮科克的"情节（scenario）内容"的构念。皮科克提出，我们应该把一个知觉经验的内容当作由围绕感知者、并与该经验的正确性一致的、填充空间的方式的一个集合所给予。这样的一个集合他称为一个情节。皮科克论断，一个经验是正确的，当这个感知者周围的现实空间在这个集合中时。他认为，具有情节内容的一个状态是非概念的。在这里，一个状态的内容和这个内容的一个刻画之间所作出的区分是有用的：使这个经验关联于一个情节就是给予这个状态的内容描述的一种方式。这是因为这个抽象对象能在这个经验的描述中被使用，这个经验可能被认为具有这个对象而来作为它的内容。但是，它是非概念内容的，因为这个归属要求有关它的主体的东西，不是因为相关于这个对象本身的结构的某个东西。

综上所述，笔者认为，经验并不具有命题内容。我们不必把知觉当作一种命题态度。知觉不是命题态度，知觉经验具有非概念内容。

第三节 非概念内容

概念内容和非概念内容是当代心灵哲学中争论经验内容本质的一对重要范畴。除了极少数当代学者坚持经验中的概念内容立场之外，绝大多数学者已经主张经验的非概念内容。

一、非概念内容的历史渊源[①]

回顾传统哲学渊源中对概念的东西（the conceptual）和非概念的东西（the nonconceptual）之间的比较和描述，仍然对我们是有益的。这不仅使我们意识到过去与现在学者观点的类似，而且显示出他们的关注点是如此的一致。

在东、西方的神秘著作中，我们发现许多学者都强调非概念经验的直接性。中国先贤就曾教导说，整体智慧涉及参与每一瞬间的一种直接：观察者和被观察的东西根据纯粹意识被分开（dissolved），并且没有任何心理概念或态度出现来使之变模糊（dim that light）。哲学家奥卡姆（Ockham）强调概念的主体性，同时把它们当作对实在的替身并且解释"我们不能在它们自身中知道上帝的统一，但是我们直接知道的是概念。这些概念真正地不是上帝而是我们在命题中使用的代表上帝的这些概念。"[②]

在宗教哲学中非概念内容被认为是不确定性的经验或信仰。某些神学家和神秘家已经比较了推论思想和推理，并且认为我们能够通过宗教信仰来直接理解上帝。正如Bonaventure坚持认为的，易于出现误导的是："一个哲学家必然地陷于某种错误，除非他受到宗教信仰（faith）之光的帮助。"[③]佛教徒们除了强

---

① 宋荣，高新民：当代西方心灵哲学中的非概念内容范畴分析，《自然辩证法研究》，2010年第4期：第6-11页。
② 转引自：宋荣，高新民：当代西方心灵哲学中的非概念内容范畴分析，《自然辩证法研究》，2010年第4期：第6-11页。
③ 转引自：宋荣，高新民：当代西方心灵哲学中的非概念内容范畴分析，《自然辩证法研究》，2010年第4期：第6-11页。

调神秘经验的不确定性和避讳的特征之外，还把从世间受罪到涅槃的道路当作从概念思想的不可靠中的一种解放。

在美学中，美学经验以许多相同方式已经被认同为是非概念内容。例如，叔本华认为当音乐是"一种完全普通语言（这种语言的不同超越了知觉世界本身的不同）时"，音乐的讯息（message）就是确实可靠的，"……它不能是一种根据概念具有有意识意图所引起的模仿，否则这种音乐不表达意志本身的内在本质"。[①] 与此可比较的描述在19世纪和20世纪文艺批评和美学中相当丰富。E.T.A.Haffmann 在他的评论中说，音乐对人们开启了一个未知的王国，在其中它留下了所有由概念所可以确定的情感后面的东西，目的是为了奉献它自身给这种无以言表的东西。杜威对艺术的内容和推论语言之间提出了一个更一般的区分，解释道："如果所有意义能够被语词充分地表达，绘画和音乐的艺术就不会存在。"[②] 并且康德认同美学观念不是由概念所包含的，他解释道"它们"不能称为认知"因为它是一种（想象的）直观，对这种直观的一个充分概念从未被找到过"。[③]

在认识论中，我们发现从洛克到蒯因，学者们都尝试将知识依赖于比概念更根本的某物，例如，"原感觉"（raw sensations）、"盲目直观"（blind intuition）、"简单印象"（simple impressions）、"感觉－数据"（sense-data）、"经验判决"（tribunal）、"给予"（the given）。我们对它们的经验被断言是"直接的"和"确实可靠的"，并且在推理知识和抽象知识之间被给予严格区分。正如贝克莱所说："这些感觉不构想任何它们不直接构想的东西；因为它们不产生任何推论。"[④] 维特根斯坦在对感觉和非感觉区分中，尤其当它出现在宗教、美学、伦理学讨论中时，他描述非感觉（nonsense, unsinn）以许多方式回忆非概念的东西：它是不确定的、无辩护余地的，因为它缺少一般的真之条件并且它的不可言说性是被总结在《逻辑哲学论》的最后一行：不可言说之处，在其中一个人必须是沉默的。

当代心灵哲学家和心理学哲学家提供类似的非概念东西的特征。例如考察

---

① 转引自：宋荣，高新民：当代西方心灵哲学中的非概念内容范畴分析，《自然辩证法研究》，2010年第4期：第6-11页。
② 转引自：宋荣，高新民：当代西方心灵哲学中的非概念内容范畴分析，《自然辩证法研究》，2010年第4期：第6-11页。
③ 转引自：宋荣，高新民：当代西方心灵哲学中的非概念内容范畴分析，《自然辩证法研究》，2010年第4期：第6-11页。
④ 转引自：宋荣，高新民：当代西方心灵哲学中的非概念内容范畴分析，《自然辩证法研究》，2010年第4期：第6-11页。

知觉经验。许多非概念性的支持者被它的内容、它的细节的丰富性、优质性（fineness of grain）的具体性所吸引。例如，通过视觉我们能区分颜色的阴影和对象的形状。或者当我们听到来自某个方向的一个声音时，我们习惯于转头寻找声音的来源而无须思考或演示之、推理或演绎所转向的方位。我们对空间的经验被相信不仅是直接的而且是不确定的并且甚至是不可表达的。可以比较的论断被产生有关亚人状态，这种亚人状态被假定具有非主观地被个体化的内容。总之，独立于一个个体的认知资源。并且存在疼痛的案例，一个经验者对疼痛的判断被公认为是确实可靠的，正如索引的思想和指示的思想的直接指称特征一样，并且情感内容的失败体现了完全的逻辑复杂性。

尽管这些处于非常牢固的地位，但是使学者们转向把思想和经验的内容当作非概念的那种直观经常是模糊的。这主要有两个因素：第一，各种特征（属性）是松散地相关于概念内容拥有的。没有一种清晰地理解：它如何是确定的或者它如何表示一个个体是可能犯错的，没有清晰地理解在其中它是主观的这样的感觉，没有清晰理解它与推理或语言可表达性和交流的关联，从而来论断：对任何人寻找相关问题的清晰性来说，某些思想和经验具有非概念内容听起来将是很随意的。第二，"非概念的"是一个否定词项，被定义对立于"概念的"。即使我们与概念内容相关的特征被清晰地确定（identify）了，在"非"（non）应该如何被表示上仍然存在模棱两可性。[1]

二、非概念内容的"非"之理解[2]

"非概念性"是一个否定词项，一个用来定义对立于"概念性"的词项。概念内容（conceptual content）是指内容是概念的，也就是说，概念是内容的基本构成成分。正如吉勒特所说，思想内容的构成元素是概念，而"概念一定与公共世界有关，规范的和意向的特征一起决定了概念为思想所奉献的内容"。[3] 值得注意的是，这里的概念内容并不是指概念本身的内容，这是两个层次的问题，因为概念本身的内容是指一个概念其自身所表达的意义是什么，它具体的内涵是什么，而概念内容是针对内容的呈现方式而言的，概念是这种内容类型的基

---

[1] 转引自：宋荣，高新民：当代西方心灵哲学中的非概念内容范畴分析，《自然辩证法研究》，2010年第4期：第6-11页。
[2] 宋荣，高新民：当代西方心灵哲学中的非概念内容范畴分析，《自然辩证法研究》，2010年第4期：第6-11页。
[3] Gillett G. *Representation: Meaning and Thought*. Oxford: Clarendon Press, 1992: 141.

本构成单元。正如皮科克所说:"概念是可以被判断其真假的整个内容的构成成分。有关一个概念的事实随附于有关此概念出现于其中的内容的事实;因此,概念拥有的一般理论必定是内容的一般理论。"①概念内容具有理性一致性、逻辑复杂性、决定性、可表达性、可交流性和可行性等特征。②正是这样,由于对概念内容的思考,使得诸多学者在探讨命题内容时很自然地认为,如果内容是概念的,那么必然地这样的概念内容就是命题内容的重要特征体现之一,即体现出命题是如何被构造的。

非概念内容是对立于概念内容的,这其中的关键在于对"非"的表示方式的理解。存在表示"非"的不同方式。一个非概念主义者能具有任何如下至少三种表示之一:一个状态的内容可能是非概念的,

（1）如果它不能被概念地表征;

（2）如果一个个体不能把握在它（概念）的清晰度中所涉及的概念;

（3）如果一个个体不练习或不能练习在它（概念）清晰度中所涉及的概念。

依赖于"非"如何被表示,非概念性的不同观念出现了。在第一种"非"的表示上,说一个内容是非概念的就是说一个个体不能够知道它的语义值。这是一个有力的论断,这个论断显示:没有任何个体能够知道具有非概念内容的一个状态是关于什么的。这个论断通过考虑一个特定的指称决定性的解释能够被突显出来。例如,在形而上学解释上,一个内容是非概念的如果一个个体不能够知道它的指称物的本质,一种形而上学实在论的一种观点回忆（position reminiscent）。

在第二种表示上,一个内容是非概念的,如果一个个体不把握它的语义值。这是表示"非"的更普遍的方式;它强调文选中许多问题的讨论。第一、二种表示以如下方式可以区分。假设某一瞬间一个人不知道有关暮星（Hesperus）的一个思想的语义值。在第二种表示上,这就会构成具有一个非概念内容的一个意向状态。更具体地说,如果知道语义值涉及知道暮星的本质（如在形而上学解释中一样）,那么一个个体对这种事实的忽视可能导致一个人得出结论:这个个体具有有关暮星的一个非概念内容。

相比较之下,在第一种表示上,为了对于相同内容来被考虑是非概念的,我们会不得不假设一个个体不能够——事实上原则上没有任何能够——拥有昏星本质的知识,这种观点似乎是看似不合理的。如此这样,在第一种表示上坚

---

① Peacocke C. *Thoughts*: *An Essay on Content*. New York: Blackwell, 1986: 1-3.
② Gunther Y H. *Essays on Nonconceptual Content*. Cambridge, MA: The MIT Press, 2003: 8-14.

持认为一个内容是非概念的就是比在第二种表示上坚持认为它是非概念的更强有力的一个论断。

但是，最灵活的且可能是最弱的表示是第三种。这里它并不预设这个个体不能拥有或不拥有被要求来表达该内容语义值的概念。一个个体可以拥有一个非概念内容，即使该个体拥有被需要的概念。使得此内容是非概念的东西，就是该个体不练习或不能练习相关概念在此内容上。因而一个人可以知道昏星的本质是什么而无须以某些事例练习在其内容上。一些亚人论者相信概念不是由个体练习在它们的计算状态内容之上的。并且还有一些人由于受经验论所启发而坚持认为，概念是被练习在认知状态而不是知觉状态的内容之上的。①（在许多争议中，有学者经常使用"概念状态"和"非概念表征"，实际上它们分别是"具有概念内容的意向状态"和"具有非概念内容的表征"的缩写用法。）

三、有关非概念内容结构的当代争论

我们许多人支持非概念主义，但碰巧在理解它的过程中存在困难。一方面，我们认为，由反对概念主义所引发的那些反对意见是最令人信服的，并且是基于很好的经验（empirical）证据。我们所发现的非概念主义的肯定描述是很少令人满意的，因为非概念内容和概念内容之间的转换并不表现出根本的缺乏空的修辞和隐喻。知觉较之于我们的概念化（即确认、识别和分类）能力是更优质的，这是一回事；而理解知觉如何以理性思想为基础，非概念的东西如何成为概念的，这是另一回事。但是，另一方面，概念主义者不得不对他们的理论的肯定方面说许多东西，而在回应非概念主义反对其观点方面却说得很少。尤其是，遵循塞拉斯和麦克道尔，大多数的概念主义者对心理学和经验（empirical）研究习语敬而远之。这种习语的不同使得这种争论更加困难和更加令人混淆。

鉴于这些原因，我们感兴趣于这样的问题：一个人在多大程度上达到（carry）非概念内容和概念内容之间的同构性？一方面，为了解释从前者到后者的转换，一个人可以想要最大化这两个结构之间的类似。对思想来说，非概念知觉不能是原材料的（raw material），如果它太原始（raw）的话。它需要某种方式上是可被概念化的。但是，这种类似不应该走得太远，如果非概念内容是为了保持它的具体性——如果它的确值得辩护它的实存。

根据非概念主义者，非概念内容和概念内容都是以它们的命题特征为其特

---

① Gunther Y H. *Essays on Nonconceptual Content*. Cambridge, MA: The MIT Press, 2003: 14-15.

点的。然而，这必然意味着它们都具有一个可述谓的结构吗？如果这样，我们如何能区分概念内容和非概念内容？因此，似乎需要阐述概念主义者和非概念主义者在非概念内容的结构方面的观念。尤其是，我们认为，概念主义者需要发展反对非概念内容的论证，其中这样的非概念内容是基于由任何尝试描述其结构所先天引起的问题，而非概念主义者不得不具体化非概念内容和概念内容之间转换的可能性条件。对于哲学和心理学来说，关于非概念内容争论需要更清晰的理解。尽管短语"非概念内容"和"概念内容"是技术且具体化的，但关键在于整体理解心灵和感觉之间的关系。

泰伊是非概念内容论题的主要支持者。他已经论证了，有意识经验的现象特征是"同一于"①被均衡的②抽象的③非概念的④意向内容（PANIC）。在这里，泰伊探究了非概念内容本质以及对之动机的详细描述。一方面，他重述了支持非概念内容的论证，尤其是关于优质性的论证，根据索引概念，它能被解释吗？或者它是非概念内容的决定性证据吗？另一方面，他分析了非概念论题的不同可能视角。他区分三种情况：①经验是具有概念内容的非概念状态；②经验是具有优质的非概念内容的非概念状态；③经验是具有劣质的非概念内容的非概念状态。他辩护最后一种，并对非概念主义论题提供一种原初的和优质的描述。①

萨迪维（Sonia Sedivy）的研究以心灵哲学、知觉哲学、认识论和艺术哲学为核心，是当代内容概念主义的主要代表之一。近期她已创造了概念主义论题的一个"理由空间"。她构建了经验上心灵化的非概念主义者的语言和锁定来源于认识论的概念主义者（他们仿效麦克道尔和塞拉斯）的语言之间的桥梁。她更新了有关非概念内容争论的方式。她的论文"非概念的本轮（epicycle）"表明一个范式转换的需要。萨迪维论证道，知觉是个体及其决定性属性的一种结合方式（engagement）。知觉内容包括决定性属性，以依赖于我们的概念能力的一种方式。知觉经验的"丰富性"被解释为一个不同的个体和包括内容的属性。这个主张以三步骤被发展：①对鲜活经验的崭新的现象学描述；②对埃文斯提法（即我们对包括呈现方式下的个体的真实单称思想有能力）的详细重构；③重新考虑概念内容的再确认条件。②

加西亚－卡皮恩特洛（Manuel Garcia-Carpintero）重视有关指称理论的认

---

① van Geen C, de Vignemont F. *The Structure of Nonconceptual Content*（*European Review of Philosophy*, Vol. 6）. Stanford: CSLI Publications, 2006: 7-30.

② van Geen C, de Vignemont F. *The Structure of Nonconceptual Content*（*European Review of Philosophy*, Vol. 6）. Stanford: CSLI Publications, 2006: 31-64.

识论基础和本体论基础的有影响的研究工作。加西亚－卡皮恩特洛批判皮科克的非概念主义心灵理论中的一个论证。皮科克在方式（ways）之间做出区分：质（qualities）被感知如这样的方式和弗雷格式含义。这种区分在他建立非概念内容和概念内容之间的那种有争议的不同过程中是有用的。的确，非概念内容也包括方式，以这些方式，我们感知我们所感知的质的例子。如果这样的方式（ways）是含义，并且这些含义根据定义是概念的，那么概念内容和非概念内容之间的这种不同就土崩瓦解了。加西亚－卡皮恩特洛显示，感知质的例子的"方式"和"含义"不是如皮科克那样被区分的。这种分析蕴含对概念内容和非概念内容之间不同的一个原初勾勒，在其中，加西亚－卡皮恩特洛表明再次命名非概念内容为"前判断觉知的状态"（states of pre-judgmental awareness）。[1]

米克斯（Roblin Meeks）聚焦于非语言生物（如龙虾、婴儿）中第一人称自我归属的可能性条件。它们缺少自我意识归因于它们缺少第一人称概念吗？米克斯分析伯姆德茨的第一人称自我归属的非概念描述。他强调了伯姆德茨所遭遇到的一个困难。伯姆德茨的观念仍然可能对于非语言生物论断太多。第一人称内容既是非概念的也是对错误有免疫力的。但是这假定了，非概念内容具有像概念内容一样的一个主－谓结构。米克斯回顾了避免对非语言生物中自我意识问题的这种解决方案的那些不同的可能性。[2]

克里斯（Alison Creese）等人对情绪（emotion）感兴趣。他们聚焦于伯姆德茨的非概念内容，但是强调了一个不同的困难，即组合性问题。组合性已经被认为是概念的主要特征之一（如埃文斯的普遍性原理）。然而，伯姆德茨论断到，非概念内容仍具有一种"可再组合性的、被限定的能力"。但是，在什么意义上，非概念内容不同于概念内容？换句话说，一条狗能做出什么样的推理？克里斯等人提供了对伯姆德茨论断的两个解释。要么概念的东西和非概念的东西之间的不同被定义为全局的可再组合性和局部的可再组合性之间的不同。要么它是一个接触到自主控制的程度问题。根据克里斯等人的观点，前者假设不是站得住脚的。非概念内容和概念内容之间的同形性（isomorphism）太强。后者假设提供了一个真实的标准来区分概念内容和非概念内容，但是这种具体标准的动机却是不清楚的。克里斯等人在其论文中对概念内容和非概念内容之间

---

[1] van Geen C, de Vignemont F. *The Structure of Nonconceptual Content*（*European Review of Philosophy*, Vol. 6）. Stanford: CSLI Publications, 2006: 65-80.

[2] van Geen C, de Vignemont F. *The Structure of Nonconceptual Content*（*European Review of Philosophy*, Vol. 6）. Stanford: CSLI Publications, 2006: 81-100.

的不同提供了系统的批判分析。①

四、当代非概念内容的主要代表观点②

物理科学已经提供了可考虑的证据：外部物理世界是受制于自然规律的。但问题是，我们的思维如何能联系一个外部世界并且我们如何能知道是否我们思想的对象属于一个独立的、不同于我们思维的实在？我们经验的大量内容由各种颜色、声音、闻到的气味、运动和其他诸如此类之物所构成。我能从我的窗户往外看并且看到各种各样的树叶飘落到地面。我能在大街上散步并且观望水果摊上琳琅满目的水果和讨价还价时神态各异的人们。我能听到他们与摊主的对话，我甚至能闻到某位女士身上散发的香水味道等等。描述经验内容涉及运用概念，如树、树叶、水果、人、衣服、香水等。然而，概念能更充分地把握现实地被经验到的东西的细节吗？

非概念内容的主题讨论一般主张非概念内容是：①认识论的，为了显示我们经验包含经验思维的证明。②现象学的，为了说明知觉经验的良好的现象学特征。③解释性心理学的，为了说明信息加工认知系统的状态（如视觉系统），这个视觉系统由一些心理学理论所假定，根据亚人表征内容它解释经验。③当然，非概念内容一般地被假定为了说明经验的基础。

一方面，有些学者（如麦克道尔、萨迪维等人）明确否认非概念要素的存在。麦克道尔反传统的观点认为经验内容是概念的。他完全取消非概念内容，认为知觉经验的内容是概念的，并且这种概念内容是未被约束的。在《心灵与世界》中，麦克道尔努力重建一种康德式的知觉模式，这种模式强调在经验中概念的消极操作。他证明和批判了三种有关陈述在埃文斯（G.Evans）的《指称种种》中知觉内容和非概念性的论证。第一种论证中麦克道尔否认：经验呈现给我们细节（如颜色的阴影、对象的形状、声音的音色），对这些细节个体们经常缺少所需要的描述来源。他认为，一个成人通过指示词如"这"、"那"能把握（决定）任何知觉经验的内容。第二种论证是基于信念独立性。麦克道尔认

---

① van Geen C, de Vignemont F. *The Structure of Nonconceptual Content* (*European Review of Philosophy*, Vol. 6). Stanford: CSLI Publications, 2006: 101-114.
② 宋荣，高新民：当代西方心灵哲学中的非概念内容范畴分析，《自然辩证法研究》，2010年第4期：第6-11页。
③ Dingli S M. *On Thinking and the World: John McDowell's Mind and World*. Burlington: Ashgate, 2005: 70.

为知觉内容被认为不同于信念或判断的内容。麦克道尔否认应该根据非概念内容和概念内容来理解感受性/自发性区别。第三个论证是基于事实：人类和动物具有一种构想能力并且知觉具有内容。许多人假定动物不具有内容并且它们非概念地构想世界。因此，一个人可以通过分解出什么对我们是独一无二的，来试着把动物与我们分享的对象区分开来，因为我们拥有概念能力。但是麦克道尔鼓励我们抵制这种诱惑，他坚持认为知觉内容是概念的并且知觉能确认/证明信念。无论是否一个人同意麦克道尔的观点与否，他的反对意见和经验的康德式模式对我们认为知觉经验是非概念的观念提出了一个值得注意的挑战。

而萨迪维则认为，在亚人层次而不是人的经验层次上，非概念内容应该仅仅为理论目的而被假定。他认为，一个概念的拥有能通过运用倾向、标准条件和事物与其所是的方式之间的关系来被解释。并且认为人们的知觉经验的描述被限制到概念范围，"在给定这样一个描述中我们不踏出概念范围之外并且我并不利用我作为一个思考者并不拥有的东西，因为我作为一个思考者我所拥有的东西肯定地是在概念的范围之中"。[1]

另一方面，在当代心灵哲学研究领域仍有许多学者认为不可忽视非概念内容。由埃文斯、皮科克、福多等人认为经验的内容本身具有非概念的东西。

埃文斯的知觉转换观。埃文斯在《指称种种》最早提出非概念内容观念。他秉承传统经验主义对感觉经验的理解，认为感觉经验具有非概念的内容，而我们关于世界的知识或信念则是在将感觉经验概念化的基础上获得的。埃文斯坚持认为，视觉经验的内容完全是非概念的：在视知觉内容中概念从未出现。根据埃文斯，在知觉情境中，概念内容首先在基于经验的判断中开始起作用。当一个人形成基于经验的一个判断时，一个人就从非经验内容转到了概念内容。埃文斯说："一个主体通过知觉所获得的信息状态是非概念的，或者是基于这样状态被非概念化的判断，这些信息状态必然地涉及概念化：在从一个知觉经验到有关世界的一个判断的转换中（moving），一个人将会练习基础的概念技能（通常是以某种口头形式的可表达的）……概念化或判断的过程使这个主体从他的处于一种信息状态（具有某种非概念内容）转到了他处于另一种认知状态（具有一种不同的概念内容）。"[2] 这些非概念的信息状态是在埃文斯称为"信息系统"的系统中知觉所发挥作用的结果。这种信息系统就是我们练习的能力系统

---

[1] Sedivy S. Must conceptually informed perceptual experience involve nonconceptual content?. *Canadian Journal of Philosophy*, 1996, 26(3): 428.

[2] Evans G. *The Varieties of Reference*. Oxford: Oxford University Press, 1982: 227.

当我们通过使用我们的感觉（知觉）有关世界的信息，接收从交流中他人那里得到的信息以及通过时间（记忆）保持信息。埃文斯在引入非概念知觉内容观念到当代哲学中发挥极其关键的作用。在他的最具影响力的非概念内容的讨论中，他论证道，"在主体和对象之间"存在一种信息关联。在埃文斯讨论的基础上，梅洛－庞蒂还对此展开了现象学的论述。[1]

皮科克的情节和原型命题观。在《设想、概念和知觉》中，皮科克采用一种非还原的自然主义，一种容忍诉诸语义或意向状态的自然主义，他使用非概念内容来个体化概念。结果，两种不同的非概念内容被运用，即情节（scenarios）和原型命题（protoproposition）。情节是一种"空间"类型，即由与一个构想者（如左/右、前/后、上/下）相关的一个起源和轴心（axes）所确定，正如同在此起源使此空间的一组维度变大一样，它是构想者形成概念之前所构造的东西。原型命题由可知觉的个体和属性或关系所确定并且类似于信息内容。皮科克指出，当情节和原型命题主要地用来个体化概念时，它们也都能被用来解释经验的各个方面，包括它的优质性、它的无单元（unit-free）和类比特征，以及认知地图的构造。情节和原型命题是非概念的，因为像信息内容一样，它们是独立于一个个体相信或知道的任何东西而被确定的。皮科克坚持认为，视觉经验的内容仅仅部分地是非概念的。根据他的观点，在视知觉内容中总是存在非概念元素呈现出来，但是概念元素也可以出现。

福多的图标表征观。福多认为不仅存在概念化的心理表征，而且也能够存在未被概念化的心理表征。他说："我认为可能存在非概念的知觉表征。论证如下：一方面，经验上看似合理的是，某种知觉表征是图标的（iconic）并且另一方面，正是在图标表征的本质中它才是非概念的。"图标"表征：我的意思理解：首先，我的用法是特殊的。在语义学文献中，"图标的"经常与这样一些观念是一致的，例如，"图示的"（pictorial）和"线条连续的"（数学上：continuous）。但是不清楚它们的来源或关联。"[2] 福多将表征分为图标表征和推论（discursive）表征。他认为，一表征是图标的就蕴涵它不是推论的，一表征是推论的就蕴涵它不是图标的。他还认为，根据复合性原理 PP（图画原理 PP：如果 P 是 X 的一幅画，那么 P 的部分就是 X 的部分的图画），图标表征是典型地语义上可评价的；图标表征不具有逻辑形式；图标不能表达否定命题和肯定命题之间的区别，

---

[1] Berendzen J C. Coping with nonconceptualism? on Merleau-Ponty and McDowell. *Philosophy Today*, 2009, 53（2）: 161-172.

[2] Fodor J. The revenge of the given//McLaughlin B P, Cohen J. *Contemporary Debates in Philosophy of Mind*. Malden, MA: Blackwell, 2007: 105-106.

同样它们不能表达被量化的命题或假设命题，或模态命题、谓词等；因而图标表征本身是非概念的，并不具体化，它们不表征个体为个体。在此基础上，福多用知觉心理学实验数据论证图标表征的内容。①

赫克的两种形式观。赫克认为，知觉是一种命题态度，它与信念在许多方面有所不同。Heck假设福多是对的，即存在图标表征和推论表征。但问题是：有意识的知觉状态具有什么种类的内容。赫克区别观点：知觉内容是非概念的两种形式，即"状态观"（the state view）和"内容观"（the content view）。状态观是有关被要求的条件的一种观点，如果某人将处于一种具有一给定内容的知觉状态中：一个主体的知觉经验的内容并不由她所拥有的概念所限制；例如，可能的是，一个主体处于一种表征过一个表面为一个特定阴影的状态，即使她没有过那种阴影的任何概念。内容观则较强些：知觉状态和认知状态具有不同种类的内容。在知觉状态的内容应该被当作什么这样的问题上，状态观是完全中立的。与状态观一致的是：知觉状态应该具有认知状态（如信念）具有的相同种类的内容，并且如此，状态观也与知觉证明的输入模式相一致。而内容观的辩护者必须解释，如果知觉状态不具有信念所具有的相同种类的内容，知觉如何能提供给我们信念理由。

在论述概念构造的基础时，赫克认为：第一，认知地图具有非概念内容。我们每一个人都拥有有关我们周围环境的一种心理地图。现在，认知地图明显是表征的，并且词项"地图"用来这里是因为我们讨论的表征被当作非常像较熟悉的各种地图。那就是说，我们拥有和应用一种有关我们环境地形学上特征的信息存储模式，这种模式不同于有关对象的相对位置的个体信念的存储模式；在任何意义上，它不是语句的（sentential）。而且，一个人的认知地图是一个对环境的同一的机体表征，它不能以任何确定方式分解为部分（是个整体）。认知地图，用福多是话说，就是图标。因此认知地图不具有概念内容，它们的内容不是被构造的，而是非概念的。（而信念内容是构造的）。第二，视知觉具有非概念内容视觉经验缺少那种具有被构造命题特征的清晰度。视觉经验的内容也看似合理地类似于空间分布（spatial distribution），尽管在视觉经验中被表征的属性不同于那些认知地图所表征的属性。因此，视知觉的内容也是非概念的。②

库辛斯（Adrian Cussins）的非概念属性构成观。深受埃文斯的影响，库辛

---

① Fodor J. The revenge of the given//McLaughlin B P, Cohen J. *Contemporary Debates in Philosophy of Mind*. Malden, MA: Blackwell, 2007: 107-116.

② McLaughlin B P, Cohen J. *Contemporary Debates in Philosophy of Mind*. Malden, MA: Blackwell, 2007: 117-138.

斯提出了对概念内容和非概念内容的一种不同区分。库辛斯指出，概念内容呈现世界给一个主体（如被分割成对象、属性和情况（situation），即真之条件的成分）。例如，我的复杂概念内容（思维）：这座老城墙今天在薄雾中被笼罩，这呈现世界给我那种使得老城墙所是的事件状态。为了理解这个内容，我不得不把世界认作该对象老城墙、被笼罩在薄雾中的属性的构成，并且前者满足于后者。将会存在一个非概念内容的观念，如果经验提供一种划分世界的方式。自然地说，内容的拥有存在于拥有世界如其所是的一种构念中。在此基础上，库辛斯引入概念属性和非概念属性应用于内容理论：①一个属性是一个概念属性当且仅当仅仅通过概念它被规范地描述且相关于一个理论，其中这些概念使得一个有机体必须拥有为了满足此属性的这些概念。②一个属性是一个非概念属性当且仅当仅仅通过概念它被规范地描述且相关于一个理论，其中这些概念使得一个有机体不需要拥有为了满足此属性的这些概念。概念内容是由概念属性构成的内容，非概念内容是由非概念属性构成的内容。进而根据规范、呈现方式等标准来划分概念内容和非概念内容。①

另外，克瑞恩（Tim Crane）在给予非概念内容和内容拥有的一个定义时，也表达了自己的观点。并且对在概念拥有的地方，具有推理相关内容的意向状态和那些它不发挥重要作用的地方做出了区分。他陈述到："X处于具有非概念内容的一个状态，当且仅当为了处于该状态X并不拥有描述它的内容的那些概念。由于拥有一个概念就是处于其内容是适当地推理相关的意向状态之中，那么一个具有非概念内容的状态不是其内容并不如此相关的状态。因此，为了处于这样一个状态，一个人不必处于其他给予信念内容的那种推理的相关状态之中。"②并且克瑞恩关注包含非概念内容状态的三个例子：①知觉经验，如构想正在下雨，或那只猫在地毯上；②所谓的"亚人"计算系统（如视觉系统）的状态；③我们可以描述为"携带"信息的状态，例如如果一棵树有70个年轮，那么它就有70岁树龄。③

综上所述，上述学者都接受非概念内容的存在；但是对于理解它是什么，他们有所不同，并且在如何区分非概念内容和概念内容上，他们也有所不同。

---

① Cussins A. Content, conceptual content, and nonconceptual content//Gunther Y H. *Essays on Nonconceptual Content*. Cambridge, MA: The MIT Press, 2003: 134-159.
② Crane T. *The Contents of Experience: Essays on Perception*. Cambridge, UK: Cambridge University Press, 1992: 149.
③ Crane T. *The Contents of Experience: Essays on Perception*. Cambridge, UK: Cambridge University Press, 1992: 145.

尽管各家观点略有不同，但是有一点是一致的：当前心理学家感兴趣的是：非概念表征如何被"翻译"成概念表征，这是一个经验问题，也是另外一个研究课题。

第四节　给　　予①

给予（the given）问题一直是困扰哲学家们的一个话题。这里的"给予"即金岳霖式的传统译法"所与"。如何界定给予？如何破解给予的神秘性？如何呈现给予？这些问题都引起了诸多学者的广泛兴趣。在心灵哲学视域中，给予作为经验内容的现象学构念，需要回归到弗雷格式观念。

一、给予的神秘性

20世纪以来，由于摩尔、罗素和美国的新实在论者开始对唯心论（idealism）感到厌恶，这导致他们无条件接受对有关心理状态的对象的实在论的某种形式，尤其是在知觉状态的对象方面。这样的实在论断言：这些对象是独立于心灵的，它们的存在并不依赖于它们是心理行动（mental act）的对象。这种实在论，被所有主流中立一元论者所接受，这在影响给予成为一个中立元素的可行来源方面是最重要的一步。

摩尔认为，感受（sensation）的这种正确分析显示，例如，有关蓝色的一个感受的"这种蓝色"是一个真实的、独立的对象："并且我对感受的分析已经被指派来显示的东西是，无论何时当我拥有一个纯粹的感受或观念时，这个事实就是，我正在觉知某物，它……不是我的经验的一个不可分离的方面。我已经保持的、被包括在感受中的那种觉知是同样独一无二的事实：这种事实构成每一种知识：'蓝色'（blue）同样是我的经验的一个对象，并且只不过是我的经验的一个纯粹内容，当我经验到它时，如同我曾觉知的那种最崇高的、独立的真实的东西一样……只是拥有了一个感受……就是知道它是这样的某个东西：它是真的且确实不是我的经验的一部分，如同我能够曾知道的东西一样。"②

---

① 本节文献主要来自于笔者的剑桥课堂笔记和 Tim Crane 教授的研讨笔记。
② Moore G E. The refutation of idealism. *Mind*, 1903, 12 (48): 433-453.

根据努恩（T. P. Nunn）所述，摩尔在这方面的观点影响了罗素——"仔细的内省和朴素的人"——支持这样的原则："在知觉中存在地呈现给心灵的东西就是超出心理的某个东西——它会是实际上在知觉中的某个东西，即使它不被感知到。"①罗素同意之，他坚持认为，成为我们的感觉材料的那些对象是独立于心灵的："逻辑上，一个感觉材料是一个对象、该主体觉知的一个特定物。它并不包含该主体作为一个部分……因此，这个感觉材料的存在不是逻辑上依赖于该主体的存在的……因此，没有任何先天的理由来说明为什么是一个感觉材料的一个特定物不应该持存，在它已经停止是一个材料之后；没有任何先天的理由来说明为什么其他类似特定物不应该存在而无须曾是材料（without ever being data）。"②

罗素从知觉对象的非心理性到感受（或知觉对象 percepts）的中立性做出的转变方式源自于下文"放弃自我"一节。通过摩尔的引用，努恩和罗素强调经验对象从其被经验到过程中的那种非心理性和独立性。佩里更进一步坚持经验对象的这种独立性和中立性在内省中是很容易可识别的："当我尝试发现由内省所揭示的那种内容的一般特征时，我同时遇到一个最重要的事实。……这些内容与其他集合物，如自然、历史，以及他心的内容是一致的。换句话说，由于我把它们划分为元素，我的心灵的内容没有展现任何一般特征。我发现这个质'蓝色'，但是我刻画这到在我面前桌上的这本书；我发现'硬性'，但我刻画这到这个物理的坚硬的东西；或者我发现数字，我的邻居心中也找到了这个数字。换句话说，这种内省的复写物的元素在其自身中既不是特有的心理，也不是特有的我的；它们是中立的并且是可相互交换的。"③

那么，在感觉或知觉经验中，正是什么是我们直接觉知到的？它是公共的物理对象、某种私人的感觉实体，或者是更深层次种类的实体（或状态）？自然的回答是，它是公共的物理对象，是直接被经验到的，这个答案（经常被标签为"朴素实在论"）已经在上几个世纪被大量的哲学家所拒斥了。对于某物来说，正是什么是直接觉知或被给予的一个对象？历史上，绝大多数人已经尝试来回答这个问题，并且已经得出结论：它是不同于被给予的一个物理对象的某个东西。正因如此，如果我们没有弄清直接性或给予性（givenness）观念本身

---

① Nunn T P. Symposium: are secondary qualities independent of perception？. *Proceedings of the Aristotelian Society (X)*, 1910: 202-203.
② Russell B. *Our Knowledge of the External World*. Chicago: The Open Court Publishing Company, 1914: 146.
③ Perry R B. *Present Philosophical Tendencies*. New York: George Braziller, 1955: 277.

的话，这个结论就不能很好地被理解。

在不同时代有两个规范的给予性标准，要么结合在一起，要么分开，但是不幸的是似乎并没有很好地起作用。第一个诉诸推理观念：某物是直接被经验到的或被给予的，如果有关它的这种认知意识经由任何种类的推理过程未被得到。对此的明显问题是，它使得很难弄清历史上的常识观点：物理对象不是给予的，因为在最通常种类的情况中物理对象的感觉觉知似乎并不表面上是推理的一个产物。当然拥有这种觉知的这个人并不通常意识到已经做出了一个推理；并且坚持：必定已经有了某种"无意识的推理"能是可证明的，其必要条件是：给予的某个其他标准至少是心照不宣地被引发的。更看似合理的是坚持认为，有关物理对象的信念，即使没有经由推理得到，也必须是推理上被证明合理的，但是在这点上，既没有对这样一个论断的基本原理，也没有它与给予性或直接性观念的关联是清晰的。

第二个标准是诉诸确定性观念的，它相当于无过失性，以这样的方式被理解：某物是直接地被经验到的或被给予的，如果有关它的觉知不能是被弄错的。但是，看似合理的是，所有对物理对象的知觉觉知至少是原则上受制于错误的，不那么清晰的是，有在感觉或知觉经验中呈现的某个东西；关于任何经验方面的信念似乎总是能在原则中被弄错的。对此，不清晰的是，如果经验中的某种事项拥有这个地位，这会显示有关它的这种觉知是更基础的。特别是，不清楚的是，为什么关于物理对象的信念必定被基于这其他种类事项的觉知。

刘易斯或许是20世纪三四十年代最重要的、活跃的美国哲学家了。他在认识论和逻辑、伦理学方面做出了很大贡献。他也是美国分析哲学兴起过程中的一个关键人物，通过他自己的研究工作，直接或间接影响到了他在哈佛的研究生，其中包括20世纪后半期的一些有突出地位的分析哲学家。

在《心灵与世界秩序》中，刘易斯对直接材料（data）"它们被呈现或被给予到心灵"和心灵恢复这些材料的"构造或解释"之间做出了一个著名的区分。心灵所接收的东西是材料（字面上说，即给予）。这个解释是，当我们使它"处在某个或其他范畴之下，从它之中选择，强调它的各个方面，并且以一种特定的、不可避免的方式使之相关联。"[①]因此，尽管描述给予的任何尝试将不可避免地是对它的一个解释，这不应该给予我们理由来否认它的存在："没有任何人，

---

① Lewis C I. *Mind and the World Order: Outline of a Theory of Knowledge*. New York: Charles Scribners, 1956: 52.

除了哲学家，能够否认在没有任何思维活动能创造或改变的意识中的这种直接呈现。"①

根据刘易斯，在真实东西的经验知识上的反映，展现了两个元素：经验的被给予的内容和我们有关这个给予的概念解释。给予由具体的感觉质所构成，其中这种感觉质正是主体直接觉知到的，当主体让自己正在看或听或尝或闻或接触某物，甚或是正在幻想或梦到时。这些不同的质或感受质是经验的可重复的、被感觉到的特征，并且包括特定经验或经验延伸的、被感觉到的好性或坏性，如同视觉、声音、味觉、触觉、运动以及其他熟悉的经验模式的质一样。然而，当前事例与过去事例的这种可重复性或类似性，不是被给予到我们的某物。(然而，我们有关过去经验的具有如此这般的直接聚合或感觉是被给予到我们的。) 当我们概念上解释给予时，我们形成假说预期、并根据过去的经验做出预测。通常自动地而无须有意识地反映，关注于我们拥有的什么其他经验是我们具体行动中所进行的，在运用概念的过程中，正如康德所表明的，我们把我们的经验彼此关联。不像我们有关它的概念解释一样，给予不是由我们的意志所可以变化的。它由所保持的东西所构成，当我们从通常知觉认知中抽离时，所有这都可能可构想地被弄错的。② 因此，我们对给予的理解并不受制于任何错误，也并不受制于来自进一步经验的纠正或证实或证否。

给予就是在经验中的东西，这种经验是我们确定的，并且对我们是明确的。给予的最广泛特征是，在经验中它是一个元素，这个经验具有积极的认识地位，并且经验主体直接地或间接地知道这个给予。通常还可以说：该经验主体理解、把握、觉知或者亲知给予。刘易斯在MWO（书名缩写）中论断到，给予是不可言说的，因为我们对它的把握并不包括概念化，正如相对于有关它的主观解释一样。然而，这对他提出了一些问题：③ 什么东西不可言说，这如何能为真？什么东西既不为真也不为假，这如何能用作先天可能性推理的前提？在AKV④中，刘易斯引入了像"似乎仿佛我正在看到一个红色的圆物"一样的一类表达陈述，它们用来表达或形成我们对给予的理解而无须概念化它或解释它。当这样的陈述表达或理解给予时，它们为真，并且当这样的陈述并不仅仅正在表达我

---

① Lewis C I. *Mind and the World Order*: *Outline of a Theory of Knowledge*. New York: Charles Scribners, 1956: 53.
② Lewis C I. *An Analysis of Knowledge and Valuation*. La Salle, Illinois: Open Court, 1946: 182-183.
③ Lewis C I. *Mind and the World Order*: *Outline of a Theory of Knowledge*. New York: Charles Scribners, 1956: 53.
④ Lewis C I. *An Analysis of Knowledge and Valuation*. La Salle, Illinois: Open Court, 1946.

们所理解的东西时（如在撒谎或有所行动或反事实假定当中），它们可能为假。

在一次有关给予的讨论会上，和刘易斯、赖辛巴赫一起，古德曼论证道，相关于其他陈述是可靠的或可能的那些前提不得不首先在它们自身当中具有某种程度的可靠性。在刘易斯之后，这是吸引许多认识论者的一个观点。我们不能直接证实经验的其他主体的存在或者在他们的经验中什么东西被给予他们。然而，刘易斯断言，通过移情作用，根据我们自己的有意识的经验，我们能想象或面对其他人的有意识经验，这不同于我们自己的有关其他人、和他们身体的经验以及我们与他们的相互作用。但是，刘易斯没有在这种他心领域中对我们信念的归纳支持方面提供任何细节。

刘易斯的给予构念无疑是塞拉斯（Wilfrid Sellars）的有影响的对"整个给予框架"观念批判的目标之一。塞拉斯攻击这样的观念：由感觉所纯粹给予的某物可能是一个人能在做出有关经验世界的一个判断过程中被证明（justified）。这种意义上的"给予"是一个神秘物，因为一个人不能够被给予他不能接受的东西。在经验情况中，塞拉斯的关键点是：一个人的经验不能用作对他的经验信念的证明，除非他能把这个经验以某种方式带入到"理性空间"。

塞拉斯认为经典的经验论给予是这样三个论断的不一致地三重体现的：①被显现的来仿佛有红色的某物蕴涵非推理地知道这个东西被显现是红色的，②被显现的这种能力是未被获得的，③知道形如 x 是 F 的事实的这种能力是被获得的。刘易斯明显否定①，但是做出这种否定似乎不是特别的，如果给定他的关于直接理解、直接觉知和确定性的论断，他需要说更多有关"理解"和"觉知"的逻辑。刘易斯对给予确定性的辩护依赖于两个论断。第一，它恰好是一个不可否认的事实，即有一个经验的感觉特征，那是我们觉知并且不能弄错的，也不需要进一步确证的。第二，除非有确定的材料（data），没有任何东西能是可能的。一个命题的可能性总是相关于前提或材料。

针对刘易斯的观点，塞拉斯从批判的角度指出，给予的神秘性能被消除，并且无须诉诸经验论的更多教条形式的原初实证主义或操作主义的特征。[①] 塞拉斯的论证假定：给予采用感觉经验的形式，因为历史上最有影响的思想脉络把给予等同于感觉经验。塞拉斯的关键论证如下：在经验中被给予的元素必须要么是非命题的某物（如一个物质对象、一个感觉材料或感觉特定物，一个感觉

---

① Sellars W. Empiricism and the philosophy of mind//deVries W A, Triplett T. *Knowledge, Mind and the Given: Reading Wilfrid Sellars's "Empiricism and the Philosophy of Mind"*. Indianapolis: Hackett Publishing Company Inc., 2000: 219.

着或其他感觉事件、一个共相),要么是命题的某物(如第一原理,一个知觉命题,一个显现的陈述,一个陈述一个感觉着已经发生的一个命题,或者一个描述共相中真关系的一个命题)。假定它是非命题的。<u>是非命题的无论什么东西都不能用作一个论证中的前提或理由,并且仅仅具有命题形式的可真值赋值的东西能拥有或转换积极的认识地位。因此,没有任何非命题的东西能被给予。</u>

假定给予是命题的。<u>是命题的无论什么东西都能是认识上有效的,但是它不能是认识上独立的。在一个人的认识系统中的任何命题必须要么是一个推理过程的结果,要么不是。如果它是推理的,那么明显地它在认识上依赖于这样的前提:它已经被推理了。因此,假定它是非推理的。"对于一个人来说,任何这样的命题都能拥有积极的认识地位,只要在这个人的认识系统中有支持它的其他命题。……因此,没有任何命题的东西能在认识上是独立的。因而,既不是命题的东西,也不是非命题的东西能够被给予,因而没有任何东西能够被给予。"</u>①实际上,塞拉斯的这种批评是以挑战他的同时代人物的经验论理论的方式来被构造的。

二、给予问题的当代持续争论②

在 2005 年,德雷福斯(Hubert Dreyfus)在一次会议的主席致辞中,他回忆作为一个学生,在哈佛他如何参加刘易斯有关认识论的讲座,在那里刘易斯对给予的存在做出了认识论的论证。他本人接受塞拉斯等人对给予的批判,如同约翰·麦克道尔以及许多其他人一样。但是德雷福斯认为,甚至那些像麦克道尔一样的人,他们拒斥"给予的神秘",然而却受到另一个神秘的影响:心理东西的神秘。这是这样的观念:在经验中我们与世界相互影响的根本方式在特征上是理智的或理性的。德雷福斯论证道,这是一个神秘,因为它忽略了与我们世界更基本的有规则的关联,他称之为"具身处置"(embodied coping)。

麦克道尔已经回应德雷福斯的指责:不存在任何理由来解释为什么他的经验构念不能够完全接受具身处置的说明。麦克道尔的说法正确的是:在他的观点中没有任何东西使之对他来说不可能识别具身处置现象,并且完全合并它到他的心灵概念中。但是,麦克道尔和德雷福斯之间的一个深层次的不一致似乎

---

① deVries W A, Triplett T. *Knowledge, Mind and the Given*: *Reading Wilfrid Sellars's "Empiricism and the Philosophy of Mind"*. Indianapolis: Hackett Publishing Company Inc., 2000: xxxi.
② Crane T. The given//Crane T. *Aspects of Psychologism*. Cambridge, MA: Harvard University Press, 2014: 235-255.

不在于它们对于具身处置的态度，而在于它们对经验的态度。尽管麦克道尔拒斥神秘意义上的给予，但在最近的研究工作中，很明显他接受了什么东西被给予到我们和我们带给经验什么之间的一个区别。必须指出的是，在这里强调麦克道尔所说的和德雷福斯的经验观点之间的不同，这是很重要的：对麦克道尔来说，存在像一个给予一样的某个东西，正如他本人承认的那样。这从麦克道尔经验观点的发展中可以看出。

在《心灵与世界》中，麦克道尔已经论证道，由塞拉斯所提出的挑战仅仅能够被遇到，如果经验具有概念的、命题的内容。一个经验就是东西是如此这般的这样一个经验，并且东西是如此这般的是一个人也能够判断（一个命题）的某物。东西是如此这般是这个判断的命题内容，并且一个判断拥有这个内容是该主体的概念能力的一个现实化。麦克道尔还论证道，但一个经验具有命题内容：东西是如此这般，这也是该主体的概念能力的一个现实化。因为经验包括概念能力的联系，经验本身——并且不仅基于经验之上的信念——能够相关于一个主体处于"理性空间"之中并且因此能够用作一个主体信念的证明者。

麦克道尔最近已经改变了他对这种说明的某些细节的看法，迫于来自特拉维斯（Charles Travis）的反对意见的压力。现在他拒斥这样的观念：经验具有命题内容，并且用作为康德意义上的"直观"的一种经验构念来替换之，这种经验具有非命题内容。这种意义上的直观被定义为"视野中的一个拥有"（a having in view）①。让我们假设，借用特拉维斯的一个例子，看到一棵橡树下的一头猪是在视野中拥有某物的一个例子，因此是一个直观的例子。这个经验具有某种内容，这种内容不应该被理解为表征某物"为如此"（as so），因为这会是命题的。②但经验也不应该被理解为一些人所理解的那样，仅仅理解为使我们与对象相关联——这头猪和这棵橡树。而且，一个直观的内容是被构造的某物，它具有一个统一体。③这个提法的细节是复杂的，但其核心是康德式的提法：一个直观的内容——经验中被呈现的东西是由对象和属性的范畴所构造的。

然而，这个观点不是：在经验到橡树下那头猪的过程中，我们"应用"一个对象的概念到这头猪。这将会使这个直观的内容与它能够引起的"推论

---

① McDowell J. Avoiding the myth of the given//McDowell J. *The Engaged Intellect*. Cambridge，MA：Harvard University Press，2009：260.
② McDowell J. Avoiding the myth of the given//McDowell J. *The Engaged Intellect*. Cambridge，MA：Harvard University Press，2009：267.
③ McDowell J. Avoiding the myth of the given//McDowell J. *The Engaged Intellect*. Cambridge，MA：Harvard University Press，2009：264-265.

(discursive)活动"的内容相混淆（例如，当描述橡树下的这个东西为一头猪或一个动物时）。因此，在一个直观的内容和一个判断或基于此的一个断定的内容之间存在一个区分。麦克道尔不再认为，一个人所能够看到的东西也是他所能够判断的东西了。然而，他仍坚持认为，一个直观的内容是概念的，在这种意义上"一个直观的内容的每一个方面在这样一个形式中呈现出来：在这个形式中它已经可以适合于与一个推论能力相关的内容。对于内容来说，它是概念的，并不是对它来说，它是概念化的——在这种意义上一个人不得不现实地练习一个概念能力，当处于这样一个内容的一个状态中时——但是对它来说，它是可以概念化的。"[1]

特拉维斯自己的图式在某种程度上是不同的。他认为没有任何必要把经验当作拥有"内容"。看到一头猪在一棵橡树下，仅仅是可视世界、我们的可视环境某部分的一种觉知。如果我拥有了一头猪的概念，或识别猪的能力，那么我们能判断这头猪在橡树下，根据这个经验加上我们识别我们经验的东西是某种东西的一个例示这样的识别能力。特拉维斯的概念包括普遍性——在他的术语上，他们超越（如）看到某物的特定情形所"达到"的做出的这样的判断：这头猪是在这棵橡树下，包括断定这个特定情形是某种类型的一个情形（在—这棵橡树—下的——一头猪）。并且如果这个情形是其中之一，那么这个经验能"为你"瞄准你应该思考的东西。

麦克道尔认为特拉维斯的图式（尽管在某些方面正确）最终包括对给予的神秘的一个承诺。麦克道尔的指责就是在特拉维斯的观点上，视野中拥有东西必须是单独可感性所提供的。[2] 视野中拥有东西（如看到、经验到）是单独由可感性所提供的，因为他构想看到为"看到有被看到的东西"。因此，如果某物在某人的眼前，他的视觉能力正在如它们应该的那样起作用，一个人看到它：它是"在视野中"。特拉维斯回答这种看到如何证明一个人的信念的不同问题——用特拉维斯自己的话说，是有关它如何对我们瞄准什么东西被思考的问题——通过论断：一个人能够识别什么东西被看到作为一个一般种类东西的一个例示，并且这个作用是由概念或理性的运用所执行的。

尽管麦克道尔认为这正确地描述了一种方式，在其中经验是相关于概念判

---

[1] McDowell J. Avoiding the myth of the given//McDowell J. *The Engaged Intellect*. Cambridge, MA: Harvard University Press, 2009: 264.

[2] McDowell J. Avoiding the myth of the given//McDowell J. *The Engaged Intellect*. Cambridge, MA: Harvard University Press, 2009: 267.

断的，他论证道这不是唯一的方式。① 这是因为什么东西不得不在视野中不仅仅是有什么东西被看到——橡树下的猪——但是这头猪"通过它的一些属性呈现给一个人，在一个直观中：在其中这些属性的概念例举构成一个对象的形式概念内容的统一。"仅仅如此的话就使得"一个人有权判断他由具有这些属性的一个对象所碰到"。② 但是，对于麦克道尔来说，这种联系是一个直观的、被统一的非命题内容和一个人所做出的判断的命题内容之间的。而对于特拉维斯来说，这种联系是被看到的东西和一个人通过应用概念到所看到的东西做出的判断之间的。他们之间的不同之处在于：对于在描述这种联系过程中像"一个直观的内容"一样的某物来说，是否存在某种作用。他们都赞同的是：存在一种联系，并且一旦这种联系做出了，给予的神秘也就被避免了。

不清楚的是，对于具有特拉维斯所拥有的概念化和看到之间的关系构念的某个人来说，这仍保留着塞拉斯式学者对给予的攻击。如果看到是具有实在的某个部分的一种情况，并且做出有关被看到东西的一个判断，正应用一个人的概念到基于这个他所看到的东西，那么没有任何障碍来论断：看到某物能证明一个人的判断。有关给予神秘性的争论仍在继续，但在讨论经验中什么东西被给予时，其关键点是什么？

三、给予作为经验内容的现象学构念

苏珊娜·西格尔在斯坦福哲学百科上的《知觉的内容》中把"内容"定义为"通过该主体的知觉经验，被表达给她的东西"。③ 一方面，从前面我们已经知道，知觉不是命题态度，知觉经验的内容不是命题内容；另一方面，命题态度和经验是两种本质不同的心理状态，这在前面已经明确指出。这样，笔者认为，经验内容不是命题的，而是非命题的。的确，在一些观点上，被表达给该主体的东西就是感觉的某物（"感受质"或摩尔称之为"内容"的东西）；而在另一些观点上，它是表征的某物。在蒂姆·克瑞恩看来，"什么东西被表达"相当接近于"什么东西被给予"。如果我们采用西格尔的内容定义，我们也能够认为：一个经验的内容就是在这个经验中被给予到主体的东西。那么，实

---

① McDowell J. Avoiding the myth of the given//McDowell J. *The Engaged Intellect*. Cambridge, MA: Harvard University Press, 2009: 266.
② McDowell J. Avoiding the myth of the given//McDowell J. *The Engaged Intellect*. Cambridge, MA: Harvard University Press, 2009: 271.
③ Siegel S. The Contents of Perception. http://plato.stanford.edu/entries/perception-contents/ [2005-10-11].

质问题就是：这种内容是什么？也就是说，在一个经验中什么被给予或表达给主体？

大卫·查尔莫斯通过采用经验的表征内容的一个"复数主义"（pluralistic）构念来回应这个张力："一个人应该是一个关于表征内容的复数主义者。可能是：经验能够由不同的关系与许多不同种类的内容相关联：我们能称这样的关系为内容关系。例如，可以有一种内容关系，它将经验与包括对象的内容相关联起来，也可以有另一种内容关系，它将经验与存在内容相关联。……在这个观点上，不可以有这样一个东西作为一个知觉经验的表征内容。相反地，一个给定的经验可以与多重表征内容相关联，通过不同的内容关系。"[①]查尔莫斯的提法是基于这样的观念："关联"不同种类的内容能用来强调所讨论问题中的该状态的不同方面。

考察期望：俄狄浦斯想要和他的母亲结婚吗？在一种意义上，明显不是；他不会已经同意这个语句，他不会已经接受对他本人的这个思想，并且他会已经做了许多与具有这个期望不一致的事情。因此我们应该说，语句"俄狄浦斯想要的情况是：他与他的母亲结婚"，这具有了一个假的解读。但是也存在一个意义，在其中为真的是：他想要与他的母亲结婚，他的母亲使得俄狄浦斯想要与她结婚；他想要与伊俄卡斯忒（Jocasta）结婚，并且伊俄卡斯忒是他的母亲。这些论断为假，或者它们在这种情形的描述中没有用于任何目的。

在与弄清这些现象的斗争过程中，哲学家已经诉诸态度刻画之间的各种区别：例如，通常说的是：在从言意义中（"俄狄浦斯想要情况……"）它不为真的是：他想要与他的母亲结婚，但是在从物意义中（"他的母亲是使得俄狄浦斯想要……"）它为真。存在这两种描述并且它们能使得在这些情形中的模棱两可性清晰了，这是看似合理的。那么我们可能把不同内容（在从言情况中的完全从言，和在从物情况中的不完全内容）当作通过不同的"内容关系"与俄狄浦斯的心灵状态相关联。正如查尔莫斯所论证的，这可能是知觉表征内容的模式。如果一个经验表面上具有多重内容，并且一个经验的内容正是被表达给主体的东西，那么由此得出的是，多重内容是被表达给经验主体的。因此，如果经验表达给我：昏星正在空中发光，它也正表达给我：晨星正在空中发光。它也表达了有某个东西在空中发光，等等。

当说到这些东西由我的经验"表达"给我，这意指什么呢？如果它与有关

---

① Chalmers D. Perception and the fall from Eden//Gendler T S, Hawthorne J. *Perceptual Experience*. Oxford: Oxford University Press, 2006: 78.

这样信息的一个论断：该经验传递的信息，或者什么种类的信息能被来源于这样的事实：我正拥有这个经验，那么弄清这个论断（无论这个论断为真与否）是不困难的。但是，如果它是该经验现象学的一个描述、有关拥有一个经验像什么样子的一个描述，那么并不清楚它意指什么。当拥有晚上的金星的一个视觉经验时，仿佛似乎不是许多不同的（可能不兼容的）内容正在被表达给我。正在被给予给我的东西就是某种情景、某种具体实在的范围，它似乎像一个合理地统一的东西，似乎并不像接收到多重信息说不同的东西（即使这些信息由不同的"内容关系"所传递）。所以很难明白，查尔莫斯的内容复数主义如何能够是经验现象学的一个理论，无论它有什么优点。

但是，如果我们把它放在它的语词中，标准的意向主义就精确地倾向于是一个现象学理论。根据彼得·卡鲁斯，"现象意识存在于某种意向内容当中"。[①] 泰伊也认为，现象特征是同一的，如同表征内容一样。因此，这些意向主义观明显倾向于有关现象学的观点。事实上，独立于意向主义的辩护，广泛被假定具有某种与现象学相关的东西。例如，西格尔写道："另一个普遍被持有的约束就是内容必须是对它的现象学是充分的……现象充分性观念具有可考虑的直观效力。这显示的是：经验的内容在某种方式上不得不反映该经验的现象学。"很不容易弄清楚的观念是：经验中我们接受的东西是我们能够判断的。

那么，给予究竟是什么呢？

给予是经验的现象特征，也就是泰伊所指的那种现象内容。泰伊认为，所有感觉和经验都是意向的，一个状态的现象特征本身是意向的。[②] 现象特征（或像什么样子）是同一于某种意向内容的。例如，一个知觉经验的现象特征就是它的现象内容。泰伊坚持这种现象内容的 PANIC 理论，即现象内容是适当均衡的抽象的、非概念的意向内容。其中的"PANIC"分别是指：poised 被理解为要求这些内容附属到相关感觉模块的类似映射的输出表征当中，并对信念／愿望系统产生间接影响；abstract 被理解为没有任何特定具体对象进入到这些内容；nonconceptual 被理解为进入这些内容的一般特征不需要是它们的主体拥有符合概念的那些特征，content 即内容。根据 PANIC 理论，心理状态的内容的丰富性存在最佳的一个不同上。这个不同存在于四个方面：①内容中存在一个明显的不同。如经验表征其决定性的特征，而信念不是；经验表征通过该领域呈现局部表面特征，而信念不是。②在所涉及的工具中存在一个重要的不同。如经验

---

① Carruthers P. *Phenomenal Consciousness*. Cambridge, UK: Cambridge University Press, 2000: xiii.
② Tye M. *Ten Problems of Consciousness*. Cambridge, MA: The MIT Press, 1995: 137.

可以地图或矩阵的方式表征，而信念以语句的方式表征。③就被存储的表征所引起的作用方面存在一个不同。经验不能利用（draw on）记忆表征或至少不需要这样，而信念必须利用这样的表征。④经验是由认知系统的使用中适当地均衡的。相比之下，信念已经是该系统的一部分。

或许我们应该回到弗雷格。

给予是弗雷格式观念（Fregean idea）。有关给予问题的当代争论引发了另一个核心问题：给予应该如何被呈现出来？以命题方式，还是以非命题方式？相当多的学者指出，经验内容应该是非命题的。不能因为意向主义者接受弗雷格的含义观，就有理由来否认弗雷格式观念的存在。更重要的是，弗雷格式观念在现象学意义上被称之为经验内容的一个模式：在主体的经验中，在现象学上被给予的或被表征给这些主体的东西。这就将经验内容的非命题呈现方式引回到弗雷格式观念。

在《论含义和指称》中，弗雷格用通过望远镜来看月亮这个例子，在含义、指称和他称之为"观念"的东西之间运用了一个类比。① 这个月亮类似于一个语词的指称；望远镜中的意象（image）是含义（它是"许多人的属性"）并且观念（idea）被比较到视网膜上的意象。一个观念就是，在某个特定时刻，依赖于一个特定感知者的某个东西。因此，根据定义，它是不可分享的。这样的一个观念是看似合理地被分析作为一个表征（像视网膜上的一个意象）。但是它是一个具体且特定的表征，具体到这个人、这个时刻和这个地点。

弗雷格的兴趣是逻辑和真/假的判定，他没有丰富的心灵理论。如对于什么是"把握"一个思想？什么是观念？什么是意识？对这些问题的阐述都只是在论述其他问题时顺带提及了一下。因为他的主要想法是强调逻辑不是关于观念的，观念不是概念（我们现在把"概念"叫作谓词）。所以，在《算术的基础》中他写道："我一直在用心理学的那种意义上使用'观念'这个词，也一直区分概念、对象和观念。"② 在他后来的论文里面："我的意识、我的观念的内容应该和我思想的对象明确的区分。"③ 在这里，这个思想的对象是指称，是世界中的个体。而观念则是意识的内容。弗雷格在《论思想》中的考虑之一，就是去

---

① Frege G. Über sinn und bedeutung. *Zeitschrift für Philosophie und Philosophische Kritik*, 1892, 100: 25-50. Translated as "On Sense and Reference" //Geach P, Black M. *Translations from the Philosophical Writings of Gottlob Frege*. Third edition. Oxford: Blackwell, 1980.
② Frege G. *The Foundations of Arithmetic*. trans. Austin J L. Oxford: Blackwell, 1950: 10.
③ Frege G. The thoughts//Salmon N, Soames S. *Propositions and Attitudes*. Oxford: Oxford University Press, 1988: 72.

争论一个实在论假设,即我们思想的对象是世界中的事物而不应该和观念混淆。并且思想本身必须和观念区分开来,其中一个区分就是观念需要承担者。例如,我拥有的、对绿色的感觉－印象仅仅因为我而存在,我是其承担者。我们觉得如下这些是荒谬的:一个疼痛、情绪、期望在世界中被不停地使用,但却没有承担者。相反地,没有承担者的经验是不可能的,心灵内部世界预设了一个人有着这样的心灵内部世界。

那么,观念则是心灵内部世界的居住者,它们是主观的实体,它们是依据于特定的观念的主体而存在的。总而言之,弗雷格的观点是,观念是实存的心理状态,而不是抽象的物体。抽象物体是他所谓第三域的居住者。

弗雷格明确表明,观念不是哲学上常谈的那种感受质,而是普通的常识心理状态。"内部世界有着感觉－印象、有着想象的创造、有着知觉、有着感受和情绪和倾向、愿望和决定。我想把所有这些,除了决定,收集起来叫作观念。"① 感觉－印象、想象－倾向等,都是没有问题的意向状态,它们都是具有意向内容的状态。一个人可以有一头猪的视觉印象,可以想象猪的形象,也可以倾向于追打猪,也可以许愿礼物是获得一头肥猪。是否感受和情绪是意向性的状态?这是一个富有争议的话题,得看情况:一个人在谈感受和情绪时脑子在想什么,但即使如此,也值得注意,有些争论是关于这个的:至少有些我们叫作感受和情绪的事情是有着意向性内容的,而他们是否全部都是,并不影响弗雷格把他们分类成观念。

很明显,弗雷格的观念是意向性的,弗雷格用"vorstellung",这就和特瓦尔托夫斯基的"观念"理解有一脉相承之处。英语的翻译一般是 representation,有时也被翻译为 presentation。二者有时候被用作是意向性的同义词,或者是解释它的一种方式。有些作者(如塞尔、麦克道尔)认为,有些东西被 presented 和被 represented 是有重要区别的。或许,英语里面有着一些区别,但是在德文中,尤其在康德、布伦塔诺和弗雷格那样的 vorstellung 用法上没有那样的区分。那么,弗雷格的观念不是感受质,而是不同的心理状态,有着意向性的内容,尽管真正的知觉或许涉及命题性的内容(弗雷格式思想)。他坚持认为,为了有理智的感知东西,我们也需要感觉－印象,而那些完全属于内部世界,感觉－印象是观念,而且属于内部世界,明确地归属于一个主体的有意识的生命。②

---

① Frege G. The thoughts//Salmon N, Soames S. *Propositions and Attitudes*. Oxford: Oxford University Press, 1988: 66.
② Frege G. The thoughts//Salmon N, Soames S. *Propositions and Attitudes*. Oxford: Oxford University Press, 1988: 75.

由此得知，我们可以使用弗雷格式观念。理由之一是，在弗雷格的语境中，观念是主观的状态或事件。对于意向状态的研究不需要仅仅是它们命题的内容（如果有），而也可以是关于它们心理的模式或者态度——什么是记忆、注意、想象等等。那么，不可避免的这种研究就必须超越概念而追寻心理模式的实证研究。例如，记忆和想象的差别，在这些状态表征其对象是有差别，这就是它们意向性的差别。借助于一个语言类比，这个区分说明：同样的信息能被不同的句子表达，从这种意义上说，句子就是内容的工具。但是，除非我们认为一个意向性内容的理论应该建模于一个语句的语义学的理论上，否则我们不会去想要如此做区分。理由之二是，我们可以从弗雷格的讨论中看出，精神的状态（观念）可以具有意向内容而不用是命题态度。如果我想象了花园里的一头猪，那么我的想象一定有一个命题内容吗？在有些情况，或许是这样——如果我们要求去这么想象而那里显然没有，我被要求去想象假情形。不过，我或许仅仅是视觉化这件事，想象一头猪在我花园的情形，而不是想象那里确实有猪在花园，即不用去想象有什么假情形。其他的情况（如愿望、寻找等等）也能用相似的手法处理。

在任意一种情况下，即使一个心理的状态具有命题内容，以下也是不可能的：所有知觉经验的现象学方面都被决定于内容的决定者。阴影中模糊的东西，就是这么一种例子：一个主体的视觉经验的事实，或者是物体照明的事实，可以让"事物看起来是什么样的"出现不同，而这些不同不是视觉对象为真的情况的不同。不过，这些不同仍然是经验的意向性方面：是关于什么在经验中被给予或传达给主体的。

这样，弗雷格式观念在现象学意义上是指在主体的经验中，被给予的或被表征给该主体的东西。在这个经验中表征这个世界的这种特定方式就是我们可能称之为该经验的"真实内容"（遵循胡塞尔）。在这里，真实的不是与非真实的、虚假的或想象的相比较，而是与理想的（ideal）相比较。理想的对象在时空中没有一个位置。这种经验的"真实内容"正是我们所谈论的心理内容在现象学维度上的形式。这些涉及经验的观念——特定的、有意识的片段——具有内容，因为它们是被给予或被表达给该主体的某物的一个情况。但是它们拥有什么种类的内容呢？经验具有非命题内容，在这种意义上它们表征这个世界的根本方式是非命题的。[1]

---

[1] Crane T. The given//Crane T. *Aspects of Psychologism*. Cambridge, MA: Harvard University Press, 2014: 235-255.

非命题内容不应该是神秘的。许多图画具有非命题内容：它们已经表征对象及其属性，但它们不是你能够用来"说"的那种东西。图画能够具有正确条件，但是在具有一个被表达为一个命题的正确条件的一个表征和它拥有一个命题作为它的内容之间存在不同。[1]以这种方式被分析的经验与麦克道尔的"直观"具有某种共同之处。它们具有非命题内容，并且它们的内容具有某种统一性：正如麦克道尔所说："在一个视觉直观中，一个对象呈现给一个主体，它的那些特征对于该主体从她的有利情况关键点是可看得见的"。[2]一个直观是被带入到视野（view）的某个东西的一个特定事件或场合。麦克道尔坚持认为，一个直观的内容是概念的，但这不是与现实地被概念化或被思考关于的内容的任何每一个方面相一致的，也不是与被做出一个判断的内容相一致的。[3]不是每一个在一个经验中被呈现的东西都是被概念化的，实际情况是：这个经验具有非概念内容。

需要注意的是，判断（或麦克道尔的"推论行为"）是经验内容的概念化。经验或麦克道尔的直观"揭示的东西作为它们会被断定处于这样的论断中：这些论断不再是该直观的一些内容的一个推论探求。"[4]把概念化思考为"一个经验内容的'推论探求'"，这是非常有用的，其中这个经验是被概念化的，但不是本质上如此被探求的。

我们应该以一个基本的知觉现象开始：看到（seeing）这种情况。当我们看到这个世界时，说我们接受具体实在，这是相当正确的。我们看到我们周围的东西，从特定的视角，以阐明的特定条件，以及处于对我们周围东西的具体关系当中呈现其自身给我们。一个可能的主张就是说：这就是我们需要理解经验的所有东西：什么东西被经验到，以及在其中这些东西与我们所处的关系。如果确是如此，那么不会有任何困难来解释经验如何接受具体实在：因为这就是经验所是的东西，对具体实在外层的一个关系。

四、评价

综上所述，在心灵的两大研究传统日趋融合背景下，经验的内容问题逐步

---

[1] Crane T. Is perception a propositional attitude?. *Philosophical Quarterly*, 2009, 59: 452-469.
[2] McDowell J. Avoiding the myth of the given//McDowell J. *The Engaged Intellect*. Cambridge, MA: Harvard University Press, 2009: 265.
[3] McDowell J. Avoiding the myth of the given//McDowell J. *The Engaged Intellect*. Cambridge, MA: Harvard University Press, 2009: 264.
[4] McDowell J. Avoiding the myth of the given//McDowell J. *The Engaged Intellect*. Cambridge, MA: Harvard University Press, 2009: 267.

成为当代心灵哲学研究中的一个重要领域。经验内容强调经验状态的非命题内容方面,知觉经验的内容更是当代研究的基础核心部分。本章在阐述知觉经验的主要研究方案等问题的基础上,展开对非概念内容、给予等内容呈现形式的当代论述。

第一,在这里所使用的、摩尔意义上的经验是一种狭义理解上的经验。它是相对于命题态度状态(即思想状态)而言的。在摩尔(G.E.Moore)看来,感觉经验包括意象、梦中的感觉经验、幻觉与错觉、后像、合适的感受(sensations proper)五类。[①] 在这里,摩尔意义上的经验实质上是指主体能逻辑理性化之后所剩下的那些心理状态,也就是不能够概念化、命题化的心理状态。随着有关心灵的分析哲学研究和现象学研究两大传统的日趋融合,尽管当代对经验内容的争论中有极少数学者坚持经验具有概念内容,但绝大多数学者已经主张经验具有非概念内容,从而能更有效地区分于思想状态中的命题内容。

第二,笔者认为,知觉不是命题态度。通常对命题内容或命题的理解是,把命题当作真值承担者、陈述语句的意义、真值函项逻辑关系的关系者项等。并且我们对命题内容的把握或理解是放在思想(thought)范围里面的,而知觉是属于独立于思想的经验(experience)范围中的。即使我们想要在知觉经验内容中寻找与命题的关系或角色,我们可以指出:这种经验内容是非命题的,它不具有命题内容,它具有与思想内容或命题内容完全不同的描述方式。我们可以从图片表征角度和非概念内容角度来予以论证。

第三,概念内容和非概念内容是当代心灵哲学中争论经验内容本质的一对重要范畴。现象学传统中的心理内容研究倾向于采取非自然主义甚或反自然主义的进路,现象学者的心理内容范畴分析主要集中在经验的概念内容和非概念内容两方面。除了极少数当代学者(如麦克道尔)坚持经验中的概念内容立场之外,绝大多数学者已经主张经验的非概念内容。埃文斯的知觉转换观、皮科克的底本和原型命题观、福多的图标表征观、赫克的两种形式观、库辛斯的非概念属性构成观、苏珊娜·西格尔的知觉内容观以及蒂姆·克瑞恩的非概念内容与内容拥有的区分观都阐明了他们在经验的非概念内容理解上的分析特点。

第四,当代学者在力图消除经验的概念内容与非概念内容之争过程中,破解给予神秘性成为诸多学者关注的焦点。在心理内容的现象学研究传统中,经验内容是感觉的某个东西,是被给予到该主体的东西。给予就是在经验中的东西(the given is that in experience);给予也是经验的现象特征,即迈克·泰伊

---

① Moore G E. The refutation of idealism. *Mind*, 1903, 12(48): 433-453.

（Michael Tye）意义上的那种现象内容。那么，给予应该如何被呈现出来？以命题方式，还是以非命题方式？当代相当多的学者指出，经验内容应该是非命题的。因为弗雷格式观念在现象学意义上被称之为经验内容的一个模式：在主体的经验中，在现象学上被给予的或被表征给这些主体的东西。这就将经验内容的非命题呈现方式引回到弗雷格式观念。

总之，如果一个人正在尝试着描述一个特定经验的现象学特征，那么在其经验中就有像"给予"一样的某个东西：它是内容的现象学构念（即什么东西被表达、被呈现给主体），它可以是弗雷格式观念。我们可以说，所有真实的经验必须被给予到我们。正是在这种意义上，我们认为，经验内容是非命题的，并且与命题内容一起构成心理内容的两大主要样态，这也标志着心理内容研究的分析哲学传统和现象学传统的融合趋向。

第六章
心理内容与对象

毋庸置疑，无论是命题内容还是经验内容，它们都包括（involve）心灵所指向的对象。对象问题始终是指称研究（尤其是意向指称研究）中的核心部分，也是意义研究的重心之一，更是心理内容研究中不可回避的、不可或缺的一部分。本章在阐述特瓦尔托夫斯基的内容 – 对象区分的基础上，对指称的心灵维度进行了初步解析，指出指称三元素（指称主体、指称行动与指称对象）的心灵哲学意蕴，并在论断非实存对象的前提下，陈述了当代主要的三种意向对象观念。

第一节　特瓦尔托夫斯基的内容 – 对象区分

在现代哲学史中，特瓦尔托夫斯基的《呈现的内容和对象》是最卓越的著作之一。用芬得利的话说，这本书简洁、清晰，并且"观念超级丰富"（amazingly rich in idea）。同时，特瓦尔托夫斯基的书也具有很高的历史价值。他的观点影响了早期布伦塔诺的主张并且进一步拓展了布伦塔诺哲学，并在迈农的对象理论和胡塞尔的现象学之间，形成了一种关联。特氏的观点指出许多问题的未来发展，并且通过迈农[①]、胡塞尔、罗素，以及摩尔的影响，这些问题

---

① 对于迈农及其追随者的思想，详见笔者的论文《不可回避的非存在问题》《普赖斯特的非存在论辩护策略》；高新民：《迈农主义与本体论的发展》，北京：科学出版社，2014 年。

在当代哲学中已经成为典型的考虑对象。

一、特氏的观念及其意图

特氏断言，我们必须区分一个呈现的行动、内容和对象。其思想中极其关键的德文词汇是"vorstellung"。这个词项具有一个相应的动词并且考虑这样的表达如"das vorgestellte"。从一个纯粹哲学的观点来看，"vorstellung"的最佳翻译通常是语词"观念"（idea）。但是，在英文中没有相应的动词，我们也不能很容易地翻译"das vorgestellte"。因此，遵循这种普遍的实践，英文中不是用"观念"来翻译"vorstellung"，而是用"呈现"（presentation）来翻译"vorstellung"。[①] 但是，翻译过程也会伴随着一些担忧；因为这种翻译破坏了德文文本的一些哲学味道，它无法强调德国（康德式）传统的 vorstellungen 就是英国（洛克式）传统的观念。

这种情况直接对其他两个词项"inhalt"和"gegenstand"也是一样的。我们翻译它们分别为"内容"和"对象"。正如特氏所想到的一样，一个呈现是一个心理行动，它具有两个部分：一个部分是（行动）的种类，它决定这个行动是一个呈现而不是（如）一个判断或一个期望。这个行动的第二个部分是所谓的内容。这个内容决定该呈现在心灵面前带来什么样的特定对象。因而严格地说，它不是该呈现的整个行动，而仅仅是那个内容，它是"有关"某个对象的。我们可以认为，呈现的内容就是英国洛克式传统中的观念（notions、concept）。在心理行动意义上，一个呈现就是与拥有一个观念的一个心理行动是一致的。简言之，当说到一个观念、拥有该观念的那个行动、该观念的那个对象，这些分别是特氏所说的一个呈现的那个内容、那个呈现行动和该呈现的那个对象。

特氏区分两种主要的观念，即个体观念（有关个体东西的观念）和一般观念（概念）。这种区分反映了康德把观念划分为直观（anschauungen）和概念（begriffe）。清楚的是，一个个体观念是有关一个个体东西的观念；而并不清晰的是，一个概念是有关什么东西的一个概念。特氏坚持认为，一个概念并不意指（intend）多元的（a plurality of）个体东西；例如，（有关）绿色这个概念并不意指多元的、个体的、绿色的东西。这样，一个概念所意指的东西不是相同于归入到一个概念的东西。在这方面，特氏不同于大多数他的同时代人，他并不坚持认为，一个概念意指（intend）一个属性。反而他似乎相信它意指有关个

[①] Twardowski K. *On the Content and Object of Presentation*. The Hague：Martinus Nijhoff，1977：viii.

体东西的"一群构成成分":在特氏观点上,一个个体东西就是,被特定化的属性或者有关实例(instances)的一种复合物(complex)("汇集""束")。① 拥有有关颜色的相同阴影的两个个体东西包含有关这个颜色的两个实例来作为构成成分。尽管它们不是相同的或同一的,但是这两个实例处于颜色类似性的关系之中。这样,一个概念意指一组实例,即由某种等值关系所决定的一组实例。

语词"对象",正如被布伦塔诺的学生们所使用的一样,是含糊不清的。一个对象是一个心理行动可以把之放在一个心灵面前的无论什么东西。在这种意义上,能够在一个心灵面前的任何东西,无论它是什么种类的实体,都被称为一个对象。但是,语词"对象"也被用到某种实体,即用到个体东西。现在,只要一个人(像布伦塔诺一样)坚持认为,所有存在(there are)的实体,是个体东西,这就不需要引发任何术语问题。但是,如果一个人(像迈农和胡塞尔一样)承认存在其他范畴(例如事态),那么他就必须改变他的术语。再者,特氏坚持认为,个体观念的意图是对象,而概念的意图是各组对象,即是其他对象的一部分的那些对象。而当迈农称他新近发现的探究"对象理论"(gegenstands theorie)领域时,他并不意指谈论关于有关个体东西的一个理论,他所考虑的东西是有关意图(intention)的一个一般理论、有关实体的一个理论。

特氏坚持认为,行动、内容和对象之间的三重区分也运用到判断。正像一个呈现一样,一个判断由两部分构成:一个种类(kind)和一个内容。当然,这个种类是<u>成为一个判断</u>这个属性(不同于<u>成为一个呈现</u>这种属性)的一个实例。到目前为止,判断和呈现之间的这种平行是完美的。但是,特氏认为,一个判断的内容是依据这个判断被肯定或被否定的那个对象的那种实存(the existence)。正如对象(以观念的形式)具有它们的心理图式一样,因而判断的意图拥有它们的心理配对物,以我们可以称之为判断的形式。正如我们必须区分一个观念、拥有这个观念的那个行动和该观念的意图一样,我们必须区分一个判断,做出这个判断的那个行动和该判断的意图。正如区分做出判断的行动一样,判断会由观念组成。

特瓦尔托夫斯基并不以对判断明显的方式来拓展那种内容-对象区分,因为他接受布伦塔诺早期的判断理论。根据布氏的理论,每一个判断是对有关一个对象的实存(existence)的一个肯定或一个否定。这样,在这个理论中没有任何空间是针对有关判断的特殊内容和特殊意图的。每一个判断仅仅肯定或否定一个个体东西,这个个体东西是通过一个观念被呈现到心灵的。一个判断的

---

① Twardowski K. *On the Content and Object of Presentation*. The Hague:Martinus Nijhoff,1977:ix.

内容仅仅与那个根本呈现的内容相一致的,也就是说,是与呈现该对象到心灵的那个观念相一致的。并且该判断的意图仅仅与有关这个根本呈现的意图相一致的,那也就是说,是与该观念的对象是相一致的。根据这个判断理论,仅仅只有一种"内在图式"(inner picture),即观念(ideas),它把东西放在心灵面前;并且仅仅只有一种"外在意图",即对象,它被带到心灵面前。但是,一个心灵可以对这些对象采用不同的态度:它们能被肯定或否定,并且它们能被期望或痛恨。这是布伦塔诺著名学说的那个主旨(gist):每一个心理行动要么是一个呈现要么依赖于一个呈现。正因如此,特氏增加了对布伦塔诺理论的一个特殊的转折(twist),通过把一个判断的内容,不是等同于那个根本呈现的内容,而是等同于那个被判断的对象的实存。[①] 特瓦尔托夫斯基论证道:在一个思想对象和它的内容之间的区分是需要的,在其中正是内容使得这个思想是内在固有的某物。他论断我们必须在一个呈现的行为、内容和对象之间(the act, the content and the object of a presentation)做出区别。

需要指出的是,由于布伦塔诺对对象与内容的令人混淆的使用,迈农和胡塞尔最终都抛弃了他的早期判断理论。他们发现了事态范畴,并且判断(以及像假定一样的其他"命题的"行动)被认为意指不同于对象的事态。这种有关判断的新观点给予了特瓦尔托夫斯基理论的一种拓展,但这样的一种拓展也导致了新问题:如何分析这样的事实,即存在有关不实存对象的观念,例如有关金山、有关方的圆。事态范畴的使用,也引起了这样的问题:如何分析这样的事实,即存在假信念,那也就是说,存在在非实存事态中的信念。这些也就成为后来非存在问题被长久争论的根本来源之一。

二、从三个角度的区分说明

众所周知的心理学主张,每一心理现象意指一个内在的对象(immanent object)。这样一种关系的存在是心理现象区别于物理对象的一个显著特征。在对一个"内在对象"的这种关系基础上,它体现心理现象的特征,一个人就已经习惯于在行为和内容之间区分每一心理现象,并且这样从两方面来显示每一心理现象。当一个人谈到"呈现"时,一个人有时能通过这个表达式理解为呈现行为;有时也能指被呈现的什么东西、该呈现的内容。因而,对于这个表达式就产生了一些误解。但是如果预防了在这个心理行动和它的内容之间的一个

---

① Twardowski K. *On the Content and Object of Presentation*. The Hague: Martinus Nijhoff, 1977: xi.

混淆，那么这种含糊性仍是可被克服的。

在已经讨论了心理现象对一个内容的特殊关系之后，布伦塔诺继续到："①我们称之为'呈现和判断的内容'的东西完全存在于这个主体当中作为呈现和判断行为本身。②语词'东西'和'对象'在两种意义上被使用：一方面用作独立地实存的实体……它们是我们的呈现和判断所瞄准的，如其所是；另一方面，用作心理的东西，或多或少地接近，存在于我们'之中'的那个真实实体的'图式'。这种准图式［更精确地：记号（sign）］是同一于在①下被谈及的那个内容的。在区别于东西或对象过程中，它被假定是独立于思维的，一个人也能称一个呈现和判断（类似地：一个情感和一个意愿）的内容为这些心理现象的'内在的或意向的对象'。"据此，一个人不得不在我们的观念"瞄准，如其所是"的对象和该呈现的内在对象或内容之间进行区分。这种区分不总是被做出，并且已经被很多人所忽略。①我们将说，内容是在呈现中被呈现的，对象是通过呈现而被呈现的（the content is presented in, the object presented through, the presentation）。

在特氏看来，一个呈现的内容总是被构想为瞄准通过该内容被构想的那个对象的那个行为的内容。②一个呈现的内容的实质构成成分被根据以下三个标准划分：①具有相互可分离性的部分；②具有相互不可分离性的部分；③具有一面可分离性的部分。他还指出，同一呈现的内容和对象之间的关系：呈现的对象通过该呈现的内容来被呈现，依据这样的事实：①这个内容和对象属于形同的呈现行为；②就复杂内容方面来说，一个内容的构成成分划分为分别对应于对象的实质构成成分、初始形式构成成分和第二形式构成成分；③一个内容的形式构成成分的本质由对象的形式构成成分的特征所决定。形式构成成分的本质依赖于实质构成成分的本质，因为一个对象的形式构成成分的呈现是该内容的实质构成成分。③

那么，内容和对象之间的不同区分该如何说明呢？特氏认为，一个呈现的内容和对象彼此是不同的，当这个对象实存时，这将几乎不被否认。如果一个人说，"太阳实存"，很明显他并不意指他的有关太阳的呈现的内容，而是意指完全不同于这个内容的某个东西。对于其对象不实存的呈现来说，这种情况并不如此简单。吸引人相信的是，在这种情况中内容和对象之间没有任何真正的

---

① Twardowski K. *On the Content and Object of Presentation*. The Hague：Martinus Nijhoff, 1977：17.
② Twardowski K. *On the Content and Object of Presentation*. The Hague：Martinus Nijhoff, 1977：60-61.
③ Twardowski K. *On the Content and Object of Presentation*. The Hague：Martinus Nijhoff, 1977：76-77.

不同，而仅仅是一种逻辑上的不同；也吸引人相信的是，在这种情况中内容和对象真正地是一个实体；并且这个实体有时出现作为内容，有时出现作为对象，因为一个人能考虑它的两个角度。但是这并不如此。相反，一个简明的考虑表明，当这个对象实存时能被确定的一个呈现的内容和对象之间的不同，也出现在当这个对象并不实存时。我们将列出这些不同的最重要的方面并且尝试显示它如何出现，对于正实存的对象来说，正如同对于非实存的对象一样。特瓦尔托夫斯基主要从三个角度来对这种不同进行了说明：

第一，逻辑方面的说明。特氏认为，为了证明讨论中这种不同的存在，我们已经重复地关注那些非常不同的方式，在肯定判断和否定判断方面，内容和对象有所行动。这也就是说，如果一个呈现的内容和对象是逻辑地不同，那么不会可能的是，其内容实存而对象不实存。但是这经常发生。如果一个人对否认一个对象的判断做出一个真判断，那么他必须切实拥有他所判断和否认的那个对象的一个呈现。因而根据一个相应的内容，这个对象被呈现作为一个对象。无论何时情况是如此，这个内容实存，但这个对象并不实存；因为，正是这个对象，它在一个真的否定判断中被否认。如果内容和对象真的是相同的，那么就会不可能的是，对其中一个实存并且同时对另一个并不实存。因此，我们得出的论证，一个呈现的内容和对象之间的一个真正不同，是从这个真的、否认的判断和该判断所基于那个呈现的对象和内容之间的关系中得出的。[1]

第二，从实在性属性方面的说明。在这里，特氏主要分析了克里和利布曼的观点。克里（Kerry）认为，一个数字的概念和这个数字本身之间的不同能被分辨，因为这样的事实，即这个数字具有属性并且处于完全不同于它的概念的那种关系中。克里通过我们称呼一个呈现的内容的东西这个概念来理解；并且这个数字本身就是这个对象。例如，一座金山具有空间上被延展、由金子所构成的、比其他山要大的这些属性。这些属性和对其他山的关系明显并不属于有关一座金山的这个呈现的内容；因为后者既不是空间上被延展的，也不是由金子所构成的，也不是关于数量关系的命题运用到它之上。并且即使这座金山并不实存，在它作为一个呈现对象的范围内，它被归属到一个人，并且这个人关联它到或许并不实存的其他呈现对象上。同样有效的是，对于对象来说，一个人归属这些对象到矛盾的决定（determinations）。这些矛盾的决定并不被归属到这个内容。有关一个倾斜的方的呈现内容既不是倾斜的也不是方的；再者，这个倾斜的方，这个呈现的对象，都具有这些属性。从这个角度来看，呈现的内

---

[1] Twardowski K. *On the Content and Object of Presentation*. The Hague：Martinus Nijhoff，1977：27-28.

容和对象之间明显有一个不同。①

利布曼（Liebmann）努力明确区分呈现的行动和内容，作为完全不同的实体，他忽视了内容和对象之间的不同。他说："我们视觉的和触觉的呈现的内容总是占有某些几何学的谓词（如位置、形状等），与空间延展一起。然而，这个内容的拥有是对这些几何谓词不可接触的"。利布曼在这里把我们称之为一个呈现的"对象"称之为"内容"；因为"对象"占有利布曼所提及的那种几何谓词。然而，如果利布曼通过内容理解我们所称之为的对象，那么他的评论，尽管正确，也无法提及一个呈现的行动和对象，根据这个呈现，一个行动意指这个特定对象而不是其他对象。这种关联，在我们意义上的这个内容，不是相同于这个行动的。它与这个行动一起形成一个单一的心理实在，但是<u>拥有一个呈现</u>这个行动是真实的某个东西，这个呈现的内容总是缺少实在性。这个对象有时具有实在性，有时不具有实在性。在<u>是真实的</u>这个属性方面，这个不同行动也反映了一个呈现的内容和对象之间的不同。

第三，从等值呈现的存在中说明。特氏认为，对一个呈现的内容和对象之间的这种真实的、不仅仅是逻辑上的不同来说，对之的一个更进一步的证明来自于所谓的等值呈现的存在。根据这个通常的定义，这样的呈现具有相同的外延但具有不同的内容。等值呈现的一个例子是：定位在罗马朱瓦乌姆镇（Juvavum）位置的那个城市和莫扎特的出生地。这两个名称具有一个不同的意义，但是它们都指称相同的那个东西。这样，由于一个名称的意义与该名称所指称的那个呈现的内容相一致，并且由于这个名称所命名的对象是该呈现的那个对象，我们也能够定义等值呈现作为呈现，在其中一个不同的内容被呈现。但是，内容和对象之间的不同已经被给予了。因为当构想定位在罗马朱瓦乌姆位置的那个城市和当构想莫扎特的出生地时，一个人是在构想相当不同的某个东西。这两个呈现由非常不同的部分所构成。第一个呈现包括罗马人和一个古代城市的呈现作为部分；第二个呈现包括一个作曲家和一个与其出生城市所处的那个关系的呈现作为部分，同时与以前占领这个地方的一个旧的位置关系是不出现的，并且这是通过第一个呈现而被呈现的。尽管这些内容的部分之间有这些很大的不同，但这两个内容都意指同一个对象。属于莫扎特出生地的那些相同属性也属于定位在罗马朱瓦乌姆位置的那个城市；并且该城市是同一于莫扎特的出生地的。该呈现的那个对象是相同的；区分它们的东西是它们的不同内容。这些考虑能很容易地被运用到那些对象并不实存的呈现上。一般地，严

---

① Twardowski K. *On the Content and Object of Presentation*. The Hague：Martinus Nijhoff，1977：29.

格的几何意义上的一个圆并不在任何地方实存。然而，一个人能以不同的方式构想它。①

从等值呈现角度的这个论证并未能轻松地被运用到呈现的内容和对象之间的不同上，因为其中有些呈现的对象包括矛盾的决定。如果一个人构想说一个倾斜的方就像说一个圆的方是非存在的对象，但是意向对象和构想具有不相等对角线的一个方，那么他拥有具有部分相同内容和部分不同内容的两个呈现，但是，是否这些不同的内容意指那个相同的对象，这很难决定，因为没有任何其他的有关这个对象的呈现，除了这个等值呈现之外，即使克里称之为"亲知"这个对象，这也是不可能的。这些等值呈现之一的那个对象的属性和另一个等值呈现的那个对象的属性之间的比较，这也是不可能的，因为这些属性特征当中的每一个逻辑关联是被取消的（abolished）。

一个人能形成有关具有矛盾决定的一个对象的呈现，并且其内容呈现有关一对以上这样的矛盾决定；例如，有关一个方的、具有不相等对角线的倾斜图形的呈现。在这里方的和倾斜的那些决定，如同方和具有不相等对角线这些决定一样，是彼此成对而互相矛盾的。具有两对作为内容的呈现，展现了一个单一的、非实存的对象。但是，一个人能把这个呈现划分为两个，通过每次构想这两个矛盾属性中的一个。这也就是说，一个人能一次构想这个具有不相等对角线的方的、倾斜的图形，通过仅仅构想方的和倾斜的这些决定（determinations），并且在另一次时他能够构想这个相同的对象，其通过假定是方的和倾斜的，通过仅仅构成由这些语词所指示的那对属性："是具有不相等对角线的方"。根据这个假定，他构想这个相同的对象，通过这两个呈现，但是这些呈现仅仅部分地具有相同的内容，因而是真实的（real）等值呈现。以这种方式，对于内容和对象之间的不同，从等值呈现角度的这个论证也能被运用到其对象不能实存的那些呈现，因为这些对象的单一决定是彼此不可相容的。②

另外，特瓦尔托夫斯基还指出，克里还使用一个进一步的论证，为了证明内容和对象是不同一的。一个一般的呈现，作为多个对象归入的一个呈现，仅仅具有一个单一内容，进而证明内容和对象不得不是被明显区分的。然而，特氏认为，即使没有克里的这个论证，上面所列出的理由似乎也充分显示，一个人不得不区分一个呈现的内容和对象，即使这个对象必须被否认。

---

① Twardowski K. *On the Content and Object of Presentation*. The Hague: Martinus Nijhoff, 1977: 30.
② Twardowski K. *On the Content and Object of Presentation*. The Hague: Martinus Nijhoff, 1977: 31.

三、特瓦尔托夫斯基对非实存对象的理解

在有关非实存意图的问题上，迈农的对象理论[①]和胡塞尔的现象学依赖于相同的两个基本论题。根据第一个论题，每一个心理行动拥有一个意图；第二个论题陈述，意图具有属性并且处于不考虑它们本体论地位的关系当中。特瓦尔托夫斯基辩护了这两个论题。

特瓦尔托夫斯基坚持认为，每一个观念拥有一个对象。例如，考虑有关一个圆的方这个观念。一些哲学家认为，这个观念没有任何对象。根据特氏，他们弄错了，这是能从这样的事实中弄明白的：一个人否认其实存是因为它具有不一致的属性，这样的实体不是有关一个圆的方这个观念的，而是有关一个圆的方本身。换句话说，一个人正在论证，如果他否认某个东西的实存，那么这个东西必须是在心灵面前。而且这个东西不能是一个观念，因为这个观念大部分被确信并不拥有这个东西所具有的这种（矛盾的）属性。特氏论证道，由于这个圆的方是圆的且是方的，而有关它的观念既不是圆的也不是方的，这个圆的方，不同于有关它的观念，必须是在心灵面前的。他使用第二个论题来证明第一个论题。

但是，如果为真的是，每一个观念拥有一个对象，这种错误观念如何获得接受：存在"无对象的"（objectless）观念吗？特氏认为，一个人把有关一个对象的非实存与它的不被呈现弄混淆了。他坚持认为，我们必须区分两个非常不同的问题。第一个问题是：一个给定的观念意指某个东西吗？第二个问题是：它意指拥有 being 的一个实体吗？对第一个问题的回答总是肯定的：所有观念意指某个东西。但是第二个问题的答案可以或不可以是肯定的，因为一些意图没有任何 being。因此，一个观念拥有一个对象，这个事实并不蕴涵：这个对象具有 being。再者，特氏坚持认为，在每一个观念及其对象之间存在某种模糊不清的意向关系。根据这种意向关系，特氏的观念能被描述如下。我们必须区分这两个问题：是否这种意向关系在一个观念及其对象之间持有？是否这个对象具有 being？每一个观念依靠这种意向关系被关联到"它的"对象，但是，这并不自动得出：这个对象具有 being。这样，特氏隐含的是，这种意向关系能在一个具有 being 的一个心理实体，内容和没有任何本体论地位的某个东西，对象之间持有。换句话说，他坚持认为，至少有一种"特别的"关系，它跨越 being 王国

[①] 有关迈农的对象理论请详见宋荣：《思维内容的心灵哲学探究》，北京：中国社会科学出版社，2012年，第6章。

和 nonbeing 王国。这是特氏的基本假定。他对非实存对象问题的解决方案依赖于这个基本假定，这明显影响了后来的迈农。

特瓦尔托夫斯基的这个基本假定能被拓展到事态。一个人仅仅不得不假定，相同的意向关系也把判断（思想）和事态相关联。正如这种意向关系在一些场合上把一个实存观念和不具有任何本体论地位的一个对象相关联一样，它也可以把一个实存判断和一个不具有任何 being 的一个事态相关联。例如，一方面一个信念为真，当且仅当它意指一个事实，那就是说，意指一个亚实存的事态；另一方面，一个信念为假，当且仅当它意指并不亚实存的一个事态，那就是说它根本不具有任何 being。因此，特氏假定了这种意向关系能把各种心理内容与各种意图相关联，不管这些意图是否具有 being。[①]

与特氏有关非实存意图问题解决方案相比较而言，罗素方案的主要观点是，假信念必须意指具有相同本体论地位的事态作为事实。由于真信念的意图被认为是亚实存的，这得出的结论就是，由假信念所意指的事态也亚实存。但是，在真信念和假信念之间存在一个"对象的"（objective）不同。即使真信念和假信念的意图同样都亚实存，真信念的意图具有假信念的意图所缺少的某种特征。罗素认为，由真信念所意指的事态拥有为真这样的特征，而由假信念所意指的那些事态拥有为假这样的特征。

有许多罗素方案的变种。在这些版本当中事态被划分为事实和非事实两类。例如，弗雷格坚持认为，真信念意指被关联这个对象的事态为真。假信念意指是被关联该对象的事态为假。其他变种方案并不刻画完整的亚实存到非事实的事态，而是坚持非事实事态具有某种 being。罗素论证道，反对特氏的这个基本假定，即一个假信念意指一个事态如同一个真信念那样，因此，被一个假信念所意指的这个事态必须亚实存。

罗素的论证归根结底是，是否有这样一种特有的（peculiar）关系：罗素假定没有任何这样的意向关系，而特氏认为，有这样的意向关系。但是，罗素增加了另外一个论证。正是这样一个事实，即金山没有任何 being。因而有亚实存的事态，即金山没有任何 being。但是这个事态明显是一个复合实体、一个整体，它由某些实体所构成。在这个复合实体的构成成分当中的是这座金山。现在，正是一条根本原则，即一个整体不能拥有 being，除非它的所有部分具有 being。因此，我们被迫得出结论：这座金山具有 being，因为它是一个具有 being 的事态的一个构成成分。这样，我们必须拒斥特氏的观点：这座金山没有

---

① Twardowski K. *On the Content and Object of Presentation*. The Hague：Martinus Nijhoff，1977：xii-xiii.

任何being，同样地，对于非事实的事态：它们也能出现作为复合事实事态的构成成分，因而必须亚实存。例如，复合事态 P 或 Q 亚实存，即使 P 是一个事实并且 Q 不是一个事实。由于 Q 是这个亚实存的一个构成成分，它必须本身亚实存。

迈农从复合物的 being 到它们构成成分的 being 来讨论这个论证，但是，得到了一个不同的结论。他拒斥有关整体及其部分的 being 的那个原则。他坚持认为，由于这座金山并不实存，这会是一个事实：一个整体可以具有 being（亚实存，在这种情况中），即使它的部分中的一个部分没有任何 being。并且这直接蕴涵这种整体–部分关系是"特有的"，这种关系必须能在一个没有任何 being 的实体和一个具有 being 的实体之间持有。同样地，事态之间的联结词也如此。联结词或者能在一个事实和一个没有任何 being 的事态之间持有。罗素论证所显示的是，随着一种特有的关系，如果我们承认这些事态是复合实体并且如果我们倾向于刻画本体论地位到这样的实体作为金山、圆的方和非事实的事态，我们不能停止这种意向关系。罗素论证显示的东西是，特氏的基本假定会导致进一步"特有"关系的出现。

特氏对非实存意图问题的解决方案赞同常识：这样的实体如金山、圆的方，以及非事实事态，没有任何 being。而罗素的解决方案存在于对这些特有关系的一个拒斥中，他在金山、圆的方以及非事实事态的 being 方面并不赞同这种常识。这个问题似乎提供了两难的两端：要么接受许多特有关系的实存，要么使得你自己相信没有任何 being 的东西确实具有 being。正如我们看到的，罗素选择了后者。但是他强有力的含义反感这种圆的方的 being。他的著名的摹状词理论能被看作是逃避前者而不必接受后者的一种尝试。它尝试使这两个要求相协调：必定不存在任何特有的部分–整体关系和必定不存在任何圆的方及其类似物。

从这个观点看，罗素的摹状词理论尝试显示，一个像这个圆的方并不实存一样的事态，并不包含一个部分或构成成分，这个部分或成分是由表达式"这个圆的方"所表征的。由于它不包含这样一个部分，得出的结论就是，我们不是被迫刻画 being 到这个部分上，即使这整个事态具有 being 并且即使整体和部分的 being 的基本原则持有。为了显示这个圆的方不是其所并不实存的这种事态的一个部分，罗素给出了具有限定摹状词的语句的一个"语境定义"，根据存在量词和一个所谓的唯一性从句。罗素必须坚持，具有限定摹状词的那个语句仅仅是由具有存在量词和唯一性从句的语句所表征的那个事态的另一个表达式。

具有讽刺意味的是，在当代哲学家的心目中，罗素是本体论上适中的吝啬鬼，而迈农是那种挥霍无度的人。罗素对非实存意图问题的第一个回应就是在所有这些实体上给予 being。另一方面，迈农遵循特瓦尔托夫斯基的足迹，否认这样的如金山和圆的方一样的实体具有 being。但是，迈农自己的观点被详细地设计来避免这种两难的两端。例如，把金山 G 和某种实存的山 M 相比较。根据迈农的有关个体东西的一般说法，这两个实体中的每一个都由某些属性所构成，每一个实体是一个属性的复合物。迈农有关纯粹对象学说包含两个主要观念。第一个观念是，迈农引入非实存对象的辩证法，这个观念是：being 从未是一个个体东西的一个构成成分。例如，这座金山是由这样的属性所组成的，如是金子的这个属性和是一座山这个属性，但是它并不包含任何 being 形式作为一个构成成分。即使我们已经假定这座山 M 实存，但它并不包含实存。实存不是<u>是这座山 M</u> 的这个复合物的构成成分之一。第二个观念是特氏的基本假定，即这个观念能意指不具有任何 being 的一个对象。① 总之，在假信念方面，迈农后来采用特氏观点，而罗素找出了一种方式，即通过提供他的有关信念的多重关联理论。

在非实存对象的属性方面，特氏认为，非实存对象具有属性，并且处于如同实存对象一样的那种关系当中。遵循特氏，迈农坚持认为，这座金山是金子的，并且这个圆的方既是圆的又是方的。一个普通的知觉对象——例如一把椅子——在特氏的观点上（正如在迈农和胡塞尔的观点上一样）是一个复合实体，由许多属性（和关系）的实例所构成。使用贝克莱的术语，它是被特定化的属性的一个汇集（collection）。特氏并不告诉我们这些属性如何被特定化（particularized），但是，如果我们采用来自迈农的一点线索，那么我们可以猜到：它们被特定化，因为它们被相关联于那些位置和运动。时间和空间是个体化的形式。根据特氏的观点，说一个个体东西具有某个属性，就是说，它包含某个实例作为其构成成分。一个个体东西和它的属性之间的关系既不是例证化的也不是分享的，而是那种整体-部分关系。

就金山例子来看。很明显，这座金山不能被个体化，通过在时空中被定位。因此，它不是由有关属性的实例所构成，而是由属性所构成。这样，一座真实的山是有关实例的一个复合物，这座金山结果是有关属性的一个复合物。但是，有关个体东西的这个构念，以及有关非实存个体的构念，在有关属性的那个复合物（它是这个个体东西）和那个相应的复合属性（复合实例）之间产生了一种混淆。例如，我们可以问这座金山如何不同于有关是<u>金子的</u>和是<u>一座山</u>的这种复合属性，因为这些实体的两方都是由相同的属性构成的；它们都是被构想

---

① Twardowski K. *On the Content and Object of Presentation*. The Hague：Martinus Nijhoff，1977：xix.

为具有相同属性作为其部分的那种整体。为了区别开来，考虑，一方面，一个个体东西和它的属性之间的那种关系；另一方面，一个复合属性和它所构成的那些属性之间的那种关系，如果一个人并不明显区分这两种关系，那么可以发生的是，一个人混淆了<u>是这个个体</u>的那种复合物和<u>是那个属性</u>的那种复合物。正是因为在这个非实存对象属性问题上的混淆，使得分析哲学研究传统中的直接指称运动呈现出新的活力和视角，并且使得当代迈农主义的相关论证出现了不同的观点意见。

综上所述，特瓦尔托夫斯基首次从逻辑方面、实在性属性方面、等值呈现的存在方面来说明内容与对象的不同。特瓦尔托夫斯基在布伦塔诺的内容对象混同观基础上，正式将这两个范畴予以了明确区分。迈农深受其思想的影响，在接受特瓦尔托夫斯基的内容-对象区分观点的同时还在对象问题上走得更远，形成了其独特的对象理论。这些就奠定了心理内容问题的现象学研究传统基础。可见，这种内容-对象区分使得布伦塔诺的意向性理论研究分为内容问题和对象问题研究两大领域，也深刻影响了他的同门迈农和胡塞尔，以及其他同时代的学者。

第二节　指称的心灵维度

毋庸置疑，特氏的内容-对象区分直接影响到指称问题的心灵哲学视角的探究。在当代西方哲学发展史上，指称问题一直是语言哲学与逻辑哲学的核心研究领域之一，并对意义理论、真理理论与悖论理论等重大问题研究有着深刻影响。随着当代认知科学的迅猛发展，以及相关意识问题、经验问题、表征问题等受到学界的广泛关注，指称问题也日益凸显出其特有的心灵哲学意蕴。

一、指称范畴的现代哲学渊源探析[①]

在现代哲学史上，弗雷格的"bedeutung"范畴来源于他对内容问题和同一性问题的持久关注。一方面，康德对内容和外延的区分直接导致弗雷格运用其内容观到语言层面。在《概念文字》（BS）的§3中，弗雷格通过一个例子来解

---

① 宋荣，张若思：论指称的当代心灵哲学意蕴，《科学技术哲学研究》，2016年第2期：第1-5页。

释这种内容观:"在普拉蒂亚希腊人战胜波斯人"和"在普拉蒂亚波斯人被希腊人战胜"具有相同的概念内容(也就是弗雷格意义上的可判断内容)。在他后来的著作中,词项"inhalt""bedeutung"和"sinn"都是可相互交换使用的。直到1891年5月24日在写给胡塞尔的一封信中,弗雷格才首次非常清晰地对含义和指称做出了区分。他在信中以图表的方式,表明专名的指称即对象,概念语词的指称即归并入该概念之下的对象。① 另一方面,弗雷格对概念内容的 BS 描述导致他拒斥语句主语和谓语之间的传统区分。在1892年之前的很长一段时期内,由于诸如语句"a=a"和"a=b"是否具有相同内容这样的问题,所引发的有关同一性陈述和对象观念的困难就一直纠缠在弗雷格心中。正因如此,在1892年《论含义与指称》的开头,弗雷格就首先讨论等同性(equality)问题,从而开启了含义-指称区分的正式篇章;也正因如此,弗雷格的"内容"观念也正式分为"含义"和"指称"两个观念。

  在弗雷格开启分析哲学传统中指称研究的同时,胡塞尔也在现象学传统中关注语言表达式和意义。胡塞尔运用"客观指称"(objective reference)一词将指称诉诸心理行动,指出理解意义与客观指称之间的关系需要关注那些含义-给予行动(sense-giving act)。在谈到有关表达式的现象学问题和意向问题时,胡塞尔首先明确指出区分每一个表达式的两个方面:①这个表达式物理地被看待;②心理状态的某个序列被关联于这个表达式,并使得它是有关某个东西的表达式。每个表达式不仅言说某个东西,而且言说有关某个东西的东西(say it of something),依据给予它含义的那些心理行动,这两者都仅属于这个表达式。

  再者,胡塞尔指出在名称中客观指称的不同情况。在通名情况中,或者两个名称能在意义上有所不同,但能命名相同的对象;或者两个表达式能具有相同的意义,但具有不同的对象指称。专名的情况则不同,如"苏格拉底",无论在哪里这个语词具有一个意义,它也命名一个对象。胡塞尔还指出,仅仅通过研究表达式和它们的意义-意图(meaning-intentions)在知识中发挥功能的方式,那种意义与客观指称之间关系的现象学能被阐明。并且这些必须保证含义-给予行动具有两个不同的方面:一是给予它们意义,二是给予它们对对象的确定指向。② 甚至在胡塞尔的意向性理论中,他还提出:"对于一个给定的思考者来说,通过一段时期,在他心中拥有同一对象,这如何可能?"在此基础

---

① Beaney M. *The Frege Reader*. Oxford: Blackwell, 1997: 149.
② Husserl E. *Logical Investigations*(Volume I). Moran D. trans. Findlay J N. London: Routledge, 2001: 188-198.

上，他在指称行动方面还运用他称之为动态方法的东西："有关指称的心理行动（mental acts of referring）被看作某些贯穿时间（trans-temporal）的认知结构——动态意向结构——的瞬间成分（momentary components），在其中同一对象或事态被意欲（intended）贯穿一段时间（在此期间，该思考者对这个对象或事态的认知视角是经常在变化的）"。①

罗素的"denoting"（指谓）一词被明确给予到摹状词。罗素指出，一个"指谓短语"仅仅依据其形式来进行指谓，并且区分三种指谓情况：①一个短语可以正在指谓，并且还没指谓任何东西；如"当今的法国国王"；②一个短语可以指谓一个确定的对象；如"当今的英格兰国王"指谓某个人（a certain man）；③一个短语可以不明确地指谓；如"一个人"并不指谓许多人，而指谓一个不明确的人。②在罗素的观点上，一个限定摹状词可以指谓一个实体。后来，罗素在两种不同类型的指示（designation）上给予了一个更根本的语义区分，并且还论证道，一个人仅仅能指称那个感觉材料和他所亲知的共相（universals），从而把严格的亲知观念作为指称的一个必要条件。相比较而言，斯特劳森（P. F. Strawson）意义上的"referring"适用于单称陈述场合。他指出，我们通常使用某些种类的表达式来提及（mentioning）或指称某个个体的人或单个对象或特定事件等，并作出关于它们的陈述。他称使用表达式的这种方式为"唯一地指称用法"（uniquely referring use）。在这里，他的这种用法是使用方式（way of using）意义上的"用法"，而不是使用规则（rules for using）意义上的"用法"。他还指出有四种类型的常用表达式可采用这种指称用法。③在此基础上，斯特劳森认为，罗素混淆了在一个特定语境中表达式和它们的用法，从而混淆了意义和指称；而实际上，提及、指称和真或假是语句或表达式的用法功能。

从术语学角度来看，弗雷格的"bedeutung"一词分别被翻译为"指称"（reference）、"指谓"（denotation）、"意义"（meaning）、"意义重要性"（meaning significance）、"显示"（indication）和"指称"（nominatum）；并且在他后来的著作中，"语义值"（semantic value）、"语义作用"（semantic role），以及"真值潜在东西"（truth-value potential）也被用来解释弗雷格心中所是的东西。2010年版的《弗雷格剑桥指南》中明确指出，德文"sinn"曾经被翻译为"meaning"（意义），现在通常被翻译为"sense"（含义）；德文"bedeutung"在1891年之

---

① Beyer C. A neo-Husserlian theory of speaker's reference. *Erkenntnis*, 2001, 54（3）：277-297.
② Russell B. On denoting. *Mind*, 1905, 14：479-493.
③ Strawson P F. On referring. *Mind*, New Series, 1950, 59（235）：320-344.

前曾经被翻译为"meaning"、"nominatum"和"denotation",但在1891年之后翻译为"reference",这也是目前已被广泛认同的译法。而动词"bedeuten"则被翻译为"refer to"、"denote"和"stand for"等。①

值得注意的是,"denoting"和"referring"的区分应该引起关注。唐纳兰在调解罗素和斯特劳森之间的争论过程中,对"denoting"和"referring"之间做出了明确区分。他认为,罗素的指谓定义可运用到限定摹状词的任一用法上。一个限定摹状词无论是否指称地被使用或归属地使用,它都可以拥有一个指谓。因而"指称不相同于指谓"。②这也就是说,一个限定摹状词指谓它所适合的无论哪个对象,并且如果它适合无(nothing),即如果它并不适合恰好一个对象,那它无法指谓。而指称是另一回事。当一个摹状词在指称上被使用时,仍将会有一个被指称的对象,即使这个摹状词并不指谓任何东西。而比尼(Michael Beaney)倾向于谈论专名或限定摹状词作为指称某个东西(referring to something)(如谈论"柏拉图的学生和亚历山大的老师"作为指称亚里士多德),而谈论模式字母、词项变元或抽象符号作为指谓或代表某个东西(denoting or standing for something)(如在会话论域中谈论"a""b""c"等作为指谓或代表对象)。③这表明的是,"referring to"这个观念是在使用语言过程中我们所做的某个东西,而"denoting"或"standing for"则是一个语言表达式通过其自身所做的某个东西。笔者认为,中文"指称"一词的表达应该涵盖两个方面,即表示指称行动的"to refer to 或 referring",以及表示指称物或被指称对象的"referent"。

二、指称三要素的心灵维度④

指称在本质上不仅体现出指称的语义关系和意向关系,而且表明这种意向关系是初始的,语义关系是派生的。一方面,体现意向关系的指称显示出关系的一般特征。一般来说,关系的存在离不开两个以上的东西的存在,例如 X 与 Y 之间要有关系,必要的条件是 X 和 Y 都存在。另一方面,意向关系作为一种关系,也必须有能意指的主体和被意指的对象。里德(T. Reid)指出这种意向

---

① Potter M, Ricketts T. *The Cambridge Companion to Frege*. Cambridge, UK: Cambridge University Press, 2010: xv.
② Donnellan K. *Essays on Reference, Language, and Mind*. Oxford: Oxford University Press, 2012: 3-4.
③ Beaney M. *The Frege Reader*. Oxford: Blackwell, 1997: 41.
④ 宋荣,张若思:论指称的当代心灵哲学意蕴,《科学技术哲学研究》,2016年第2期:第1-5页。

关系的三个要素：一是心灵，二是心灵的运作，即用动词表述的行动，三是对象。① 笔者认为，指称作为一种体现意向关系的行动，必然包括指称主体、指称行动本身和指称物，这也就是通常所说的指称三要素。

指称主体通常被用来泛指所有的具有内在（心理）状态的主体。当代对于自主体的理解一般包括具有内在状态的智能体。这样一来，自主体就可以包括两大类：一类是我们通常所说的自我或个人（selves or persons）。尽管当代有关自我概念的分类有所不同（如 G. 斯特劳森总结了 21 种自我概念②），但其共同点一致认为，我们通常把我们自己或个人当作是充满意志的自主体（enwilled agents）范式。自我或个人既"拥有"心灵又"拥有"身体。自我"拥有"心灵，是因为它们本质上是（有关思想、经验等）心理状态的主体；自我"拥有"身体，是因为个人及其身体都在它们自身方面是不同种类的实体。身体是被有机化的物质对象，能经历它们物质部分的生长和变化，受制于某些有关形式和功能的某些基本特征的保留。这样，个人或自我才能思考、感觉和意向地行动。

另一类主体是指人工智能主体。人工智能体尤其是机器人的出现引发了人类对其主体问题的形而上学思考。尽管目前学界对于人工智能主体是否具有"心灵"，仍具有广泛争论，但毋庸置疑的是：它们具有"智能"。人工智能主体通过其内在状态能对外部世界持续自主地进行表征或互动，同时感知环境中的动态条件，或执行行动影响环境条件，或进行推理、求解问题和做出决策等。笔者认为，第一类自主体（即自我或个人）是原初主体，人工智能主体是派生主体，因为后者是根据前者被模拟或设计出来的主体。这两类主体都可以作为指称主体来执行指称行动。并且笔者坚持主体视角或第一人称视角，而不采用第三人称视角，因为第一人称视角在当代心灵哲学的意向性研究中是必要的。

基于意图的指称行动得益于胡塞尔与唐纳兰等人的共同研究旨趣。如果说弗雷格及其追随者将指称归于语言层面的话，那么胡塞尔则将指称归于心理行动层面，并且与唐纳兰、克里普克的直接指称观有内在的一致性。在一份 1908 年的研究手稿里，胡塞尔指出在一些情况中摹状词被使用来"发挥很像专名一样的功能作用，"并且"无论在哪里，那个名字上的主体 – 表征（subject-representation）不仅具有命名而且具有'断言的'功能。"③ 在这里，胡塞尔观察到这样的摹状词纯粹具有"命名"功能，因而是被指称地使用。值得注意的是，

---

① Reid T. *Inquiry and Essays*. Beanblossom R, Lehrer K. Indianpolis: Hackett, 1983[1785]: 14.
② Strawson G. The self and the SESMET//Gallagher S, Shear J. *Models of the Self*. Thorverton: Imprint Academic, 1999: 483-518.
③ Beyer C. A neo-Husserlian theory of speaker's reference. *Erkenntnis*, 2001, 54（3）: 277-297.

胡塞尔发展了自穆勒以来的这种直接指称理论，预见性地区分了限定摹状词的指称用法和归属用法。这在1966年被唐纳兰再次发现并在1977年代被克里普克进一步分析。

唐纳兰在谈论限定摹状词的归属用法和指称用法过程中明确表明言说者的意图功能。他认为，言说者在一个断言中归属地使用一个限定摹状词，从而陈述关于无论谁或什么东西如此这般的某个东西。另外，言说者在一个断言中指称地使用一个限定摹状词，并使用该摹状词使得他的听者挑选出他正在谈论关于谁或什么东西，从而陈述关于这个人或东西的某个东西。在这种指称用法中，这个限定摹状词纯粹是作为一个工具；而在这种归属用法中，是这个如此这般的东西这个属性是重要的。但无论一个限定摹状词被指称地使用或归属地使用，这都是在一个特定情况中该言说者意图的一个功能。唐纳兰针对问题"什么东西决定指称物，如果有一个这样的东西，它是有关限定摹状词和专名的吗？"他论证道，在这两种单称词项的广泛使用情况中，并不是一组摹状词决定这个指称物，而是在使用这个词项过程中由言说者的意图所决定的，并且言说者的意图提供最终的答案。[①]

克里普克认为，言说者指称和语义指称与言说者的意图也密切关联。在一个给定的个人习惯中，一个指示词（不具有索引词）的语义指称物由该言说者的一个一般意图所给予来指称某个对象。言说者指称物是在一个给定场合中由一个具体意图所给予来指称的某个对象。如果该言说者相信，他想要谈论关于的那个对象满足是一个语义指称物的条件，那么他相信在他的一般意图和他的具体意图之间没有任何冲突。克里普克的假设是，唐纳兰的指称-归属区分在意图方面应该被概括化，因为在一个给定的场合中，该言说者可以相信他的具体意图与他的一般意图相一致。[②]笔者认为，尽管语言哲学家花大量的时间来思考语义指称，但根据意图上的规则性，更基本的指称观念应该是言说者指称，并且语义指称派生于言说者指称。因为语义指称体现的是语言表达式与对象之间的一种关系，而言说者指称体现的是言说者与该言说者所指的那个对象之间的一种意向关系。

一方面，笔者认为，作为意向行动类型之一的指称行动应该具有明确的意图。以指示指称研究为例。当代有关指示指称的三种观点分别是语境观、意向观和准意向观。第一种语境观认为，言说者意图与指示物的决定没有任何关系，

---

① Donnellan K. *Essays on Reference, Language, and Mind*. Oxford: Oxford University Press, 2012: xix, 7.
② Kripke S. Speaker's reference and semantic reference. *Midwest Studies in Philosophy*, 1977, 2: 255-276.

指示物完全由该语境的某些公共可接触的特征所决定。该观点的最主要代表版本是韦特施泰因（Howard Wettstein）提供的。他把如何搭建指示表达式的意义和指称之间桥梁问题的解决方案，与他的语言图式相一致。[①]第二种意向观认为，言说者意图在指示指称中是"标准的"。这种观点的核心是，一个指示表达式的指示物（demonstratum）完全由该言说者的意图来指示一个特定对象或个体。这个实体有时还被描述为该言说者"心中所拥有"的那种实体。根据这种观点，如果该言说者打算阐述和言说有关 x 的某个东西，那么 x 就是那个指示物，即使 y 是由某些公共的可接触的"线索"所显示的那个对象。卡普兰、唐纳兰和伯特勒特（Rod Bertolet）都明显坚持这样的观点。并且卡普兰最近采用意向观来说明"知觉指示词"（perceptual demonstrative）。卡普兰总结说："现在我倾向于把这种指向意图当作标准的，至少在知觉指示词情况中，并且把这个指示词当作这个内在意图的一个纯粹外化（mere externalization）。"[②]根据第三种准意向观，意图只是在决定指示指称过程中发挥有限的作用，因为有情况表明，为了解释指示词指称诉诸意图是必然的，而另一些情况中解释这样的指称却不是充分的。

这样，基于维特根斯坦思想的哲学家把"什么东西被言说"（what is said）视作该言说者通常被解释作为已经说过的东西。而基于格赖斯思想的哲学家将"什么东西被言说"视作该言说者意欲（intend to say）说（或交流）的东西。笔者认为，随着这两种语言图式的发展，这种维特根斯坦式学者会发展一种语境观，而格赖斯式学者会发展一种意向观。因为格赖斯对意义的分析提出了对言说者指称理论的一种自然适应。正因如此，我们可以说，言说者指称是该言说者意图的一个功能。正如伯特勒特所说，"基于言说者的意图，一个言说者指称理论是站得住脚的，并且值得进一步探究。"[③]

另一方面，笔者认为，言说者的意图识别（recognition）在我们如何理解语言过程中是非常重要的。因为理解语言意义的许多方面依赖于言说者的意图。我们一般可以四种方式来谈论这样的意图。第一，存在有关意图的表达式，如当一个言说者说，"在环境 C 中我将（会）做 A"。表达这种意图的例子如"我明天将要去外地并且我保证今天下午整理好你要的那些文件"。第二，存在有关意图的归属，如当一个言说者说"在 C 中，某个人具有有关做 A 的那个意图。"

① Wettstein H. How to bridge the gap between meaning and reference. *Synthese*，1984（58）：64-73.
② Kaplan D. Afterthoughts//Almog J，Perry J，Wettstein H. *Themes From Kaplan*. Oxford：Oxford University Press，1989：582.
③ Bertolet R. Speaker reference. *Philosophical Studies*，1987，52（2）：199-226.

言说者表达这种意图的例子如"玛丽想要与路易斯结婚"。第三,存在有关意图的描述,即某个行动被执行是因为具有这样的意图,如当一个言说者说,"他说X的意图是做Y"。如"史密斯说这的意图是使约翰尴尬""比尔关门的意图是阻止外面的噪音"。第四,存在有关具有意图的行动,如当一个言说者说,"某人意向地做X",如"莎莉意向地朝约翰射击""玛丽有意错过她的约会"。这种"意图"概念(以及它的相近词"intend""intentionally")涵盖了广泛的物理行动和心理事件。那么,接下来我们所面临的问题会是:言说者和听者正在谈论关于哪些对象?或者基于意图的指称会有什么样的指称物?或者可以说,指称物的心灵维度是怎样的呢?

  指称物就是被指称的对象。我们的常识心理学词汇可能提供给我们确定心理状态或事件的对象的一种简单方式。例如,爱的对象就是什么东西被爱,看的对象就是什么东西被看到,期望的对象就是什么东西被期许,害怕的对象就是什么东西被害怕,等等。这表明,我们心理生活总是包括有关世界中的东西在心灵中的呈现。这些东西能够是心理的或物质的、具体的或抽象的,并且是实存的或非实存的。

  笔者认为,被指称的对象(即指称物)有两大类,一类是实存对象,另一类是非实存对象(详后)。实存对象是在现实世界中具有时空方位的对象,如当我说"这张桌子"时,这个表达式所指称的就是时空中当下呈现给我的这张桌子;非实存对象包括像数字一样的抽象对象(即迈农意义上的亚实存对象)和像独角兽一样的非存在对象(迈农意义上的"beyond being"对象)。这两大类对象在当代心灵哲学语境中,都被包括在意向对象之中。当代心灵哲学意义上的意向对象被描述为思维对象或心理状态被指向在其上的什么东西(what a mental state is directed on)。这种意向对象是在我们思考关于的世界中的那些东西;或者是那些我们采用、自称、表征在这个世界中的那些东西;或者是我们在思维中纯粹表征的那些东西。①并且这样的意向对象展示了所有的被指称对象。

  这样,作为意向关系的指称之两端:指称主体与被指称对象,它们更好地体现了指称的意向本质。第一,指称是主体通过语言来指称对象,这种被指称的对象是名称或表达式的承担者(bearer)。尽管在语言哲学或逻辑哲学中经常阐述的是某个短语或表达式来指称对象,但其实质是,指称主体通过某个短语或表达式来指称对象,没有无主体的指称行动,也没有无关系者项的指称关系。

---

① 宋荣:意向、内容与心灵——当代西方心灵哲学中意向性研究的最新进展,《哲学研究》,2014年第12期:第107-111页。

第二，指称的本质是意向的。无论是意图作为一种意向状态或罗素意义上的命题态度，还是指称作为一种意向行动，都体现了意向初始性原则。第三，当代指称的心灵哲学研究视角体现了对弗雷格含义－指称研究的再次回归，也体现了当代心理内容问题、意向性问题研究的新趋向。

第三节 非实存对象

在当代西方非存在研究中，"存在"和"实存"这两个范畴已经引起了学者们的广泛关注。哲学家罗素意识到了两者之间的不同，而迈农在其对象理论中则首次明确提出了三种存在模式，这种传统理解引发了相关术语用法上的分歧；英语存在句的独特表达体现了对非实存对象进行言述的可能性；否定存在句的逻辑分析表明了非实存对象论断的可理解性。

一、当代非存在研究视域中的"存在"与"实存"[①]

非存在问题经常被认为是最古老且最具吸引力的哲学问题之一，也是不可回避的问题之一。作为当代心灵哲学领域中的关注焦点，非存在问题挑战了心灵对世界的特有把握能力。因为除非我们有对非实存东西的充分理解，否则我们无法充分理解心灵。当代心灵哲学视域下的非存在问题核心之一是非实存对象问题，而"存在"(to be/being)和"实存"(to exist/existence)这两个范畴又与之密切相关联。例如，当我们说有非实存的东西或非实存对象时，我们会意识到"存在"和"实存"之间的不同。因为"有不实存的东西"这个断言区分了有什么(what there is)和什么实存(what exists)。

在我们看来，"有不实存的东西"似乎是矛盾的，因为它意指要么"有没有的东西"，要么"实存不实存的东西"。通常情况下，这似乎表明存在和实存之间有明显的区别，并且两者之间的区分纯粹是口头言语上的。这种说法被哲学家因瓦根(Peter van Inwagen)刻画为"蒯因的存在和实存哲学的本质"。当代非存在论者代表人物劳特利(Richard Routley)也明确指出"仅仅有存在

[①] 宋荣：当代西方非存在研究视域中的"存在"与"实存"，《学习与探索》，2015年第4期：第14-18页。

（being）的一个方式，即实存（exist）"。①

（一）"存在"和"实存"的基本理解

从哲学渊源上来看，"存在"和"实存"之间的区分直接来源于罗素在《数学原理》中的明确表达："有唯一的一种存在（being），即绝对地存在，并且有唯一的一种实存，即绝对地实存。存在是属于每一个可构想词项、属于思维的每一个可能对象的东西……数字、荷马式的众神、关系、嵌合体和四维空间都具有存在，因为如果它们不是一种实体，我们不可能产生关于它们的任何命题……因为不实存的东西必定是某物，或者否认它的实存就会是无意义的；并且因此我们需要存在概念，作为属于非实存东西的那个东西。"在这里，罗素区分了存在和实存，并且认为不实存的东西也具有存在。例如，即使不是所有圣经中的人物都实存，但所有圣经中的人物都具有存在（being）。这样，当我们在说有不实存的一些圣经人物时，就不会意识到有任何矛盾了，因为：有哪些东西是一回事，而实存哪些东西是另一回事。

后来，罗素把这个观点归功于迈农（Alexius Meinong）。但实际上，迈农的观点相当不同于罗素1903年的这个观点。迈农提出了对象存在的三种模式，即实存、亚实存和超存在（beyond being）。这三种模式的分析形成了迈农整个对象理论的核心，并由此成为当代非存在研究中迈农主义流派的源头。迈农坚持认为仅仅时空中的东西实存，也就是现实世界中所能亲知的那些物质对象（material object）实存。非时空中的东西不实存，如数字、命题（迈农术语中的"objectives"），它们具有一种不同的存在模式，迈农称之为亚实存（subsist/subsistence）。除此之外，还有既不实存也不亚实存的一类超存在对象。这些对象就是像著名的圆的方这样的对象、是"超存在"的思维对象。②在迈农观点上，这样的对象根本没有任何存在；它们甚至不具有萨尔蒙（Nathan Salmon）所谓的"较低层次的本体论地位，一种缺少实存的存在（a sort of being shy of existence）"。尽管迈农的这种存在模式的区分遭到了当代哲学家的嘲笑（如因瓦根就认为它是一个"谬论"的结果③），但至少就存在和实存之

---

① Routley R. *Exploring Meinong's Jungle and Beyond*. Canberra: Research School of the Social Sciences, Australian National University, 1980: 42.
② 转引自：宋荣：当代西方非存在研究视域中的"存在"与"实存"，《学习与探索》，2015年第4期：第14-18页。
③ Inwagen P. Being, existence and ontological commitment//Chalmers D, Manley D, Wasserman R. *Metametaphysics*. Oxford: Oxford University Press, 2009: 481.

间的区分而言,迈农的观点不同于蒯因式学者的观点。因为,具有分析哲学传统的蒯因式学者能区分具体对象和抽象对象,具有现象学传统的迈农式学者能区分实存对象和亚实存对象。他们之间分歧的关键在于:是否有不具有任何存在的一些对象。这导致蒯因式学者和迈农式学者在语词"实存"的使用上出现了分歧。

一般来说,有关实存的标准观点是:动词"实存(to exist)"不是一个"真实的"谓词,也不是一个"逻辑"谓词,也不是一个"一阶"谓词。这个观点来源于康德在《纯粹理性批判》中对"实存"不是一个谓词的讨论,并随之而来产生了广泛而持久的影响。如我们所知,20 世纪哲学中这种标准观点(如弗雷格)的许多追随者在辩护"实存"不是一个一阶谓词这个观念上是很著名的。这种标准观的本质是:使用形式"一些 F 是 G"的一个被量化语句,就是说,F 实存并且它们是 G。比如,如果你认为"实存"不是一个一阶谓词,你就可能会把"一些 F 实存"采用形式"$(\exists x)(Fx)$"来表达。但是,你对"一些"的使用承诺了你正在量化的东西的实存,这个事实并不阻止你把"实存"当作一个一阶谓词。因为如果你这样做,你会把"一些 F"当作具有形式"$(\exists x)(Fx \land Ex)$",其中"Ex"是你所表达的一阶实存谓词。

从"实存"的逻辑作用上来看,一阶谓词被达米特(Michael Dummett)定义为"不完整的表达式,它们由一个语句通过移动一个简单'专名'的一个或多个出现所造成的。"[1] 如果在这里我们采用达米特的一阶谓词观点,那么"实存"就是一个一阶谓词。我们能从语句"埃菲尔铁塔实存"来构造谓词"x 实存",通过移走名称"埃菲尔铁塔"并且用自由变元"x"替换它来标出它的不完整。很明显,以这种简单方式我们知道如何能表达像"一切实存"和"某物实存"一样语句的形式。但是,认为"实存"不真正是一个一阶谓词的那些人会把这个事实当作对关于语句"埃菲尔铁塔实存"的真实逻辑结构的一个误解。这样就体现出了埃文斯(Gareth Evans)所采用的观点:存在语言学的理由来将"实存"当作一个一阶谓词;并且一阶存在谓词 E 的含义"是精确地由说它有关一切的真所确定的"。[2] 他进而认为,"E"的含义是由公式"$(x)(x 满足 'E')$"所体现的。由于这个公式等值于"$\neg(\exists x)\neg(x 满足 'E')$",很明显的是:实存和量化之间的标准关联就被维持在埃文斯的观点上了。如果"E"是有关一切东西的真,那么它不能体现:一些东西不实存。

---

[1] Dummett M. *Frege*: *Philosophy of Language*. London: Duckworth, 1973: 37-38.
[2] Evans G. *The Varieties of Reference*. Oxford: Oxford University Press, 1982: 346-348.

值得注意的是，当前的非存在问题研究中趋向于强调"实存"是一个一阶谓词，尽管这个论断并不足以拒斥这个实存的标准观。因为这个标准观点是关于实存和量化之间关系的，而不是关于"实存"的逻辑作用的。蒂姆·克瑞恩（Tim Crane）认为，我们应该把"实存"当作一个一阶谓词。[1] 并且斯科特·索姆斯（Scott Soames）也明确指出"在把'实存'当作一个谓词当中，没有任何逻辑的或哲学的问题"。[2] 这是因为，不同于逻辑语言表达的是，自然语言中"存在"和"实存"的表达传递出了一些新的语义信息。

（二）英语存在句的独特表达

语言学者称那些以"there is"或"there are"开头的英语语句为存在句，中文中通常翻译为"有……"或"存在……"。在这些语句中动词 to be 的第三人称形式的出现，可能表明这些语句的一般功能就是说某物实存（或 is，或具有 being）。但事实上，英语中动词 to be 的出现并不总是一个标志词，如有时候"is"可能是有关谓词的"is"。当前在一些其他语言中存在句使用并不等值于英语动词 to be 的动词用法。例如，德语存在句和法语存在句的语言并不达到与to be 的同词源。当在英语中我们表达用"there is"结构所表达的东西时，我们不应该匆忙假定与 being 观念的任何深层的语义或形而上学的关联。[3] 正如安德里亚·莫罗（Andrea Moro）所指出的，"在所有那些说某物实存的意义上，我们不能确定存在句，因为通过运用一个存在谓词，我们能说某物实存"。[4] 但是，在通过语词"there is/ there are"出现的相关意义上，我们也不能确定存在句，因为有明显的"there is……"语句的例子在某种意义上不是存在句。例如，当"there"用作一个方位副词时，它携带关于一个对象的方位信息。语句"there are your keys"，其指向钥匙的方位，但这不是一个存在句的言说方式。

在英语存在句中这个"there"是已知作为语助词的，即填充一个句法空隙且没有任何语义贡献的一个语词，就像在"it is raining"中的"it"一样。在一些语言中（例如匈牙利语）其存在句中就没有任何这样的语助词。但在英语中，标准的存在句由语助词 there、扮演系动词的动词 is/are、已知作为核心（pivot）的一个名词短语和通常已知作为结尾部分（coda）的一个短语所构成。例如，

---

[1] Crane T. *The Objects of Thought*. Oxford：Oxford University Press，2013：34.
[2] Soames S. *Philosophy of Language*. Princeton：Princeton University Press，2010：31.
[3] Crane T. *The Objects of Thought*. Oxford：Oxford University Press，2013：43.
[4] Moro A. Existential sentences and the expletive there//Everaert M，Riemsdijk H. *The Blackwell Companion to Syntax*，vol. 2. Oxford：Blackwell，2007：210.

在这个语句中：① There is a pig on the sofa。

"there"是语助词，"is"是系动词，"a pig"是核心名词性的并且"on the sofa"是结尾部分。但是，一些"空的"存在句没有任何结尾部分，如"there is a God"。

英语中的许多存在句具有称之为"系动词配对"（copular counterpart）的情况，在其中相同的内容被呈现在一个简单的主谓语句中。①的系动词配对就是 ② A pig is on the sofa。

在这里，非限定名词短语（如"a pig"）用作量词，并且由此①和②都能被看作包括量化。值得注意的是，这个论断并不是说"there is"是一个量词。那些把像①一样的语句当作被量化语句的哲学家和逻辑学家这样做，不是因为短语"there is"能由符号"∃"来表示，而是因为这整个语句表达相同的命题，即作为被量化的语句②。

英语存在句的一个与众不同的特征就是所谓的"限定性限制"或"限定性影响"（"definiteness restriction" or "the definiteness effect"），而且存在句仅仅能把非限定名词短语作为它们的主语，而不能把限定摹状词或名词作为主语。例如，你能够说"there is a pig on the sofa"，但不能说"there is the pig on the sofa"。我们甚至不能说"there is God"，或"there is the Christian God"；仅仅能说"there is a God"。这样的表达尤其在面对像"上帝""圆的方""福尔摩斯""金山"所指称的非实存对象时，会引起一个问题：存在句的关键点是什么？

露易丝·麦克纳利（Louise McNally）在她最近的考察中表明了存在句的一个核心作用："尽管不可能的是，在语言学交叉上一个简单语义学和谈论功能能被指派给存在句，但是某些语义的和谈论功能的属性一致地关联于交叉语言中的这个语句。或许这些中最重要的是这样的直观：存在句主要用来引入一个新指称物到这个谈论中——由核心名词性词所提供的、符合这种描述的一个谈论。"[①] 在这里，"引入一个新指称物到这个谈论中"正是对所谈论的东西进行描述时所需要的，尤其当你说"有不曾实存的圣经中的一些人物"时。有关存在句文献中已经很流行的观念就是在许多（尽管不是所有的）这样语句中的"there be"用来引入新信息作为一个谈论的"主题"。[②] 所以，基于对非实存对象问题的思考，我们没有任何理由来分析存在句①"有是 G 的 F"（there are Fs which are G）为②"实存是 G 的 F"（there exist Fs which are G），以对应于③"一些 F

[①] Crane T. *The Objects of Thought*. Oxford：Oxford University Press，2013：46.

[②] Allan K. A note on the source of there in existential sentences. *Foundations of Language*，1971（7）：6-7.

是 G"（some Fs are G）的解读，而只能根据 F 是何种对象类型来做出相应表达：用①来表达非实存对象及其属性，用②来表达实存对象及其属性。

（三）对否定存在句的逻辑分析

如前所述，一旦存在句中被引入了新信息，并且出现了否定表达，这不仅在自然语言中会出现新问题，而且在哲学研究中也引发了广泛而持久的争论。当前经常被谈到的否定论证性论断、陈述或命题，都是处于说明实存东西和非实存东西的最困难问题当中的。例如，萨尔蒙写道："那些哲学问题最长期的问题就是由包括无指称名称的语句所引起的那些问题。而这些问题中的主要问题是有关真单称否定存在句的问题。"①而这种疑难问题的解决总是相关于当代非存在问题研究。

对否定存在句的逻辑分析本质上表明了非实存对象的可理解性。一方面，著名的摩尔/罗素假定给予我们对否定存在句的哲学理解。摩尔在一本 20 世纪的教科书中这样谈到否定存在句问题："在说没有任何如一个圆的方一样的东西的过程中，我似乎隐含的是这样的一个东西。似乎仿佛必须有这样一个东西，纯粹为了它可以具有非存在（not-being）这样的属性。因此，似乎是说到某个东西，我们能提及它绝对不是的无论什么东西，会是与我们自身相不一致的：仿佛我们能一并提及的必须是、必须具有某种存在。"②摩尔的论证与罗素在《数学原理》中的观点如出一辙：所有的非实存对象"都具有存在（being），因为如果它们不是一种实体，我们不可能产生任何有关它们的命题"。③摩尔把这看作是产生了一个矛盾，因为他并未正确地区分否认圆的方和否认它的存在。后来罗素在《论指谓》一文指出这个问题是"否认任何东西的存在必定总是自我矛盾的"。由此形成了当前众所周知的摩尔/罗素假定：为了谈论关于 x，为了产生关于 x 的某个命题，那么 x 必须具有某种存在。我们谈论关于的东西"必须仍然具有某种存在……仅仅因为我们能够思考和谈论关于它们。"④由此不可否认的是，我们能够谈论或思考 x，表明了 x 及其相关论断是可理解的。

举例来说，对于描述一个无指称的词项或表达式，如"这个圆的方"（the round square），它如何能够是可理解的，以及我们如何能够产生关于它的命题。从自然语言表达的直观意义上来看，这个特定短语的可理解性很容易被阐述，

---

① Salmon N. Nonexistence. *Noûs*, 1998（32）：277.
② Moore G E. *Some Main Problems of Philosophy*. London：Allen and Unwin, 1953：289.
③ Russell B. *The Principles of Mathematics*. Cambridge, UK：Cambridge University Press, 1903：427.
④ Moore G E. *Some Main Problems of Philosophy*. London：Allen and Unwin, 1953：289.

因为它来自于形容词"圆的"和名词"方"的可理解性、定冠词"这个"（the）以及允许考虑这整个名词短语结构的句法原则的可理解性。当然，没有任何东西现实地能是一个圆的方，这个事实也是可理解的。因为，独立于这个圆的方的实存或存在，"这个圆的方"是可理解的。但需要注意的是，对它的可理解并不等于说它是实存的。

另外，从逻辑上看，我们可以构造这样的否定命题"这个圆的方不具有任何存在"或者"这个圆的方不实存"，我们能把这些语句当作表达相同的命题。由语句"这个圆的方不实存"所表达的命题包括否定。从表面上看，"这个圆的方不实存"是"这个圆的方实存"的否定，并且等值于"并非这个圆的方实存"。在这里，内在否定和外在否定（"a 不是 F"和"并非 a 是 F"）之间的区分并不运用于单称主谓存在命题。现在"这个圆的方实存"表达一个假性，仅仅因为这个圆的方不实存。假定一个假性的否定是一个真，由此得出的就是"这个圆的方不实存"为真。这并不要求限定摹状词语义学的任何特定观点，也不要求"实存"是否是一个一阶谓词。如果我们假定限定摹状词发挥作用如同单独词项一样，并且"实存"是一个一阶谓词，那么讨论中的否定存在命题具有简单形式"¬E（a）"，即"E（a）"的否定，其中"a"是那个单独词项并且"E"是那个一阶存在谓词。

更具体地来说，这个命题会具有形式"¬（∃x）（∀y）（Rx ∧ Sx ≡ x = y）"，即"（∃x）（∀y）（Rx ∧ Sx ≡ x = y）"的那种宽辖域的外在否定，其中"Rx"和"Sx"分别是"x 是圆的"和"x 是方的"的缩写。这个命题为真，仅仅在这样的情况下：没有任何一个对象使得它并且仅仅只有它具有是圆的和方的这种属性。这样，有人可能会采用与埃文斯的观点[1]相结合的解读：摹状词以罗素的方式被对待，但是"实存"是一个一阶谓词。这样，使用"E"表示"实存"并且"ι"在通常方式中表示这个限定摹状词形成的算子，"¬E（ιx）（Rx ∧ Sx）"就会是"E（ιx）（Rx ∧ Sx）"的否定。

但关键点在于：为了理解否定存在句，并不要求有争议的罗素－弗雷格观点，也不要求罗素的摹状词理论。直观的简单提法只需要：否定存在命题是存在命题的否定，并且当后者为假时前者为真。这个提法有利于"那些接受罗素观点的人，也有利于那些拒斥罗素观点的人"[2]。这样，一个存在命题 a 实存述谓了 a 的实存，一个形如 a 不实存的否定存在命题述谓了 a 的非实存。所以，从

---

[1] Evans G. *The Varieties of Reference*. Oxford：Oxford University Press，1982：346-348.
[2] Crane T. *The Objects of Thought*. Oxford：Oxford University Press，2013：74.

直观意义上来说，或者从自然语言表达的角度上来看，我们仍可以构想和理解非实存的东西。正如休谟所说的："凡'存在'者原可以'不存在'。一种事实的否定并没含着矛盾。任何事物的'不存在'，毫无例外地和它的'存在'一样是明白而清晰的一个观念。凡断言它为不存在的任何命题（不论如何虚妄）和断言它为'存在'的任何命题，乃是一样可构想、可理解的。……但是要说恺撒、天使加伯列或其他人物不曾存在过，那也许是一个虚妄的命题，但是它仍是完全可以想象的，并没有含着矛盾。"①

由此可见，目前尽管有些学者认为区分"存在"和"实存"没有实质性帮助，但笔者认为，在当代西方哲学的非存在研究中这些范畴的区分是非常重要的。自柏拉图以来，著名的"非存在之谜"就一直吸引着哲学家们为之绞尽脑汁。②"非存在必定在某种意义上存在，否则那不存在的东西是什么呢？这个纠缠不清的学说可以起个绰号名之曰'柏拉图的胡须'；从历史上看来，它一直是难解决的，常常把奥卡姆剃刀的锋刃弄钝了。"③而如何表达和解决非存在问题，至今依然是如此持久地令人着迷。同时，由于当代心灵哲学和虚构哲学的发展，有关单称否定存在命题、非实存对象的真之说明等问题使得非存在问题的最困难方面日渐突出，而这些问题都离不开对"存在"和"实存"范畴的把握。

国内学界对这两个范畴的理解主要有两种观点：一种是等同论，认为"to be/being"和"to exist/existence"及其衍生范畴的内涵是一致的，它们都对应中文翻译为"存在"；另一种是区别论，认为它们之间是有区别的，它们有各自的内涵，这在研究非存在问题的过程中表现尤为明显。笔者坚持后面观点，并且认为"存在"范畴的外延明显是大于"实存"范畴的外延。无论是从语言层面、逻辑层面还是哲学层面，这些基本范畴都应该有明确的界定。具体来说：

第一，在自然语言层面上，语词"to be"或"there be"句型会呈现出其固定的语法结构和语义特点，而语词"exist"在表示某个东西实存的使用方面有所局限，而"there be"句型明显对被言说的东西表达出更多的新信息，而这种负载的新信息正好体现了英语存在句对非实存对象的独特表达，这也恰好表明我们可以言说或构想非实存对象。

---

① 休谟：《人类理解研究》，北京：商务印书馆，1997年：第144页。
② 宋荣，高新民：不可回避的非存在问题，《科学技术哲学研究》，2009年第5期：第50-55页。
③ 蒯因：《从逻辑的观点看》，陈启伟、江天骥、张家龙，等译，北京：中国人民大学出版社，2007年：第2-3页。

第二，在逻辑层面上，我们通常所说的"存在量词"（existential quantifier）预设了个体域中个体的存在，并且在将"there be"语句翻译为逻辑语句时，传统的、相应逻辑量化默认了这一点。但值得注意的是，通常意义上"existential quantifier"的中文翻译"存在量词"（或许翻译为"实存量词"比较合适）本身也令人混淆，这种约定俗成的翻译还造成在对西方非存在问题的微观理解上出现了某些偏差，而对于"existential sentence"的中文翻译"存在句"也有类似的问题。尽管如此，但对否定存在句的逻辑分析仍表明了非实存对象论断的可理解性，并且对于有关非实存对象的述谓，我们可以断定其真假。值得引起关注的是，当前学界已经形成两种关于非实存对象论断的真之方案：逻辑方案和形而上学方案（详后）。

第三，在哲学层面上，"to be/being"表明对象的存在属性，而"to exist/existence"表明对象的实存属性。例如，我们可以言说福尔摩斯"存在"，但我们不能言说福尔摩斯"实存"。这两个范畴体现了对对象属性的形而上学反思中的不同方面，"存在"属性可以归属于实存对象或者非实存对象上，但"实存"属性只能归属于实存对象。正因如此，当代非存在研究已经从对"存在""实存"范畴及其否定的思考拓展到了对非实存对象及其本质的探究。

二、非实存对象：心灵与世界之间①

非存在问题经常被认为是最古老且最具吸引力的哲学问题之一，也是不可回避的问题之一。如何表达和解决非存在问题，至今依然是如此令人着迷。目前尽管有非存在问题的许多表述，不过非存在研究的核心范畴已经从"非存在"（non-being）、"非实存"（non-existence）拓展到了"非实存对象"（non-existent object）、"意向对象"（intentional object）之上。同时，由于当代心灵哲学和虚构哲学的发展，有关单称否定存在命题、非实存东西的真之说明等问题使得非存在问题的最困难方面日渐突出。

语词"对象"来源于拉丁文 objectum，由前缀 ob（反对/在……之前）和动词 jacere（即扔、投）的过去分词所构成。它意指某物被扔出的观念或反对某物，这在英语名词"objection"和动词"object"中更清楚地幸存下来了。例如，一个思维对象是"在思维面前被扔出"的某物，一个经验对象就是"在经验面前被扔出"的某物，等等。"被扔出"（thrown）较生动形象地让我们获得了对这

---

① 宋荣：对当代西方心灵哲学中的"非实存对象"问题的新思考,《世界哲学》，2015年第1期：第40-45页。

个词的一般观念。

我们的常识心理学词汇可能提供给我们确定心理状态或事件的对象的一种简单方式。例如，爱的对象就是什么东西被爱，视觉的对象就是什么东西被看到，期望的对象就是什么东西被期许，害怕的对象就是什么东西被害怕，等等。"当 Y 实存时，X 有关 Y 的思考构成 X 和 Y 之间的一种关系，但当 Y 不实存时，X 有关 Y 的思考并不构成 X 和 Y 之间的一种关系；但是，无论 Y 是否实存，X 有关 Y 的思考是相同种类的东西"。这表明，我们心理生活总是包括有关世界中的东西在心灵中的呈现。这些东西能够是心理的或物质的、具体的或抽象的，并且是实存的或非实存的。由于我们能思考关于并不实存的东西，因此一些对象不实存。例如，我们能谈论或思考关于飞马、圆的方。当前广泛被坚持认为的是：否定论证论断、陈述或命题，都是处于面临说明实存东西和非实存东西的最困难问题当中。而这种疑难问题的解决总是直接相关于非存在问题。

当代非存在问题研究并不假定我们所谈论关于的所有东西都具有某种存在（being）。为了拒斥这个摩尔/罗素假定，我们举例描述一个无指称的词项或表达式，如"这个圆的方"（the round square）。从逻辑上看，我们可以构造这样的否定命题"这个圆的方不具有任何存在"（being）或者"这个圆的方不实存"，我们能把这些语句当作表达相同的命题。由语句"这个圆的方不实存"所表达的命题包括否定。从表面上看，"这个圆的方不实存"是"这个圆的方实存"的否定，并且等值于"并非这个圆的方实存"。在这里，内在否定和外在否定（"a 不是 F"和"并非 a 是 F"）之间的区分并不运用于单称主谓存在命题。现在"这个圆的方实存"表达一个假性，仅仅因为这个圆的方不实存。假定一个假性的否定是一个真，由此得出的就是"这个圆的方不实存"为真。那么，有关非实存东西论断的真假又如何呢？

（一）有关非实存对象论断的真之方案

对于有关非实存东西的述谓或论断，我们可以断定其真假。那么，什么是真和假呢？哲学史上亚里士多德的真假定义颇具代表性："说到什么东西是它所不是的那样，或说到什么东西不是它所是的那样，这为假，而说到什么东西是它所是的那样，并且说到什么东西不是它所不是的那样，这为真。"[①] 在当代，不

---

① Aristotle. *Metaphysics*, 1011b25//Barnes J. *The Complete Works of Aristotle*. Princeton: Princeton University Press, 1991: 436-660.

同的哲学家对之有着不同的解读,但有一点可以肯定的是:如果任何东西(如一个论断、一个断定、一个语句、一个命题、一个思想)为真,它必须说这个东西如何真正地使之是其所是。①

当前主要有两种关于非实存东西论断的真之方案:逻辑方案和形而上学方案。在逻辑方案上,20世纪非存在问题讨论一直深受罗素、蒯因等人逻辑思想的影响。②蒯因对谓词的精炼描述为:"谓词把一个普遍词项和一个单独词项联结来形成一个为真的语句,相应地当这个普遍词项是有关这个单独词项所指称的那个对象而为真时"。③具体对于单独指称情况来说,谓词和真的这种简单且吸引人的构念表明,如果这个单独词项并不指称,那么这个谓词就不能为真。这样,在有关文献中就持久关注于否定存在句,因为一个像"飞马(Pegasus)不实存"这样的否定存在句很明显为真。然而,如果名称"飞马"并不指称,它如何能为真呢?对此,经典逻辑假定:为了对它们出现其中的语句产生一定有意义的贡献,名称必须指称。

但是,如果我们的目的是理解我们言说的那种现实的语言(包含名称的一种语言)和这种语言所表达的思想,那么我们不能在这当中遵循蒯因式逻辑方案。因为"如果我们的语言根本上有一个逻辑,它必须具有一个自由逻辑,因为我们的语言包含并不指称的词项"。④由此,当代哲学已经趋向于通过考察关于非实存东西的语句的逻辑结构来处理非存在问题。关于如何能使一个有关非实存对象的论断为真这样的问题就被转换成这样的问题:什么是包含无指称词项的语句的正确的真之条件。

当代有关非实存东西论断的真之逻辑方案以否定的自由逻辑方案(简称NFL方案)为主。塞恩斯伯里等人通过运用否定的自由逻辑,指出没有任何简单的述谓或论断为真。他们认为,自由逻辑拒斥真和谓词的简单构念;但在包含空名称的语句之真值如何被决定方面,肯定的自由逻辑和否定的自由逻辑又有所不同。肯定的自由逻辑认为,包含空名称的一些语句为真(例如,"飞马=飞马"),而由被弗雷格所启发的视角则坚持认为这样的语句既不为真也不为假。否定的自由逻辑(NFL)坚持认为,包含空名称的所有简单述谓为假。塞恩斯伯里针对罗素通过摹状表达知识的思想和通过亲知表达知识的思想之间区分的不充分性,在对无指称的指称物的本质论证中指出:NFL给可理解的空名留下

---

① Crane T. *The Objects of Thought*. Oxford: Oxford University Press, 2013: 19.
② 宋荣,高新民:不可回避的非存在问题,《科学技术哲学研究》,2009年第5期:第50-55页.
③ Quine W V O. *Word and Object*. Cambridge, MA: The MIT Press, 1960: 96.
④ Crane T. *The Objects of Thought*. Oxford: Oxford University Press, 2013: 57.

了空间。"表面上，思考关于是一种关系，并且'x思考关于y'蕴涵y实存。明显的结论就是……严格地说，没有思考关于不实存某物的任何状态。"① 再者，一个简单谓词甚至被定义为"通过嵌入n个指称表达式进入一个n元谓词而被构造"。② 这样，"福尔摩斯是一个侦探"为假，正如"飞马是一匹有翅膀的马"为假一样。"飞马不实存"体现为真，因为它被当作等值于"飞马实存"的宽范围的否，一个直接的假。

毋庸置疑，否定自由逻辑方案是传统弗雷格式指称理论和密尔式指称理论之间的"中间道路——名称没有摹状内容，但它们完全是可理解的，甚至当它们是空的时候"。③ 它阐明了一个非摹状的指称表达如何能因缺少一个指称物而是可理解的。从自然语言表达的直观意义上来看，例如"这个圆的方"这个特定短语的可理解性很容易被阐述，因为它来自于形容词"圆的"和名词"方"的可理解性、定冠词"这个"（the）以及允许考虑这整个名词短语结构的句法原则的可理解性。当然，没有任何东西现实地能是一个圆的方，这个事实也是可理解的。因为，独立于这个圆的方的实存或存在，"这个圆的方"是可理解的。但需要注意的是，对它的可理解并不等于说它是实存的。

在形而上学方案上，迈农的非存在观点无疑是现当代非存在问题研究的直接来源。他认为，有关非实存对象的述谓为真，并且一个对象的being-so独立于它的being。但是，迈农的这个独立原则并未告诉我们哪些对象具有哪些属性；仅仅只是表明，非实存对象能在某种意义上具有属性。那么，哪些非实存对象具有哪些属性呢？这个问题的答案在迈农的追随者、非存在论者劳特利那里被称之为"描述假定"（CP）："一个对象具有那些被用来描述它的描述属性"。④ 当代非存在论者谈论关于非实存东西时，往往称之为"对象"或"思维对象"（普里斯特的用语）或"事项"（劳特利的用语）。他们无争议的观点是：以我们能谈论关于实存东西的相同方式，我们能谈论关于不实存的东西。他们之间有争议的是：非实存对象是否具有它们被描述所具有的所有属性。

在非存在论形而上学方案背后的一个指导性观念就是劳特利的"意义重要性论题"（significance thesis）："语句的主语是关于……单称事项的，这种语句

---

① Sainsbury R M. *Reference without Referents*. Oxford：Oxford University Press，2005：237-238.
② Sainsbury R M. *Reference without Referents*. Oxford：Oxford University Press，2005：66.
③ Sainsbury R M. *Reference without Referents*. Oxford：Oxford University Press，2005：68.
④ Routley R. *Exploring Meinong's Jungle and Beyond*. Canberra：Research School of the Social Sciences，Australian National University，1980：3.

的意义重要性是独立于它们所关于事项的实存或可能性的。"① 劳特利和普里斯特认为：一些东西不实存，并且包含表示非实存东西词项的语句的意义（或真）并不依赖于它们具有任何类型的存在。劳特利还认为：我们应该拒斥他称之为的"本体论假定"，即"关于什么不实存的任何（真实的）陈述都不为真"。② 但是，意义重要性是一回事，真是另一回事。

相比较于依赖核内属性和非核内属性之间（帕森斯的观点），或者具有属性的不同方式之间（泽尔塔的观点）的那些方案，③ 普里斯特的方案更具有许多优点。普里斯特允许某些属性是"实存-蕴涵的"，并且一些属性不是"实存-蕴涵的"。例如，在他的观点上，**是圆的**不是实存-蕴涵的，但是**是一便士**是实存-蕴涵的。④ 再者，一个非实存对象是不可能的，并且不能够居住在现实世界（real world）中，因为现实的实存是存在（being）的唯一方式，并且现实地具有实存属性的仅有对象是那些居住在现实世界中的对象。但由于普里斯特允许有不可能世界，这样的非实存对象能被描述在某个不可能世界（impossible world）中来具有那些属性。这样，在一般意义上，有一些有关非实存对象的简单述谓为真，也有一些简单述谓为假，因为我们往往能根据关于正实存东西的真来解释为什么这些有关于非实存对象的论断为真。

（二）非实存对象的心灵维度

当代非存在问题的心灵哲学兴趣来自于对思维或心理表征给予一般说明的需要。而没有一个关于非实存东西的思维的说明，我们就缺少对成为一个思维对象意指什么的说明；而没有对思维对象的说明，我们就缺少对意向性的说明。这样，对象问题就成为心灵哲学视域下探讨非存在问题的核心所在。

意向性是心灵哲学领域中的一个核心研究主题，布伦塔诺称之为"心灵对其对象的指向性"。一般来说，意向性有三个基本特征，这些特征应用于所有的（或几乎所有的）意向状态和片段（episodes），通常它们也被当作是心灵的三元素。第一个特征是，每一个意向状态或片段具有一个对象——关于或被指向在其上的某物，即意向对象。第二个特征是，每一个意向状态或片段具有一个内

---

① Routley R. *Exploring Meinong's Jungle and Beyond*. Canberra：Research School of the Social Sciences, Australian National University, 1980：41.
② Routley R. *Exploring Meinong's Jungle and Beyond*. Canberra：Research School of the Social Sciences, Australian National University, 1980：22.
③ 宋荣，高新民：不可回避的非存在问题，《科学技术哲学研究》，2009年第5期：第50-55页。
④ Priest G. *Towards Non-Being*. Oxford：Oxford University Press, 2005：64.

容——它表征关于或被指向其上的东西的方式,即意向内容。第三个特征是,每一个意向状态包括一个意向模式(或被称为"方式",或被称为"态度")。它意指这样的心理学类型:经由意向内容,通过之心灵被指向其对象上,不管它是信念、记忆、希望、害怕等,所有这些东西都被称为意向模式。

非实存对象是一类思维对象。在心灵中,思维是由它的意向性所刻画的。关于非实存东西的思维是意向性的一个普遍存在的、特有的、不可取消的特点。思维对象是我们思考所关于的东西。传统的"思维对象"有两个含义。第一个含义是我们所思考的东西——当我们思考某物是如此时。当我们相信或判断,我们所相信或判断的东西有时被称为我们思维的对象;通常这些东西被称为"命题"。第二个含义是我们思考关于的东西:在普赖尔称之为"一个更自然含义"中思维的对象。①这样,一个意向对象被描述为一个思维对象或一个心理状态被指向在其上的什么东西(what a mental state is directed on)。意向心理状态像希望、期望、愿望、害怕;感觉经验和知觉;意图、决定、行为;像爱、恨、消化等等一样的情感;加上身体感觉和情绪,所有这些状态具有对象。这种意向对象是在我们思考关于的世界中的那些东西;或者是那些我们采用或自称,或表征在这个世界中的那些东西;或者是我们在思维中纯粹表征的那些东西。事实上,在一个思想的情况中,它的对象就是这个思想所关于的东西。当这个东西实存时,它就是这个被思考关于的真实东西(属性、特定物、事态等)。当它不实存时,它不是一个不同类型的实体或伪实体或非实存实体,甚至它根本不是任何类型的实体。但由于思想能是关于这些非实存东西的,所以思想能拥有非实存的意向对象。

那么,在心灵中如何描述这样的意向对象呢?一般而言,我们总是通过表征来刻画它们。表征总是包括表征东西的方式,并且表征有三个主要特征:方面、精确性和不出现。具体来说,这里的语词"方面"是约翰·塞尔意义上的。一个表征的对象能以许多方式被呈现或被表征,并且表征能够具有相同的对象,但在方面中会有所不同。当一个表征在某个特定方面下表征某个东西时,它不可避免地排除其他方面。相同的非实存对象能以许多方式被表征;并且不同对象能在相同的方面下被表征。这里的"精确性"是指:一些表征以某种方式呈现它们的对象,这样一些表征能够是精确的;一些表征能够是不精确的。例如:我能幻想关于一瓶便宜的香槟,但是这不精确地表征东西如何是此香槟-方式。所谓的"不出现"表明:一些意向状态不具有正实存的(或真实的)对象。但

---

① Prior A N. *Objects of Thought*. Oxford:Clarendon Press,1971:1-2.

是不可否认的是，一些表征能表征不实存的东西。例如，一幅画或一个语词能表征一个故事中的非实存的人物。

一个表征可以缺少这些表征特征中的某一个，而有些表征会具有所有这些特征。没有任何东西能是一个表征，除非它展现这些特征中的至少一个。再者，这些特征中的每一特征合并为一种表征方式。在一个方面下的表征就是以某种方式表征某个东西，例如一个花瓶的一个视觉表征就是来自于它的一边，它的另一边不是视觉上被表征的。当一个表征是（或多或少地）精确的时候，正是因为它表征它的对象的方式（或多或少地）是它所是的那个方式。更重要的是，表征不实存的某个东西可以表征它为具有它不能具有的属性，那就是说，它可以以它不能是其所是的一种方式来表征它。例如，飞马的一张图片表征，它表征飞马作为具有翅膀的一匹马；但正如我们所知道的，实际上飞马不能是一匹马。

这种非实存对象的表征方案有很多具体的例子（如福尔摩斯、飞马、圣诞老人等），它们来自于神话、虚构故事和科学史，这些地方往往是非实存对象被表征的地方。当然，借助心理主义解释假定，我们的心理状态能真实地表征具体的非实存对象：例如一个人能真实地幻想某个具体的小绿人，或某把具体的匕首。这种假定是根据表征本身的特征来解释这种具体性（specificity）的，并且它保持着这样的表象：我们能够以完全具体的方式思考关于非实存的东西，并且这不是一个错觉。因而，这样的解释既旨在保持关于我们有关世界的表征的某种明显的、常识的真，也旨在让我们无须从事任何过多的形而上学幻想而思考之。

可见，对非实存对象的表征是我们思考有关这个世界的一个普遍特征，并且我们不会充分地理解思维的表征力，除非我们已经理解了这些非实存对象的表征。

笔者认为，非存在的一般问题来自于这样的事实：存在有关非实存对象的真（truth），但这个真是依赖于存在（being），依赖于实在（reality），依赖于这些对象是如何真正是其所是，或者依赖于什么东西实存（exist）。这也就是说，当我们接受有一些关于非实存意向对象的、真正的真时，这些真就必须依据关于实存对象的真来还原地被解释。

第四节 三种主要的意向对象观

在当代心灵哲学中，对于一个意向对象概念来说，有或者应该有其位置吗？在讨论意向对象被假定是什么的过程中，塞尔认为，一个意向对象就恰是像任何其他东西一样的一个对象；称某个东西是一个意向对象就是恰好说它是某个意向状态所关于的东西。塞尔的论断蕴涵了，当关联于一个有关意向性的事实时：意向状态能关于并不实存的东西。与塞尔的意向对象观相比较而言，或许下面几位学者的观点更具有代表性。

一、克瑞恩的意向对象观[①]

其一，克瑞恩注重对词项"对象"的分析。他认为，我们用许多不同方式来使用词项"对象"。一种方式就是：当我们谈论有关物理对象时。在这里这个语词能用"东西"（thing）来替换：我的电脑是一个物理对象；因此它是一个物理的东西。令人感兴趣的是，相反并不为真：如果 x 是一个物理的东西，并不总是为真的是：x 是一个物理对象。这有助于理解：引力是一个物理的东西，但并非它是一个物理的对象。某人认为爱是一个物理的东西，他并不因此承诺它是一个物理对象。这样，相比较于"对象"，"东西"挑选出一个更一般本体论上的范畴。因此，所有物理对象是物理的东西，但不是所有物理的东西就是物理对象。

比较短语"注意的对象"或"经验的对象"。正如威尔伯格（J.J.Velberg）已经提出的，我们不能用语词"东西"替换这些短语中的语词"对象"并且保持其意向对象意义（sense）："注意的东西"和"经验的东西"没有任何意义。相比较于"物理对象"、"物质对象"，"心理对象"和"抽象对象"中的语词"对象"，在这些短语中语词"对象"具有一种不同的意义。其关键在于：<u>是一个意向对象不是是某类中的一个东西</u>。因为在这方面，"意向对象"就像"注意的对象"一样，而不同于"物理对象"。克瑞恩认为，当某物是某个种类的一个东西时，有它使之成为这个种类的一个东西所符合的一般条件。例如，某物要成为一个物理对象，一个必要条件就是：它有一个时空位置。或者：成为一个心理事件的一个必要条件是：它展现意识或意向性，或这两者兼有。

其二，克瑞恩认为，所有意向对象是意向状态或行动的对象。这里的"行动"意指这样的心理现象：它具有一个对象，并且在一个时间系列中具有一个位置，就像一个判断行动，或一个决定一样。但是这并不意指：意向对象的本质就是成为意向状态的对象，在这种意义上：物理对象的本质就是具有某个时

---

① 此部分文献来自笔者根据 Tim Crane 主讲的剑桥课程和研讨讲座笔记所做的整理。

空位置，并且具有某些物理属性。为真的是：某物是一个意向对象，仅仅就它是一个对象而言，对于某个思考者或某个主体来说。在这种意义上的"对象"仅仅相对于"主体"有意义。

对象就是在心灵的意向状态中被给予或被呈现给主体的东西。一个意向对象是一个仅仅对一个主体来说的一个对象，这个事实蕴涵这样的可能性：某物可能对我而言是一个对象，而对你而言却不是；或者某些心灵或生物种类能把它们的心灵指向不能提供给其他种类心灵或生物的某些对象。例如，可视的对象的颜色对有视力的人来说是对象，但对盲人来说，可能不是对象。同样地，当我说，X对我而言是一个意向对象而对你而言不是时，我并不意指蕴涵：X存在于我们的世界中而不存在于你的世界中，或X对我而言存在，对你而言不存在。X要么存在，要么不存在。但是它是否存在与它对你、我而言是否是一个意向对象是无关的。然而，两个人的思想能够拥有相同的意向对象，当他们正在思考关于（寻找、期望、沉思等）相同东西时。说某物对我而言是一个对象，并不蕴涵它对你而言不是一个对象。

其三，克瑞恩指出分析传统中对对象问题研究时所忽视了的地方。他认为，在胡塞尔及其追随者的意向性理论中，上述的那种对象观发挥着重要作用。但是在分析哲学中，这种观念已经被忽视了，这种忽视有许多不同来源。来源之一就是：一个紧缩的倾向把一个意向对象观念当作一个纯粹语法观念。这种方案在安斯康姆的经典理论中可以找到。她断言：成为一个意向对象就是成为在语法意义上的一种直接对象（宾语），也就是某种及物动词的宾语（对象），她称这样的动词为意向动词。语法宾语（对象）和意向对象的比较是有启发性的；它再次显示：语词"对象"使用在这两种情况中，相比较于"主体"，是如何并不总是意指它在（如）短语"物理对象"中的使用。一个直接对象（宾语）仅仅是在一个包含一个及物动词的语句中发挥某种作用的东西。然而，我们能发现这种比较是有启发性的，而无须赞同安斯康姆的观点：一个意向对象恰好是一个意向动词的直接对象（宾语）。当然，使一个动词是意向的，这种安斯康姆式标准是不令人满意的，至少居于两个原因：第一，它是真正地一个意向性标准，并且经常被指出：意向性和内涵性是重要的不同概念。第二，安斯康姆的标准无法把"信念"算作一个意向动词（正如她自己承认的）。

无论怎样，确实令人惊奇的是，一个意向对象以及相关的观念（如注意的对象、经验的对象、思维的对象）是我们语言语法中纯粹不显著的部分。这些观念是现象学观念，我们使用它们试图来表达给我们自己我们的经验和思维像什么样子的根本本质。为什么我们期待经验和思维的根本本质应该根据语法来被解释？如果这样，这种解释应该是另一回事。在近年来，忽视这种意向对象观念的一个更受欢迎的理由就是讨论中的意向性的某种再结合（realignment）。对于意向性问题的一个主导的当代解决方案已经把意向性等同于表征。心灵状态是表征：一个意向状态是这样一个状态：它包括东西的一个表征作为某种方式。这样这个状态具有一个表征的或意向的内容，这个内容就是这个世界如何被表征为是其所是。一个期望 that p、一个信念 that p、一个期待或愿望 that p，所有这些心理状态具有相同的内容，它们包括这个世界的一个表征作为 p-方式。在这里根本观念是表征、意向状态、意向的或表征的内容。

其四，克瑞恩主张将意向对象与意向性、表征等相结合来进行思考。一方面，克瑞恩认为，意向对象概念和意向性概念应该和表征概念一起来被解释，并且在意向性的一种适当描述中，我们需要意向对象观念和意向内容观念。心灵的两个状态拥有相同的意向状态，它们可以是关于相同对象，但是在它们呈现这个对象的方式上有所不同，或者在它们对这个对象的述谓方面有所不同。这些不同是内容上的不同。另一方面，在表征问题上，他质疑福多等人的心理表征方案。他指出，语句和图片是具体表征；但是没有任何人认为它们在其自身中表征，以及表征有关它们自身。它们拥有仅仅派生性表征的能力，来自于使用它们的思考者的心灵状态。为了理解为什么这些东西是表征，我们需要诉诸于思考者的思想、意图、计划、期望，换言之，即它们的意向状态。甚至那些遵循福多的人也认为，这些意向状态本身涉及思维语言中的语句，并且他们认为语句在某种方式上更好地被用来表征这个世界（在其自身中以及有关自身情况下）。

克瑞恩也不接受心灵的物理主义方案。在他看来，在心灵的物理主义哲学家中的标准解决方案就是用非意向的（通常因果的）术语来对一些人称之为"表征关系"的东西给予某种描述。但是在这种表达方式中，这种方案不可能成功。因为如果表征并不实存的东西，这是可能的，那么可能没有任何表征关系。因为关系蕴涵关系者项的存在。

他认为，只要我们谈论有关一个思想是关于某物的，那么我们正在依据意向对象谈论。例如思考飞马。一个表征是有关飞马的一个表征，不是因为它必然看上去像飞马，也不是因为它由飞马引起，而是因为它能被用来表达有关飞马的思想（意向状态或行为）。飞马的一个心理表征恰是有关飞马的一个思想。

但是，说一个思想是有关飞马的，就是说飞马是这个思想的意向对象。一个思想是关于 X 和 X 是它的意向对象恰是相同的观念。这样，我们运用这种观念显示了：我们能够把思想算作是关于相同东西的，甚至当它们拥有不同内容时。我们的思想可以拥有相同的对象。因此，我们更需要内容观念。

其五，克瑞恩指出：有非实存实体。只要我们继续使用一个心理状态是关于什么东西的观念，那么我们就需要使用意向对象观念。塞尔在阐述有关意向对象的论断过程中指出，意向对象是"普遍对象"。这个论断恰好意指意向状态所关于的东西是普通的实存着的实体。但是，意向对象能够是关于事件、属性和在所有被提及的本体论范畴中的所有东西。没有任何理由认为仅仅是我们意向状态所关于的东西是普通意义上的特定对象。由于意向状态能是关于并不实存的，再加上考虑塞尔的两个论断，就形成了下面几个观念的合取：①意向对象是普遍实存着的实体。②意向对象是意向状态所关于的东西。③意向状态是能关于不实存的东西的。

从①到③中得出：一些普遍实存着的实体并不实存，这是荒谬的。似乎①到③不能一起为真；但是它们中哪个为假？论断②仅仅是一个定义并且因此不能被争论，但是③为真吗？当然很难否认。考虑一个无神论者和一个有神论者之间的争论，并且假定论证中无神论者是正确的：上帝并不实存。（让我们假定他们所拥有的争论是一个传统被构想的基督上帝存在上的一个直接争论）。如果这个无神论者是正确的，那么这个有神论者已经或正在谈论有关（思考有关）并不实存的某物。然而这样有神论者的语词有意义，似乎是他能够把有关上帝的这些思想放入到语词中来。他的思想是有关并不实存的某物的思想。或者考虑普赖斯（H.H.Price），他在酶斯卡灵（一种致幻剂）的影响下，幻想一堆树叶在他的床单上。如果普赖斯认为"今天上午这堆树叶不在那"，那么他正在思考有关并不实存的某物：没有任何一堆树叶。并且有许多其他种类的例子：从神秘和虚构（飞马）、科学史（燃素、Vulcan），并且从后像和双重视觉等的经验中。即使你认为你能解释这些例子中的一些，而无须诉诸有关"思考有关并不实存的某物"的观念，解释出所有它们的前景似乎是很渺茫的。

这样，①的最初简单的看似合理性是令人误解的；就②和③看来，似乎是我们应该抛弃①。如果我们这样做，那么似乎是我们需要这些意向对象特殊本质的一个理论。在给予知觉经验的一个描述中诉诸意向对象，哈曼（Gilbert Harman）承认他没有有关意向对象的任何"完全成熟的描述"，他赞同意向对象是心理对象并且无论如何不是所有意向对象是心理对象，对此说法没有任何解决方案。当利昂（Ponce de Leon）寻找不老泉时，他并未在他（或其他人的）心灵里寻找某物。

但是，如果意向对象不是心理对象，如果我们接受②和③，它们是什么？那么表面上，我们必须接受一些意向对象并不实存。因此我们需要非实存对象或实体的一个理论。根据这样的理论，实存的东西并不穷尽所有的东西；因为有许多东西并不实存。关于所有我们思考所关于的东西，它们中的一些实存，一些不实存。例如，飞马有being，但是它并不实存。而如果我们能思考有关不可能的对象，那么也就有这些东西，且它们必然不实存。在他看来，意向对象是在我们思考、表征、经验体验到的那些对象。

综上所述，克瑞恩强调对对象范畴的词源分析，并且能将现象学传统和分析哲学传统中的对象观念结合起来，放在意向性和表征背景中来思考。一方面，他坚持自己的心灵内在主义立场，从主体角度来把握对象；另一方面，他坚持意向对象应该包括我们通常的实存对象和非实存对象，并且他还强调这些对象与内容的密切关联。这些观点在当代心灵哲学中具有深刻的形而上学特点和广泛的哲学影响。

二、阿姆斯特朗的知觉对象观[①]

在当代，知觉理论都要对回答"当我们感知时，什么是感知的直接对象？"这样的问题。直接实在论认为，这种对象是一个物理存在，它独立于对它的感知。表征主义和现象论认为这种对象是一个感觉-印象（sense-impression）或感觉材料（sense-datum），它不能独立于对它的感知。但表征主义和现象论本身对问题"什么是一个物理对象"出现了不同意见：表征主义者坚持认为，物理对象不会同一于觉知的直接对象，物理对象能独立于这些直接对象而存在，并且不同于这些直接对象。现象论者坚持认为：物理对象只是从觉知的直接对象中的一种构造，并且物理对象不独立于知觉而存在。阿姆斯特朗（D. M. Armstrong）坚持知觉对象的直接实在论（DR）立场。

阿姆斯特朗指出，在哲学史上，笛卡儿和洛克认为，物理对象是不同于感觉-印象的实体。贝克莱认为，物理对象仅仅只是来自于感觉印象。这两种观点都考虑物理对象的本质。两边都不需否认物理对象的存在，或它们能被感

[①] Armstrong D M. *Perception and the Physical World*. London：Routledge and Kegan Paul，1966，Part 1-3. 以及部分来自笔者的剑桥课堂笔记。

知。不同的主张是有关于这些对象的本质。他们仅仅同意的是：任何知觉的直接对象决不能是一个物理对象，或是这样一个对象的一部分。而阿姆斯特朗认为，不可能直接感知的物理对象必须具有某个本质，并且直接知觉和间接知觉是相互关联的。同时他还对知觉表征理论进行了驳斥。他认为，对于表征主义：①我们没有任何理由相信，由表征理论所假定的物理对象的存在；②在表征理论上，感觉－印象和物理对象不能存在任何类似性；③不能被直接感知的一个物理对象构念是非逻辑的。

阿姆斯特朗也反对现象论。尽管主流观点已经①有时反对现象论必定为假，因为不可能把物理－对象陈述翻译为观察者拥有或可能拥有的有关现实的和可能的感觉－印象的陈述；②现象论是不令人信服的。在此基础上，阿姆斯特朗从以下几个方面进一步论证反对现象论：①现象论者给予为被感知的物理对象一个纯粹假说的存在。②现象论者必须承认：不包含任何心灵的一个 universe（"开放的、全称的"陈述）也不包含任何物质。③决定性的物理对象，不能是来自于非决定的感觉－印象的构造。④对时空的现象论描述存在困难。⑤现象论对同时存在的不同心灵的诸多不同不能给予任何说明。⑥现象论对心灵的本质不能给予令人满意的说明。

在知觉的本质问题上，阿姆斯特朗认为，知觉是通过感觉，对有关物理世界的特定事实知识的获得，或者是倾向于相信这样的特定事实。他反对以下说法：Ⅰ（a）知觉并不总是给予我们一种事实的知识。知觉给予我们的是对某些对象的一种间接亲知。这种亲知可以引起有关物理世界的特定事实的一种知识，但某个知觉也包括纯粹的亲知而没有任何有关事实的知识。Ⅰ（b）知觉并不总是包括知识的获得。Ⅰ（c）知觉不必然地包括感觉－机体的使用。Ⅱ（a）知觉似乎多于我们所考察的主题（如幻觉、错觉情况）。Ⅱ（b）通过感觉对有关物理世界的特定事实的知识获得不是知觉。Ⅱ（c）动物和儿童可以无须具有有关物理世界的信念而拥有知觉。Ⅱ（d）我们的主旨对于知觉知识无须具有一个基础。阿姆斯特朗认为，遭到感觉错觉就是获得一个假信念或倾向于一个假信念。他的描述是一种还原描述。因为知觉概念被显示是一个复杂概念，根据知识信念和倾向于相信这样的概念是可以定义的。

阿姆斯特朗认为，"可感质"（sensible qualities）意指这样的质：如颜色、形状、大小、运动状态、硬度、温度、声音、味道。这里所说的对象的质是由感觉（sense）所感知的。并且对象的可感质仅仅只是感受（sensation）的种类。感受是依赖于心灵的或是主观的。一个感受要求有意识地拥有它的一个人的存在。通常说法是，我们认为，我们感知到东西的可感质。但是我们并未说我们感知感受，而是说我们拥有这些感受，或者我们感觉到（feel）它们。感受的"本质"不是"percipi"，而是"sentiri"，并且东西的可感质的知觉总是隐含错误知觉的可能性。物理对象的可感质能由合适被置放的任何人所感知，并且他的感觉 – 机体（sense-organs）处于一个合适的条件之中。物理对象的质仍能质化（qualify）这些对象，甚至当没有任何人正在感知它们的时候。可见，事物的可感质不能是感觉（感受）。

阿姆斯特朗还指出，感觉 – 印象（sense-impressions）同一于感受。感觉 – 印象类似于（resemble）感受。理由在于：①我们并未自然地说：我们感知我们的感觉 – 印象，但我们可以说我们拥有它们，正如我们说我们拥有某种感受 s 一样。②同样，有关我们的感觉我们不能被弄错，我们也不能弄错有关感觉印象。③仅仅我能拥有我的感觉印象，正如我们能拥有我们的感受一样。④正如感受不能不被拥有而存在一样，感觉印象也不能不被拥有而存在。一个感觉 – 印象隐含拥有它的某人的存在。在形状、颜色、热度、延展（extension）上，"感觉"和"感觉 – 印象"似乎是可相互变化的词项。但在 pain, aches, tingle, itches, tickles 情况中，两者是不同的。这些都是感受，而不是感觉 – 印象，这明显存在不同。我们可以把像"疼痛"一样的感受指称为"合适感受"（sensations proper），这种感受不同于感觉印象。在此基础上，阿姆斯特朗指出，直接知觉是不涉及任何推理元素的知觉。间接知觉涉及这样一个推理。这里的"推理"是在心理学意义上使用的，而不是逻辑意义上使用的。也就是说，它不必然是一个有效的推理。

阿姆斯特朗从直接实在论立场上指出，知觉的直接对象是物理实存物（existents）。我们直接感知到的东西是一种物理实存物，即我们感知物理对象。而表征主义者和现象论者认为，知觉的直接对象是感觉印象。这些理论都不否认明显的谈到我们的视觉、听觉等。DR 和其他两种理论在什么东西能被直接感知到有部分共同之处，它给予知觉的原初对象一种不同的描述，它坚持认为直接被感知到的东西是某种物理的东西。

接着，阿姆斯特朗从证实（verification）角度、从因果角度、从科学角度来论证知觉对象的直接实在论观点。他认为，物理对象或正发生刺激我们的感觉 – 机体，作为这的一个因果结果，我们获得有关它们的存在和它们属性的直接知识。直接知识是指不从任何进一步的知识或知识基础中推理得来的那种知识。这种知识不必然是被描述的知识，但是逻辑上是可能的，它在形式上是命题的。

尽管这样的知识是直接的，但它不是不可被纠正的知识。这样的直接知识的获得就是知觉。

阿姆斯特朗认为，被直接感知的对象和对象属性具有一个逻辑上独立于它们被感知的一个存在。它们可以被感知或不被感知，并且存在从未被感知过的对象和对象属性。他进而指出，我们的理论是实在论的。这些直接和间接知识的获得通常是有意识的。由于感觉印象不处于我们和我们对有关世界的直接知识之间，我们的理论是一个直接实在论。如果我们接受知觉的这种描述，也希望接受现代物理学的一个实在论描述，我们必须说，常识算作诚实知觉的东西包括不被怀疑的错觉元素，包括不被怀疑的假信念的获得。

由以上可以看出，可以肯定的是，阿姆斯特朗的直接实在论对象观体现出常识心理学意义上的对象理解，因为通常当我们谈论或思考对象时，很自然地会关联到直接实存的、具有时空位置的那些对象。并且对于知觉理论而言，知觉对象是经验对象中的一种根本类型，这种直接实在论观点具有非常流行的可接受性。

三、阿斯海姆的意向对象观[①]

阿斯海姆将指称问题与意向性问题相关联，并指出，指称能被当作一种语义关系和一种意向关系：指称的这种意向关系是初始的，其语义关系是派生的。他认为，作为一种意向关系的指称问题有：我们意向地关联于对象吗？或许我们仅仅只因果地关联于它们？针对这些问题，阿斯海姆在反对谓词首位思想的前提下，对有关真正指称进行模态论证之后，采用内在论视角对之进行意向性论证。他认为，存在两种意向态度，一种是命题的，即命题态度（如相信），另一种是对象的，即对象态度。例如，爱是一个对象态度。爱指向对象，如指向人，而不指向命题或事态。他所说的对象态度实质上就是经验状态。阿斯海姆指出，与真正指称有关的两个问题是：①被指称的对象必须实存；②做出一个指称的那个人必须拥有对他正指称的对象进行确认的方式。他提倡的意向对象理论，预设了信念和其他命题态度的从言和从物的区别。

首先，在阿斯海姆看来，意向对象是满足某个意向谓词的对象，是某主体对之承担意向关系的对象。他对"意向对象"这个词项的使用不同于其他人对

---

① Asheim O. *Reference and Intentionality*. Larvik：Solum Forlag A/S，1992，Part 3-4. 奥拉夫·阿斯海姆：《指称与意向性》，张建军，万林译，南京大学出版社，2014年：第86-198页。以及部分来自于挪威哲学家 Olav Asheim 教授在南京大学哲学系的讲座内容。

这同一个词项的使用。当他使用这个词项时，任何普通对象，比如一块石头，都是一个意向对象，如果某个主体对它承担一个意向关系，即如果有的人正在或一直对它有所主张。所以，在他使用的"意向对象"的意义上，某些但不是所有石头是意向对象，因为这样的石头有时是思想和态度的对象，如果思想和态度永远是以直接的或间接关系的方式来关于对象的。此外，他对"意向对象"这个词项的使用也非常不同于泽尔塔对该词项的使用。泽尔塔的意向对象是一个特别种类的抽象存在。而在阿斯海姆的使用中，不仅像人、动物、事情和地点这样的日常对象，而且像数这样的抽象对象，当它们满足意向谓词时，就都是意向对象。

接着，阿斯海姆进一步指出，意向对象必须具有意向同一性。这也就是说，对于每个意向对象 b，存在某个仅仅对 b 为真的意向谓词。对于每个意向对象 b，至少有一个意向谓词对于 b 且只对 b 是真的，所以总是可能对这样一个对象给出一个识别性摹状词，用一个意向谓词把它从每一个别的对象中辨别出来：如果 b 是一个意向对象，总是可能对形式"b 是那个 s 相信它 φ 的对象"说些什么，从而唯一地描述了 b。假如我们可以谈论意向谓词，某些意向谓词一定是个体化的，每个意向对象——如果有这样的意向对象的话——一定是至少被一个意向谓词个体化的。此外，阿斯海姆还提出一类纯粹意向对象。这种纯粹意向对象指的是，其个体仅仅存在于其意向同一性中的意向对象。他认为，如果谈论意向对象完全是有意义的，那么应当同样有意义地谈论纯粹意向对象。

在此基础上，阿斯海姆将意向对象、普通对象、纯粹对象进行了详细分析。他认为，"普通对象"不是纯粹意向性的对象（即不是纯粹虚构的或纯可能的对象）。所有种类的物体（body），有生命的或无生命的，都是普通对象。如人、马、苹果、石头、桌子等都是普通对象，行星和恒星，原子和分子等也都是普通对象。除了躯体之外，我们可以说到像地点、事件这样的各种存在，像水或金这样的实体，作为普通对象的种、类和数，这些都是对各种类型的普通对象的命名。普通对象的共性，即它们区别于纯粹意向对象的共同点是，每个普通对象都有一个非意向的同一性。如果对象是一个人，一定有一个作为人的同一性；如果对象是一座山，一定有一个作为山的同一性；如果对象是一个实体，一定有一个作为实体的同一性；如果对象是一个实数，一定有一个作为实数的同一性。他指出，某些意向对象也是普通对象。这样的对象既有一个作为某种普通对象的同一性，比如作为一匹马或作为素数的同一性，也有一个作为信念对象的同一性。

纯粹意向对象具有作为信念对象的同一性，但缺少作为某种可能被人们相信具有的普通对象的同一性，因而它的同一性仅仅存在于它是一个殊体的信念对象。很显然，纯粹意向对象不可能是一个人，一棵卷心菜或一块石头；纯粹意向对象也不可能是一个实体，一个数或一个事件。因为每个人、卷心菜或石头，每个实体、数或事件都是一个普通对象，都有一个分别作为人、卷心菜、石头、实体、数或事件的同一性。

纯粹意向对象是无色的，它们缺少空间－时间位置。这样的对象没有体积，因而它不能在体积上大于、小于或等于任何对象。因为如果是有色的，它就必须是可视的东西，有一个位置，它必须是一个躯体。然而它必定不是一个有大小的躯体，它也不可能是一个数或一个类。但无论如何，可视的东西，不管是可视的还是不可视的躯体、类和数，都是普通对象。因此，纯粹意向对象缺少我们与不同种类的普通对象相联系的大部分性质，这些性质也给予它们作为普通对象独立的同一性。尽管人们相信典型的纯粹意向对象占据空间－时间位置、可视、比其他东西更大或更小，等等，但它们缺少所有这些性质。所以，任何纯粹意向对象明显不同于且区别于任何普通对象。典型的纯粹意向对象就是一个事实上不是这样或那样，只是有人相信它是这样或那样的对象。并且纯粹意向对象是一种理论实体。一种逻辑单称思想和信念的理论需要用它们去填补本体论的空白，如果纯粹意向对象是不可能的，则势必会产生本体论的空白，这种空白使得逻辑单称的思想依赖于超心灵的境况。

此外，阿斯海姆认为，某些意向对象可以是纯粹意向的这一可能性，事实上是我们必须为假定任何意向对象，即为坚持单称思想和信念概念所付出的代价。当你知道一个对象，当你亲知它时，你不可错地知道这个对象存在。但是你只能知道一个作为你自己经验的对象的对象，一个你的思想及态度的对象，所以就你知道一个对象而言，它是一个意向对象，你不可能不可错地知道这个对象不是纯粹意向的，一个（假）信念的创造物。但是，因为我们的不可错的知识是严重有限的，从如下的一种观点来说我们有时对世界的知识是错误的：我们的错误本身创造一种幻象，即纯粹意向对象。他认为，解决逻辑单称思想和信念的根本问题必须要有纯粹意向对象。

由以上可以看出，当面对这样的选择时：要么存在意向对象，而且这些意向对象有些可以是纯粹意向的，要么不存在意向对象，不存在意向谓词，不存在意向语境的量化，不存在逻辑单称的思想和信念，不存在真正指称（或者是言说者指称，或者是语义学指称）的关系。很显然，阿斯海姆辩护前者。在他看来，承认纯粹意向对象是解决真正指称问题和逻辑单称思想的根本办法。在逻辑学和意向性理论的双重背景下，阿斯海姆通过对象问题，将指称关系的本质进行更加深入的论证，为直接指称理论的当代研究指明了第三条道路。

第七章
心理内容与人工智能

本章在计算范畴的哲学渊源考察前提下，表明当代人工智能研究具有两个假设：智能过程能够被算法所描述；所有的算法可以被一些通用计算机所实现。经典人工智能和联结主义都承认之。在此基础上尝试性指出，人工智能自主体拥有内容的可能条件主要有：语言条件、意向能力条件和理性能力条件。

第一节 计算、人工智能与心灵

心灵是什么及它是如何运作的，是当今许多学科（如心理学、脑科学、人工智能、心灵哲学等）共同争论的主题之一。我们既要探究许多来自心灵哲学相关研究的问题，同时还要经常诉诸来自于认知神经科学、脑成像、发展心理学、认知心理学、心理病理学研究中的科学证据，而对计算的理解则是这些研究中的关键之所在。

一、计算范畴的哲学渊源

在西方哲学史上，毕达哥拉斯学派强调世界的本原是数，数是实在世界的基础。毕达哥拉斯认为，决定事物的行为或性质的因素，是它们的构成形式；并且它们的形式特征必须用数学术语来说明。苏格拉底没有直接谈及计算与理解世界的关系，但他强调要以抽象的方式来理解世界。他指出只有理性的思考才是通往真理的必然之路，并强调语言中的概念与规则。

在柏拉图看来，认识的终极目标是现象背后的理念世界，在追求知识的过程中，我们不可避免会遇到概念如何表述现象世界背后的规律问题。他认为，链接概念的抽象机制应该是数学形式，数学形式是内在于并超越于现实世界的。亚里士多德对经验知识怀有极大的兴趣，同时也思考理性和强调逻辑学。当代学者哈尼什认为，亚里士多德首先对软件主题和硬件主题都做过比较详细的说明："软件主题：亚里士多德对记忆和回忆的讨论，都是基于记忆内容的联想链接；硬件主题：亚里士多德将大脑看作是血液的散热器——思维由心脏产生。"[①] 事实上，亚里士多德是将两个主题结合起来进行研究第一位哲学家。

近代以来，是否能够用理解自然的方法来理解心灵，仍然是一个极富挑战性的问题。笛卡儿认为，人的理解就是形成和操作恰当的表述方式，一个有功能的人体，不过是一架比较精致而灵活的机器。他说"如果我把人的肉体看作是由骨骼、神经、筋肉、血管、血液和皮肤组成的一架机器，即使里面没有精神，也并不妨碍它跟现在完全一样的方式来运作，这时……仅仅是由它的各个器官的安排来动作。"[②] 笛卡儿强调身体的机械性，但同时又认为心灵是自由的，不能用概念加规则的方式来把握。在他的二元论图景中，心灵与物质因为具有不同的属性而属于不同的实体：心灵或自我具有思维的特性，而没有广延的特性；相反，物质的身体具有广延的特性，而缺乏思维的特性。他假想，心灵是通过靠近大脑中心部位的一个叫松果体的身体组织与全身相互关联的。但他仍无法完成对这种心身交互状态的明确说明。

拉美特利更直接，他指出：人是机器，心灵是大脑的属性，而大脑是人体的一部分。他认为，身体就是一架钟表，而且"心灵的一切作用既然是这样地依赖着大脑和整个身体的组织……比最完善的动物再多几个齿轮，再多几条弹簧，脑子和心脏的距离成比例地再接近一些，因此所接收的血液更充足一些，于是那个理性就产生了……因此，心灵只是一个毫无意义的空洞的名词。"[③] 他直截了当地否认了心灵的实在地位，把心灵活动等同于机械活动。

---

① 哈尼什：《心智、大脑与计算机：认知科学创立史导论》，王淼、李鹏鑫译，杭州：浙江大学出版社，2010年：第 iv 页。
② 笛卡儿：《第一哲学沉思集》，庞景仁译，北京：商务印书馆，1986年：第88-89页。
③ 拉美特利：《人是机器》，顾寿观译，北京：商务印书馆，1959年：第52-53页。

霍布斯则明确提出，推理的本质就是计算。他认为，"当一个人进行推理时，他所做的不过是在心中将各部分相加求得一个和数，或是在心中将一个数目减去另一个数目求得一个余数。……根据以上所说，我们就可以定义或确定推理这一词在列为心理官能之一时其意义是什么。因为在这种意义下，推理就是一种对公认标示或指明我们思想的一般名词的序列进行计算……"[①]霍布斯把人的思想活动分为两步：首先是将认识对象概念化，其次是推理。在霍布斯这里，外在的语言形式成为心灵的具体操作形式，我们通过命名和推理，就可以把握心灵活动的基本规律。不过，霍布斯所说的计算是狭义的、最终归结为加和减的算术计算。

莱布尼茨也认为，一切思维都可以看作是符号的形式操作过程。莱布尼茨是现代形式逻辑的构造者和初步奠基者，他曾致力于把人的理性部分还原为计算，并且用机器来执行这些计算。他想要把整个人类知识用一种普通的形式语言和演算规则进行汇编，用形式语言把知识的每个方面表达出来，用演算规则揭示每个命题之间所有的逻辑关系，最后能够制造出机器来完成这些演算。莱布尼茨认为他的宏伟计划主要有三步：首先，是创造一套涵盖所有人类知识的纲要或百科全书；其次，选择其背后的观念，并为每个观念提供合适的符号；最后，制定合适的演绎规则来操作这些被定义的符号，而演绎规则即是莱布尼茨所说的"推理演算"。

而弗雷格是莱布尼茨计划的继承者，他用精确的语法规则或句法规则，把概念文字发展成一种人工语言，他的思想深深影响了图灵。由于弗雷格试图找到一个能够包含数学实践中全部演绎推理的逻辑系统，并想以他的逻辑为基础把代数构造出来，所以他引入了一些自己的特殊符号来表示逻辑关系，他第一次用精确的句法构造了形式语言。这一思想不仅成为后来现代逻辑的基础，而且使得逻辑推理能够转化为机械演算的推理规则。与此同时，弗雷格的逻辑也给人们提出了一个需要进一步研究的问题，即能否找到一种计算方法，能够说明在他的逻辑中某一推理是否正确？这个问题被称为希尔伯特的"判定问题"。

哥德尔在思考希尔伯特的"判定问题"时，发现数学系统中始终存在这样的一些命题，在该系统中，这些命题既不能证明它是成立的，也不能证明它是不成立的。1931年，哥德尔发表了论文，提出了不完全性定理，证明了希尔伯特问题是不可判定的。在哥德尔的论文发表之后，人们已经知道了希尔伯特所

---

① 转引自李建会，符征，张江：《计算主义：一种新的世界观》，北京：中国社会科学出版社，2012年：第50页。

谓的算法是不存在的，但另一个问题同样困扰着人们：怎样才能证明这样的算法是不存在的。

图灵的可计算思想的来源可追溯到以上这些伟大先驱。图灵一生所致力的研究对于逻辑学、数学、生物学、哲学、密码分析和随后形成的计算机科学、认知科学、人工智能和人工生命领域都有贡献。他的可计算思想受莱布尼茨和弗雷格的影响，并在很大程度上受到哥德尔的启发。在1936年他发表了论文《论可计算数在可判决性问题中的应用》，在这篇论文中他给出了一个新的数学推理分析，指出判定问题难以被一台计算机所解决（即使有无限的时间和存储），图灵描绘的这种抽象电子计算机（现在被称为通用图灵机）被认为是现代计算机的原型。图灵指出：控制一台计算机运行是通过存储一个代表性的程序，然后在计算机的存储中编码为指令的理念；而且他证明用这种方法，一台固定架构的单一计算机能够执行每一个计算，并且这些计算能够被任何一台图灵机执行，也就是通用的。他描述了图灵机和通用计算机的工作原理，并影响了冯·诺依曼和纽曼，使得现代计算机的出现成为可能。不可否认的是，图灵作为一个对现代社会有相当影响的人物，提出的"计算机"和"算法"两个核心概念在今天依然受用，他的通用计算机的设计理念和指令规则表的使用为后世计算机科学及其相关领域的发展奠定了基础，并指明了现代信息社会发展的可能方向，同时也开启了认知科学的哲学研究领域，并推动了人工智能的发展。

二、当代认知科学中的计算范畴[①]

过去常常作为一种共识的是：认知科学旨在说明认知、并完全诉诸计算机模型，因而计算范畴成为认知科学研究中的核心范畴之一。近年来，尽管这种情形有些改变（如这个领域中的许多研究者不仅建构动态系统，而且拒斥心灵的传统计算理论），甚至在表面上与经典的描述相互竞争，但计算范畴仍然在当代认知科学中扮演一个重要的部分。例如，在当前的理论认知科学杂志中80%以上的论文焦点关注在计算模型化上。对此的一个理由是，正是认知系统的一个明确特征，它们的行动由信息所驱使，当信息加工的一个描述被关注时，计算解释会出现。那么，对于一个物理过程来说，正是什么实现或执行一个计算？对心灵计算理论的表面理解促使我们确切地想知道对于一个物理实体，正是什么实现一个计算。

---

① 此部分文献来自于笔者的剑桥课堂笔记和研讨会笔记。

词项"计算"的近期使用以及几个相关概念（如算术、编程、数字和类比）不是统一的，尽管在这几个术语的意义中有某种重叠。通过"计算"，一个哲学家、心理学家或认知科学家所意指的东西可能与另一个研究者如何理解它是不一致的。这些差异的一个来源就是：一旦这个观念在一个窄意义上已经被运用，例如在经典的心灵计算理论中（相关于符号模型和LOTH），在一个被给定的领域中许多作者理所当然地认为：没有任何其他使用是合法则的。现在，如果这个词项在许多冲突理论框架中从各种不同传统中被描述，那么每一个框架都会在它使用的概念上予以它自己的限制，术语上的分歧就一定会出现。

在认知科学中，心灵的计算理论经常被称为"计算机隐喻"。在这里"隐喻"意指什么，这是远不清晰的。第一，可能被用来表明：一个电子计算机被理解为本质上与大脑相同的那种装置；这明显是看似不合理的。第二，一个人可能把它解读为在认知和数字计算机之间断定一个较弱的类比，并且较之于字面理论这个弱类比不是较有解释性的。第三，有时被蔑视地使用来表明：根据各种技术隐喻（如泵、钟、蒸汽机等），人们总是谈论关于心灵，并且计算机恰好正是最近期添加到这个清单上的，计算机族中会由其他某物所取代。令人模糊的是，贴以标签"计算机隐喻"的构念成为一个移动的目标；如果不是不可能的，很难否证或破坏一个隐喻，而较容易建立表面描述的那种不充分性。根据皮利辛（Zenon Pylyshyn）等人的说法，心灵的计算模型的表面对待方式需要研究者予以严格的检验。换句话说，不同于用作可行性的纯粹阐述或认知过程的松散隐喻，计算机模型不得不承受被考虑时的科学研究标准。①

许多认知科学哲学家认为，计算是形式符号的操作。形式符号操作（FSM）有两个观念需要说明：第一，根本不清楚的是：符号的形式性由什么构成；第二，符号概念本身也是远不清晰的。从语义观点看，一个形式符号就是一个标号，它的功能是纯粹由它的形式（它并不等值于它的形状，不是所有工具具有视觉形式一样：一个形式是有关一个工具的一个抽象属性。）也有其他理解形式符号的方式，如"从语义学角度是独立的"。但是这样的分析要求通过"语义学"我们所意指的东西的明确性，并且这能够使得FSM描述依赖于语义观念。

那么，FSM描述上的符号是什么？在认知科学中存在几个令人混淆的含义。有人认为：FSM论断依赖于如同在计算性理论中被使用的符号观念。这就是在卡特兰德引入图形机M过程中这个概念如何发挥功能作用的："在任何给定时

---

① Pylyshyn Z. *Computation and Cognition: Toward A Foundation for Cognitive Science*. Cambridge, MA: The MIT Press, 1984: xiv-xvi.

刻,这个带子的每一个方或者是空的或者包含一个简单的符号,从一个被确定的有限的符号 S_1, S_2, …, S_n, M 的字母表的清单中。"值得注意的是,图灵机中的"形式符号"仅仅是一个句法特征。但是,基于句法指派的一种实现描述并不遇到任何较之简单映射理论更好的理论;它所说的是:物理实现者依据它们的形式不得不被个体化的(因此类型同一状态会算作句法上相同的)。的确,实现的句法观对简单映射理论产生这样一种密切的类似,即它合乎道理(stand to reason),但在名称上它们有所不同。塞尔已经明确地反对了:"如果计算根据句法的指派来被定义,那么一切都会是一台数字计算机,因为任何对象都能拥有对它的句法刻画。你能够根据 0 和 1 来描述任何东西……对于任何一个编程和任何足够复杂的对象来说,有有关这个对象的某个描述,并且在这个描述下它正在实现这个编程。这样,例如,我背后的这面墙刚正在实现 wordstar 编程,因为有一分子运动的某个模式,它同构于 wordstar 的形式结构。"[1]

福多的对待方式更丰富些(详后)。他关注可刻画到有机体的计算状态,因而他的讨论不倾向于涵盖所有种类的计算机。第一,作为一个有机体和 LOT 表达公式之间的关系,这些状态应该直接地是可明确的。换句话说,为了处于一个计算状态,一个机体不得不处于对 LOT 的某个表达公式的某个关系中。第二,这个机体和这个表达公式之间基本的、理论上的那种相关关系应该是"相当小的":"小到相比较于这个有机体和命题之间的那种理论上的相关关系。"[2]第三,它应该对机体的任何命题态度(如害怕、学习)来说相应地必要的是:会有机体和表达公式之间的一个相应关系来使得这个机体具有无论何时它处于这个关系中的那个态度。这些条件听起来是有前途的,但明显的问题在于:使用这个原则,我们将会不得不翻译它为一种可运用到标准计算机和不只是机体的一种语言。

在当代绝大多数认知科学研究中,词项"计算"和"信息加工"是相互变换地使用的。信息加工系统是在最广泛意义上能计算的系统,一个计算过程就是转换一束输入信息到产生一束输出信息的过程。在这种转换中,这个过程也可以依赖于是自我相同过程的一部分的那种信息(即计算状态的内在状态)。重要的是注意,这种信息概念可以被不同地应用于相同的物理系统,甚至经典的通讯理论也可以以各种方式来被应用于分析相同的物理过程,通过分析系统的不同参数作为信息通道的部分。有关香农的信息理论的一个关键点是:在通道

---

[1] Searle J. *The Rediscovery of the Mind*. Cambridge, MA: The MIT Press, 1992: 207-208.
[2] Fodor J. *The Language of Thought*. Cambridge, MA: Harvard University Press, 1975: 75.

中它定义信息的平均数。然而,决定这个平均数测量,可能很难在自然系统情况中获得。正如罗尔斯等人所说:"因为我们典型地已经限制试错的数量,从对精确地评价它的可能性的每一可能神经反应的频率中它是困难的。"当然,任何信息测量可以被应用来分析信息-加工系统;信息的输入流是作为由这个过程本身所区分的那种工具状态的一个序列。因此,"计算是一种信息流,至少在最一般的后者观念的意义上:通过物理过程,任何信息在一个状态空间中把可能性的某种分布当作输入,并且决定某种其他分布与这个输入相一致"。

可见,计算通常被理解为信息加工,并且在绝大多数认知理论和模式中,它是一个基本成分。如果你想要确认你的计算模型经验上是合适的,你并不被迫自己仅仅依赖于贝叶斯的、生物机器人控制的(bio-robotic cybernetic)、联结主义的、动态的、神经计算的,或者符号模型化的具体方法论。解释和确证的基本原则对于所有方法论是相同的,并且这使得比较是可能的,即使由不同方法论所提出的机制在重要方式上是不相似的(dissimilar)。值得关注的是,如果不是信息加工,认知可能是什么?当前有一种相关的动态方案。如有学者指出,在动态系统中,"不同于计算,认知过程可以是状态-空间进化"。这种动态论学者认为,认知现象应该根据(例如)不同于图灵机的状态矢量和不同等式来被解释。尤其是,认知科学中的理论不需要提出内在表征的任何类似语言中介,并且在这种内表征上,计算或规则支配的操作被执行。尽管如此,但主流观点仍然是:认知必须包括计算。

毋庸置疑,认知过程是诉诸计算来被解释的。心灵能被计算地解释,因为它是计算的;是否它正在进行心灵算术、解析自然语言,或加工听觉信号,或为了解释音乐,所有这些能力来自于心灵的复杂信息加工操作。那么,成为一台计算机像什么样子呢?[①]一台计算机能够被编程以至于它像它所是的某物吗?我们如何可能知道?即使我们知道它是像某物一样,我们如何知道它像什么样子?"成为一个X像什么样子?"表达归功于内格尔。很奇妙,但也很难处理。如果成为那个东西像某物的话,它会是具有内格尔属性的某物,或者它是有意识的,尽管它并不真正地等值。计算主义者认为,成为一个认知系统就是成为一个自动形式系统,这样被构想的计算主义就是一个认知理论。

一个心灵,包括意识和一个主体视角(内格尔属性)可以是大于一个纯粹思考者、大于一个纯粹认知引擎的。笛卡儿坚持认为,心灵的本质是思维,洛克认为心灵是思维的能力。但是对这些思考者来说,从未出现过不具有意识的

---

① Cummins R. *The World in the Head*. Oxford: Oxford University Press, 2010: vii.

思想（没有内格尔属性的那个思想）。从认知科学的角度看，一个严肃的计算主义将会避开内格尔属性，如果它可能避开的话。但是，或许一门认知科学不能避开意识。那么，根据正存在的某物的计算能力，它能是有意识的（具有内格尔属性）吗？

卡明斯认为，意向化我们相互作用的东西的吸引力是很强大的。有时，我们中的大多数人把我们的汽车、申请甚至无生命的对象（如铲子）等当作人一样。例如，我们责备它们。一旦你意向化某物，你自然开始把它当作像我们一样——至少一点点——因此当作是有意识的，当作具有内格尔属性的某物。那么，如何知道正是大脑的计算能力对内格尔属性负责呢？明显的方法论是求异法：建立其与人脑的仅有重要相似性的某物是计算的体系，并且看是否它具有内格尔属性。

三、人工智能与心灵

人工智能尝试让多样化的计算机系统做心灵（minds）能做的事情，例如解释一张绘有人脸的照片、提供医疗诊断、使用和翻译语言、学习从而使下一次做得更好等等。人工智能有两个主要的目标。一个是技术方面的目标：建造有用的工具从而能够在各种活动中帮助人类或者为人类完成这些活动；另一个是哲学方面的目标：帮助我们理解人类和动物的心灵，甚至是一般意义上的智慧。[①] 人工智能包括以下一些核心哲学问题：经典人工智能或者联结主义人工智能能够解释概念化或者思考吗？这些意义能够被人工智能所解释吗？它们表示的是哪些心理活动？计算机或者不会说话的动物有信念和期望吗？人工智能能够解释意识吗？等等。这些激起了学者们对人工智能问题的持久关注和思考。

人工智能研究具有两个假设。第一个是智能过程能够被算法（有时称为"有效的程序"）所描述，这些算法也是规则，它们的每一步都是清晰和简单的，并且不需要智力能够自动运行。第二个假设就是，所有的算法可以被一些通用计算机所实现。这个假设是大家公认的，它是基于图灵-丘奇命题，该命题陈述了通用图灵机（与通用计算机相似）能够计算任何算法上可计算的函数。

最著名的两类人工智能，即经典人工智能和联结主义，都承认这两个假设，但它们在其他方面有所不同。经典人工智能涉及一系列或者一个一个正式指令

---

① Boden M. Artificial Intelligence. http：//www.rep.routledge.com/article/W001 ［2016-1-15］.

的处理。联结主义涉及平行或者同时处理许多简单的单元。经典人工智能的计算使用由形式规则组成的程序来生成、比较、改变明确的符号结构。联结主义的计算通常使用数值（统计）规则来决定本地交互单元的网络激活和在系统中学习之后改变个体单位的发射阈值以及相互交接之中（兴奋或抑制）的权重平衡。人工智能研究人员自己通常使用术语涵盖这两种类型的信息处理。虽然它们有不同，但是这些类型的人工智能都有相同的起源：麦卡洛克和皮茨在1943年写的开创性文章。

这篇文章《内在神经活动思想的逻辑演算》汇集了在二十世纪早期具有影响力的三个理念：命题逻辑、谢灵顿的神经元理论和图灵的可计算性。文章表明，简单的（高度理想化的）神经元组合可以充当"逻辑门"。例如，一个带有两个输入的麦克洛克-皮茨神经元将会被使用，当且仅当两个输入无法使用，或者只有一个输入无法使用，或者一些特殊的输入无法使用时。因为每个真值函数可以表示为0或1，麦克洛克和皮茨就能够表明命题演算的每一个函数是可以被一些神经网络实现的；每一个网络计算一个函数，并且对于图灵机来说它也是可计算的；而且每一个可计算函数能够被一些网络计算。他们的研究工作激发了经典人工智能和联结主义的早期努力，因为他们强调逻辑和图灵的可计算性，但将这些概念的实现描述为抽象定义神经元为传递信息给相邻位置的网格。麦卡洛克和皮茨认为，整个心理学在未来都是由各种各样的、可以做心灵能做的事的网络定义所组成，这也就是说，能够计算心灵所计算的东西。神经生理学和神经解剖学将展示大脑中的网络是如何实现的，但心理学将定义它们逻辑计算的属性。可见，他们在心理学和生理学（心身）的关系之间的观点已然预料到以后心灵哲学的发展。

麦卡洛克和皮茨的这篇论文从三个方面使人工智能得以成为可能。第一，它在设计数字计算机上影响了冯·诺依曼，使用了二进制算术和二进制逻辑；第二，它给心理学家和技术人员信心来模拟命题（符号）推理，而不是只有基于逻辑的计算机的算术计算；第三，它启发人们开始研究各种类型的神经网络的计算性能。虽然经典人工智能和联结主义常常被描述为完全不同的范式，但在这两种方法中的研究都是从这篇论文开始的。早期联结主义研究工作是被麦卡洛克和皮茨的这篇论文所进一步激发的。他们指出大脑是一台并行处理设备，不是一个按顺序处理的设备，而且它能够在即使有些细胞失败或死亡，或输入信号嘈杂的情况下运行。麦卡洛克和皮茨描述了一种统计方法，基于热力学的微分方程，也就是尽管在输入有细微的变化，并行处理系统仍可以计算（学会区分）各种模式。这些（统计的）想法相比于它们早期的（基于逻辑的）讨论从生物学上来说更为不切实际。不过，1947年的这篇论文在其后30年的影响力远低于他们早期的研究工作，只是在20世纪80年代，统计、并行处理模型才取得成功。①

经典人工智能是最著名类型的人工智能，而且有时被称为传统人工智能。它使用顺序程序设计（先做这，再做那），采用内部列表的表征、语义网络、数组和其他信息处理结构。这些代表性的结构极其组件被解读为符号表示的命题和概念（或信念和想法），因此，这种方法也被称为符号人工智能。在经典人工智能中大多数内部表征是类语言的，从不同组件构建而来，其中每一个组件都有不同的因果语义作用（虽然只是根据环境的作用有所不同）。一些哲学家（例如杰瑞·福多）解释心理状态或命题态度，根据的是，假想的思维语言具有逻辑属性。经典人工智能模型在计算研究中是广为应用的。例如，它是用来研究解决问题、视觉、机器人学习、自然语言理解、类比与知觉、音乐表演等；它同样也应用于通常认为是对于计算（甚至科学）的解释很棘手的现象，如动机、情感和创造力等。计算心理学将人工智能概念和人工智能方法用于制定和测试其相关理论，使得心理结构和过程通常以计算方面的术语来描述。一般而言，这些理论是清晰阐明的，并在一个计算机程序中运行它们来测试它们的预测。是否人类也是以相同的方式来执行相同的任务，这是另一个问题，而心理学实验可以帮助回答之。人工智能研究表明，人类的心灵相比于心理学家事先所假设的更为复杂，相比较于那些如逻辑学和数学的高级功能更难人工模仿的功能而言，那些自省的并且能够简单达到的功能，许多都是与动物们共有的。

经典（符号）人工智能计划包括能够调用形式符号的形式规则，并且这些规则都是按顺序一个接一个地执行的。联结主义（也称为神经系统），能够同时执行许多简单的过程，大多数工作是被一种微分方程的方法描述而非许多规则。混合系统结合了经典人工智能和联结主义的一些方面，目前的方法是寻求构建自适应自治的自主体，其行为是自主的而不是外部强加的，并且能够适应环境条件。机器人学建造机器人是使其直接根据环境线索做出反应，而不是像经典人工智能的机器人所做的复杂的内部计划。人工生命研究生命的出现顺序和普遍意义上的自适应行为，它也与人工智能密切相关。

经典人工智能在并行处理模型之前取得了显而易见的成功。第一个明显的成功发生在20世纪50年代。逻辑理论家和通用问题解决者纽威尔和西蒙引入

---

① Boden M. Artificial Intelligence. http：//www.rep.routledge.com/article/W001［2016-1-15］.

"手段目的分析",其中一个程序分析了作为目标层次和子目标(在不确定的许多层面)的问题,以及选择行为来最大可能地减少当前状态和被期望状态(目标)之间的差距。这种方法被广泛采用于定理证明、问题解决和计划之中。另一个早期的里程碑是塞缪尔的国际跳棋(西洋棋)运动员,它玩得很好,甚至学会了适应对手的个人风格。在20世纪70年代早期经典人工智能曾有相当大的进步。例如在自然语言处理、机器学习方面。其他的进步接踵而至。各种高阶人工智能编程语言被开发出来,如LISP(列表处理语言)和PROLOG(逻辑编程)。纽威尔和西蒙发展了"生产系统",一种基于"如果-那么"(条件动作)规则的编程方法:如果条件满足,然后就采取行动。这些发展影响了技术和心理上的人工智能,例如生产系统是大多数专家系统[①]的核心,尽管最初它是被用作人类思维的模型。

这种传统人工智能是始于假设:符号逻辑对于人类和自动推理来说是规范的模型。这个假设很好地与一些推理的形式相契合,如定理证明。但人类的推理是近似的和定性的。我们能够理解一个演讲,即使演讲时不符合语法、口音很重和被噪音所干扰;我们能够识别不完美的笔迹、阴暗的场景、和许多种知觉与语言的类比。同样,我们能够在解决逻辑问题和决定其是否严格的逻辑推理中使用世界知识,而不是基于经验的启发式方法。例如,逻辑教师能够解决关于邮资(改变信封的最小数量来检查邮票)规则的问题比在抽象的术语中已完全相同的逻辑形式提出的问题更简单。简而言之,我们是有常识的。

人工智能的工作日益关注常识推理,不仅仅因为经典人工智能系统倾向于"脆弱"。如果数据丢失或损坏,一个经典人工智能程序可能会给一个荒谬的答案,或者根本任何答案都没有。例如,一个故事写作程序可能允许一个角色淹死在离一个潜在的救助者几英尺远的河岸边,因为程序员没有明确包含在某人眼前正常能够看到发生了什么的信息。人们知道很多关于这个世界这样的事实,而且经常给一些接近正确答案的事(一种好的猜测),即使他们缺乏一些相关信息。因此,人工智能研究已经研究了概率推理、非单调逻辑、案例或类比解释、溯因推理、常识性的语义网络和信念系统。随着这些新方法纳入经典的人工智能,第一代人工智能模型的典型脆性将会被降低。[②]

与人工智能密切相关的理论心理学和心灵哲学,不需要承诺实际的所有

---

① 专家系统是一个人工智能程序,包含许多"如果……那么……"规则,这些规则可以用来帮助人类解决专业方面的问题,如定位石油、计划旅行路线和诊断疾病。
② Boden M. Artificial Intelligence. http://www.rep.routledge.com/article/W001 [2016-1-15].

人类行为的复制。这样，有人提出一种计算的心灵哲学方法，质疑是否人工智能系统能够在现实中实现超越人类行为的一小部分。在原则上或现实中，它们可能允许某些行为无法被人工智能（任何类型）所复制。例如，情绪在原则上可能无法被复制。有些人工智能学者相信完全复制是可能的，且不需要接受图灵测试为他们的智能标准，他们都允许非精神的东西有时欺骗我们思维中的智能。

作为一位著名的、有关人工智能的哲学批评家，约翰·塞尔曾指出，即使一个人工智能模型通过了图灵测试（他认为原则上是可能的），它不是真的会思考或者理解任何东西。与之相关的是，计算心理学不能解释我们是如何理解的。他认为，程序是纯粹的语法定义（以正式的规则定义正式的成分），而意向性或意义，涉及的不仅仅是语法。更普遍地说，人工智能的许多哲学批判或维护带来语义问题，但哲学语义本身又是有争议的。例如"信息处理"是有问题的，因为信息的本质是有争议的。其他相关问题包括是否意义在"先"（语义论）或者部分所指事物构成（外在性）的，关联（如果有）建立的意义（语义、目的论）的演变。例如，一些人接受在特定计算中执行的程序上的语义，或迷你程序、满足特殊含义。其他人的观点是有因果相互关系的外部世界（甚至是进化史）对意义来说是有必要的。简而言之，人工智能的语义问题在领域内与领域外都是有争议的。这样，语义问题逐渐成为人工智能研究中的一个瓶颈问题。换句话说就是，人工智能自主体能够拥有内容吗？这就直接把心灵哲学中的心理内容问题推向了研究前沿。

第二节　人工智能自主体拥有内容的可能条件

自主体研究是 AI 研究中最重要的领域之一。人工智能引发了人们无限美丽的想象和憧憬，但人工智能的发展过程也存在着不少问题：真正的'智能'是什么？为什么电脑、智能机器与人类相比仍然显得那么幼稚？为什么人工智能与人们最初的想象和期望仍然相距甚远？①

---

① 李德毅，刘常星：《人工智能值得注意的三个研究方向》//涂序彦：《人工智能：回顾与展望》，北京：科学出版社，2006 年：第 41 页。

一、"Agent"的词源分析

"自主体"一词译自英文的 Agent。该词的本来意义是"施动者""作用物""可以产生作用或效应的东西"。在我国哲学和当今的 AI 研究中,还有很多异译,如"动原""行动者""主体""代理"等。鉴于该概念强调的是一种独立自主地产生作用的东西,我们这里统一译为"自主体",以与哲学中相近的概念"主体"(subject)区别开来。与该词同源的词还有 agency,它指的是"行使权力的能力"、"使然作用"、"能动作用"。这个词突出的是源自 agent 的作用,因此我们将其译为"自主体作用"。

在 AI 研究中,"agent"一词有多种译法,如代理、主体、智能体、智能主体、智能自主体构架,蔡自兴教授则音译为"艾真体"。[①] 对它的定义也五花八门,如:能感知所处环境,并根据自身的目标作用于环境的计算机实体;在没有人的干预的情况下也能自主完成给定任务的对象;具有感知能力、问题求解能力、与外界通信能力的完全自治或半自治的实体;处于某种环境并且有灵活自主行为能力以满足设计目标的计算机系统。[②] 罗森沙因(S. J. Rosenschein)则说:"智能自主体是能够以变化的、有目的指向性的(goal-directed)方式与环境相互作用的装置。为了取得预期结果,它既能认识环境的状态,又能对之产生作用。"[③]

智能自主体模拟的对象就是有原始自主性的生物系统,其典型特征在于:既能把握环境的特征,又能根据变化的环境做出积极的响应,而这些特征又根源于它的合理的推理、有效的反应和适时中止的能力。智能自主体要成为真正的自主体,也应具有这些形式和系统特性。尼尔森(N.Nilson)认为,人工智能研究的是人工制品的智能行为,所谓智能行为就是在某些信念的前提下,为实现某种目的而采取的行动。有这种行为的人工制品就是有自主性、能动性的自主体(agent)。[④]

史忠植先生认为,自主体是一种计算机系统。它不同于传统人工智能的区

---

① 蔡自兴:《智能控制》,北京:电子工业出版社,2004 年。
② Jennings N R, Sycara K, Wooldridge M. A roadmap of agent research and development. *Autonomous Agent and Multi-Agent Systems*, 1998, 1(1): 7-38.
③ Rosenschein S J. Intelligent agent architecture//Wilson R, Keil F. *The MIT Encyclopedia of the Cognitive Sciences*. Cambridge, MA: The MIT Press, 1999: 441-442.
④ Nilson N J. *Artificial Intelligence: A New Synthesis*. Cambridge, MA: Morgan Kaufmann Publishers Inc., 1998.

别在于：它被赋予了人类智能所特有的心智或意向状态。"一个自主体的状态由诸如信念、决定、能力以及承诺等部分构成。基于这种情况，一种自主体的状态通常叫作心智状态。形式上，心智状态用一种扩充形式的标准认知逻辑来描述：除了通常的知识与信念算子以外，我们还引进了承诺、决定以及能力算子。自主体被自主体程序控制，自主体程序中所包含的一个基本成分就是自主体之间相互通信的机制。"①从构成上说，一个完整的自主体有这样一些成分：①一种受限的形式语言。它利用若干模态词，有清晰的语法和语义；②一个程序语言解释器。程序语言的语义与心智状态描述语言的语义保持一致；③一个自主体控制器，它把神经装置转换成可程序化的自主体。

还有人定义说：自主体指有一定智能的、具有一定自主性的实体，既可以是物理实体，又可以是抽象实体，或者说是有推理决策、问题求解功能的自主逻辑单元。当然，不同用法中，其意义有细微差别。如在有些环境中，它表示的是有封闭功能、能自主决策的功能实体，故通常称作"自主体""自治体"。而在另一些条件下，指某一功能实体利益的代表，负责代表功能实体处理一切外部事务。这种 agent 被称作"代理"。一个代理与其所代表的功能实体组合在一起，也相当于一个自主体，故名。或者简单地说：它是指 AI 中能自动行事的实体，它能在感知环境的基础上，对变化着的环境自主做出相应的行为。因此一般由传感器（如摄像机等）和效应器两部分构成。还有从学科门类的角度予以定义的，如认为，智能自主体是指由从分布式人工智能领域中发展出来的理论和技术。这种智能不同于过去的由控制中心集中控制的人工智能，而具有社会性，即是由有关的、智能较差的子系统在彼此的相互作用中、在与变化环境的动的交涉中形成的智能。此外，这种智能还有能学习、从而能进化发展的特点。

尽管定义各有侧重，但又有共同性，即都认为，AI 所建构的自主体构造是一种试图模拟人类智能的、有自主智能特性的人工构造，它既可表现为软件实体，又可表现为软件与硬件结合的实体。从目的和任务上说，它"试图将对象的简单输入、输出扩展为对环境的感知和作用，将对象具有的状态自主进行为行为的自主，将对象固定的行为发展为反应式的、proactive（前能动的）和社会的。"②

---

① 史忠植：《智能主体及其应用》，北京：科学出版社，2000 年：第 151 页。
② 金芝：关于"基于 agent 的软件工程"的一点注记 // 刘大有：《知识科学中的基本问题研究》，北京：清华大学出版社，2006 年：第 396 页。

二、人工自主体的结构及其特点[1]

毋庸置疑，自主体研究的发展带来了认识上的深刻革命。有的认为，自主体是一种新的超越于图灵模型的计算模型，它更好地表达了计算的本质。由于这种观念上的变化，计算机已从20世纪80年代纽厄尔等人设想的知识级升级至社会级。这表现在：系统按自主体组成，自主体组织的部件是它本身，其交互作用依赖于它的通道。组织和行为的法则对系统的作用至关重要，环境也是如此。在实际的工程技术方面，人们十分关心建构自主体的编程工具问题，以及智能自主体在机器人和软件中的应用问题等。[2]20世纪90年代以来，自主体技术已开始应用于协同设计领域，人们通常用它来支持网络环境下多设计者异地协同，以及异构系统的集成。近年来，这一技术开始应用于网络服务、网络计算等。在制造领域，它还用于制造资源表达，如生产线、制造单元、制造装备，其作用是在任务分配、生产规划及调度、制造执行等过程中完成协调功能。

当前的自主体研究涉及的范围极广，既有对自主体必然涉及的横向的、共时性的方方面面的因素的研究，也有对它的纵向的甚至由进化切入进来的研究。其前沿问题主要是：自主体及其特性问题：①自主体究竟是什么？有哪些特性？应怎样予以研究，怎样从形式上加以表示？②自主体的结构和实现问题：怎样构造能体现一系列自主体特性的自主体？应该用什么软件和硬件予以实现？③自主体的语言问题：怎样对自主体进行编程？什么样的指令可用于描述自主体？怎样有效地编译和执行自主体程序？在研究多主体及其系统时，人们还关注这样的问题，如多主体的组织问题（合作、通信），动态性问题（行为一致、协调与协商），社交问题（对其他自主体的推断、分布式情景评估）等。

从构成元素上讲，自主体构造一般是一个五元组系统，即 Agent=（ID，心智，规则，行动，交互性）。这里的 ID（Identification）是指自主系统独有的标识符。心智指它所具有的像人一样的心理背景条件，如有感知、认知能力，有类似于信念、承诺、意志之类的东西。规则是指这样的运行、控制规则，如对用户请求的分解、对返回结果的综合等。交互性是指它与用户及别的自主体发生联系的接口。

人工智能科学非常重视对自主体的结构的研究。这一研究关心的问题是：

---

[1] 高新民，付东鹏：《意向性与人工智能》，北京：中国社会科学出版社，2014年：第402-406页。
[2] Rosenschein S J. Intelligent agent architecture//Wilson R，Keil F. *The MIT Encyclopedia of the Cognitive Sciences*. Cambridge，MA：The MIT Press，1998：411-412.

自主体应由哪些模块组成？如何用软件或硬件的方式把这些模块组合成一个有自主性的系统？这些模块如何交换信息？自主体所接受的信息如何影响其行为？要解决这些问题，没有别的办法，只能师法自然，即学习大自然的心灵建筑术。很显然，人类自主体的结构可从静态和动态两个角度去描述。从静态上说，它无非有四大部分，一是环境，二是感知系统，三是中枢系统，四是效应系统；从动态上说，它是一个从感知环境刺激，接受信息到信息内部交互、融合、处理、作用、交互的过程。

一般认为，人工自主体实际上是一个自主自动的功能模块。而要有功能，它又必须有独立的内部和外部设备，有输入和输出模块，有自主决策的模块，同时它还必须能够接受信息，并根据内部工作状态和环境变化及时做出决断。从总的倾向来说，人们一般认为，自主体应该是由感知模块、处理模块、控制模块、执行模块、通信模块和方法集所组成的系统。有的人从功能的角度强调：agent 的结构模型必定是由多种功能模块所组成的系统。其中包括这样一些功能模块：用户界面、通信接口、感知模块、推理模块、决策模块、计划模块、执行模块、知识库。自主体尽管由不同模块所组成，但从功能上说，每一自主体其实就是一个模块。由于问题的复杂性，信息知识的不确定性以及数量上的无穷性，因此每一自主体被封装的信息总是有限的，这就使每一自主体不可能是"全智全能"的，而只能被赋予某一或某些特定的功能。

关于自主体应具有的能力和特性，人们从不同方面作了概括。综合地说，它应具有人所具有的一切特性，如：自主性、学习性、协调性、社会性、反应性、智能性、能动性、连续性、移动性、友好性。从能力上说，它有在环境中行动的能力，有能与其他自主体直接通信的能力，有由倾向驱动的能力，有能有限地感知环境的能力，有能提供服务的能力，以及自我复制的能力。而它要有上述能力，还必须有这样的知识，即必要的领域知识、通信知识、控制知识。另外，自主体还应具有人所具有的本质因素，如信念、愿望、意图或意向（intention）、义务、情感等。[①]

根据已有的自主体所表现出来的主要特点，一般认为：第一，人工自主体之所以为自主体，是因为它表现出了人类智能的这样的关键特性，即有自治性或自主性（autonomy）。其表现在于：它有自己的内部状态，有自己决定自己行动的能力，或者说，在决定行动时，它可以不受其他主体和环境的左右。正像

[①] Wooldridge M, Jennings N. Intelligent agents: theory and practice. *The Knowledge Engineering Review*, 1995, 10(2): 115-152.

人类自主体的行为是源自自己内部的选择、决策一样。人工自主体表现出的第二个特点是反应性或响应性（activity），即自主体能对变化的环境做出及时的响应。史忠植先生说："智能自主体是一种处于一定环境下包装的计算机系统，为了实现设计目的，它能在那种环境下灵活地、自主地活动。"①换言之，能把自己内部的状态变化与环境关联起来，即有像人一样的关于性、关联性或语义性。由于有这一特点，它就不再是纯粹的句法机，而成了像人一样的语义机。

第三，它有前能动性（pro-activeness）。这种能力是指：自主体不仅可以根据环境变化做出反应，而且能根据系统预定的目标主动地、超前地做出计划，采取超前的行动。第四，有社会能力（social ability）。这种能力是指：自主体能使用自主体的通信语言与其他自主体交互，如通过协调、合作，达到求解目标。第五，有主动或自动（active）学习的特性。因为智能自主体要有自主性、适应性等特点，很显然要有对环境的敏感性，即有能力获取新的变化着的信息，并能学习。学习的方式有主动和被动之别。被动的学习是指：一组训练例子是通过教师或领域专家选择的。而主动学习则不同，在这种学习中，自主体能注意不同动作序列的执行效果，并能据此校正它们的领域知识。另外，自主体还有时间连贯性（即能在较长的时间内连续地、一贯地运行）、实时性（即在时间和资源受到苛刻限制的情况下，能及时采取相应的行动）和个性等特征。

总之，人类自主体所表现出的特性，它在形式上都有。至少从目的上说，这一领域的研究就是试图让它表现人类自主体的一切固有特性，用哲学术语说，表现出人的固有意向性及其内在标志。换句话说，也就是让人工自主体具有人类智能所具有的智能及其意向性特征。

那么，意向性的建筑术如何可能？麦金曾认为，如果我们能缩小各种可能设计的范围，那么我们就有条件制定设计有内容的机器的方法。他说："我的问题属于所谓的心理建筑领域的问题……即探讨心理系统怎样被建造出来——心灵大厦怎样从地面拔地而起——通过什么设计原理，心理能力被制造出来。"②这个问题与生物学的这样的问题有类似性，如大自然怎样构造出了一种能完成基因遗传的装置。这种生物学类比或许是一种心理模型方案。很明显，生物之所以能遗传，那是因为有相应的结构，正是这使父代的特性传给了子代。可以设想：通过追问怎样才能设计一种能遗传的机制，我们便能得到关于 DNA 和双螺旋结构的观点，这种结构是陆生有机体的实在的机制。心理建筑学也是如此，

---

① 史忠植：《智能主体及其应用》，北京：科学出版社，2000年。
② McGinn C. *Mental Content*. Oxford：Blackwell，1989：171.

也可以提出这样的设计问题：心灵是怎样被建造出来的？

有一种可能的回答是：表征系统是处理句子的装置，也就是说心灵是句法机。如果你想造一个能表征事态的心灵，那么你就得造一台能储存和加工语言符号的机器，其句子结构有语法形式和语义学。这也就是说，这种心灵句法机需要具备心理表征内容，而这种内容的机制在于思维语言。正因如此，福多的思维语言假说①以及由此而形成的心理语义学思想在当代备受推崇。

三、语言条件

笔者认为，人工智能自主体必须满足语言条件、意向能力条件和理性能力条件（详后），才能拥有心理内容。首先我们来看其语言条件。近几十年来，计算机范式和语言哲学的丰富成果已经使得心灵哲学逐步获得哲学中的主导地位，②并得以迅猛发展。伴随对心灵的认识向精确化和具体化方向的迈进，一些西方哲学家面临尖锐挑战：具有音或形特征的自然语言怎么可能进入人脑并为之储存、提取和加工呢？智能自主体能够具有相应的语言？如果有，这种语言是什么样的语言？具有什么样的句法属性和语义属性？对此，福多以机器语言为媒介作类比推论，大胆地提出了"思维语言"（language of thought）或者说"心理语言"（mentalese）的假说。

福多是当代最具影响力的心灵哲学家之一。他的心灵哲学思想有三个基本承诺：物理主义、意向实在论、心灵（思维）的计算/表征理论。他的有关思维语言假说、心理语义学、心理模块性等理论观点在心灵哲学、语言哲学、认知科学等领域备受关注，有些甚至成为当代争论的焦点。具体来说，福多的心理语义学思想主要体现在以下几个方面：

1）福多将意义与表征首次关联

第一，福多强调常识心理学的重要性。福多认为，有关常识信念/愿望心理学的真正令人感兴趣的问题，是围绕意向性现象的那些问题。因为在他看来，常识信念/愿望心理学所能解释的有关行为的事实要比其他可替换理论解释之要多得多。甚至可以说：根本找不到其他有用的、可替代的理论。"因为倘若常识意向心理学果真会崩溃倒塌，那将会是我们人类史上难以想象的最大理智灾难；如果我们有关心灵的东西出了错，那么这将是我们曾经关于某物的最大错

---

① 宋荣，高新民：思维语言：福多心灵哲学思想的逻辑起点，《山东师范大学学报（人文社会科学版）》，2009年第2期：第3-7页。

② Burge T. *Foundations of Mind*. Oxford：Clarendon Press，2007：463.

误。"从最乐观的估计角度来看，从常识给予我们的直观信念/愿望解释到作为我们科学目标的、严格且明确的意向心理学之间，尽管还有很长的路要走，但是目前我们仍没有任何决定性的理由来质疑许多常识信念/愿望解释（确实）为真。

第二，意义问题是语言哲学和心灵哲学共同的研究旨趣。福多指出，在20世纪70年代到90年代近20年的研究中，他的哲学研究已经被用来理解来自于常识心理学的旧观念和主要来自于图灵的新观念之间的关系。这个旧观念是：心理状态是意向的；或者至少那些涉及认知的心理状态是如此。新观念是：心理过程是计算的。他的研究力图使得这两种观念彼此相适合。[①] 而有关心灵、语言的论题如何相关联这样的问题则让福多的哲学研究横跨语言哲学、心灵哲学、认知哲学等诸多哲学分支领域。

福多认为，语言哲学和心灵哲学中不断出现的、共同关注的、最重要的事情就是表征本身的问题：在世界序列中意义的形而上学问题。他认为，常识心理学中的相信和愿望是表征状态，但相信和愿望这样的心理状态并非是能完成表征的唯一东西。符号也能完成表征。福多认为，符号和心理状态最有可能具有表征内容。没有其他的东西是具有属于因果序列的表征内容的：岩石、虫子、树木或旋状星云都不具有。这样，某一天当心灵理论和符号理论汇集在一起时，也没有什么大惊小怪的。因为每次当一位语言哲学家在陷入困境的时候，他都会遇到一位正在遭受同样打击的心灵哲学家。"对于信念/愿望心理学来说，近期被提出的、作为困难情况的一些语义问题：从语言哲学中的前提到心灵哲学中怀疑性结论的那种被提出的推理。"[②]

第三，福多明确命题、计算与心理表征的关系。福多认为，命题是心理表征所表达的对象，心理表征是思维语言的集合。福多的心灵表征理论（RTM）核心是思维语言的假定："心理表征"的无穷集合，这样的心理表征的功能既是作为命题态度的直接对象又是作为心理过程的范围。更精确地说，RTM是以下两个论断的合取：

论断1（命题态度的本质）：对于任何有机体O，和指向命题P的任何态度A来说，有一种（"计算的"/"功能的"）关系R和一种心理表征MP使得MP意指P，并且O拥有A当且仅当O对MP产生R。

[①] Fodor J. *The Elm and the Expert*. Cambridge，MA：The MIT Press，1994：1-2.
[②] Fodor J. *Psychosemantics：The Problem of Meaning in the Philosophy of Mind*. Cambridge，MA：The MIT Press，1987：xii.

论断 2（心理过程的本质）：心理过程是心理表征标记的因果序列。[①]

福多认为，心理表征在使用它们的理论中做两件事情。第一，它们为具体化心理状态的意向内容提供了规范的符号。第二，心理符号构成心理过程被定义的领域。如果你把一个心理过程当作心理状态的一个序列，其中每一个心理状态根据对它的意向内容的指称而被具体化，那么心理表征就为这些序列的构造提供一种机制；用一种技术方式，通过运用表征上的操作，这些序列允许你从一个这样的状态到下一个这样的状态中来获得之。看似合理的是，福多认为：计算机需要执行编程来成为计算机，鉴于此，它们需要向它们自身表征编程，在一些哲学家（如卡明斯）中这是一个受欢迎的提法。福多曾写过"没有表征就没有计算"[②]，在这种关联中福多提供的论证是：计算预设表征这种结构的一个中介，在这个结构上，这种计算操作被定义。福多的观点在于，计算、符号与表征相关，并且在心灵视域中，表征成为计算的必要条件。

2）思维语言（LOT）的论证

福多在1975年出版的《思维语言》一书中最先明确提出"思维语言"概念，并在其后许多论著如《心理语义学》（1987）、《榆树与专家》（1994）等著作中加以进一步的阐发，形成了比较系统的理论。他的思维语言假说（LOTH）在心灵哲学、语言哲学、认知科学等领域备受关注。LOTH 作为一种假说，是关于思维和思想本质的一个经验主义的论题或假说。[③] 根据 LOTH，思维是在心理语言中进行的，即：在相应有机体的头脑内物理地实现的符号系统中进行的。它主要体现在：思想（thought）的表征理论、思维（thinking）的表征理论、组合的句法和语义的表征或符号系统；心理表征具有功能唯物主义；等等。

一方面，福多明确指出，LOT 想要分析命题态度标记作为对符号标记的关联。根据标准的公式表达，相信 P 就是承担了对意指 P 的一个符号标记的一种关联。符号具有意向内容，而且在所有已知的情况中它们的标记是物理的。并且这种符号标记是展现因果作用的那种恰如其分的东西。[④] 事实上每个人都觉得意向状态的对象在某一方面（in some way）是很复杂的：例如，当你相信约翰晚餐迟到时，你所相信的东西就是某种复合的东西，即它的元素是：约翰这个

[①] Fodor J. *Psychosemantics*: *The Problem of Meaning in the Philosophy of Mind*. Cambridge, MA: The MIT Press, 1987: 17.
[②] Fodor J. *The Language of Thought*. Cambridge, MA: Harvard University Press, 1975: 34.
[③] 具体参考宋荣：《思维语言的心灵哲学探究》，北京：中国社会科学出版社，2012年。
[④] Fodor J. *Psychosemantics*: *The Problem of Meaning in the Philosophy of Mind*. Cambridge, MA: The MIT Press, 1987: 136.

概念和晚餐迟到这个概念（或者可能是：约翰本人和晚餐迟到这个属性）。类似地，当你相信P&Q时，你所相信的东西也是某种复合的东西，它的元素是——正如它可能是的一样——命题P和命题Q。但是，一个心理状态的意向对象的（被公认的）复杂性，并不蕴涵该心理状态本身的复杂性。在这里，LOT断言心理状态典型地拥有构成成分结构，并且相信和愿望典型地是被构造的状态。

拥有内容的这些心理状态也具有句法结构，这对它们所拥有的内容是适当的。例如，当我打算抬起我的左手时，根据LOT理论，我放进这个意念盒的东西是像一个语句一样的某个东西；在当前这种情况下，它是一个公式：这个公式包含一个指谓我的表达式和一个指谓我的左手的表达式。那么，根据LOT理论，这些放进意念盒的语义上可赋值公式典型地包含语义上可赋值的子公式作为其构成成分；而且，它们能分享它们所包含的构成成分，因为在"我抬起我的左脚"中指谓"脚"的子表达式，与在"我抬起我的右脚"中指谓"脚"的子表达式，大概是相同类型的一个标记。福多认为，心理状态的句法结构反映了在它们意向对象之间的语义关联。并且心理状态不仅仅是它们的意向对象，也是被构造的实体。[①]在这里，福多的心理语义学实质上是指心理状态的语义学，而这种语义学的实质就是语言学意义如何被主体的心理状态所把握。

另一方面，福多从方法论角度、心理过程角度和生产性与系统性角度具体论证了LOT。在方法论论证上，福多提出原则P：假设存在一种事件c_2，它的通常结果就是一种事件e_2；并且存在一种事件c_3，它的通常结果是一个复合事件$e_1 \& e_2$。根据P，在其他条件相同情况下，合理推出的是，第三种事件构成（和其他的事物）前面两种事件的共同出现。由于这种心理事件的复合性，体现了LOT心理语言的复合性。

在心理过程角度的论证上，福多指出心理理论的本体论承诺不仅仅来自于它们对心理状态的说明而且来自于它们对心理过程的说明；并且心理过程的计算说明会显示是不可消除地承诺了被分析为所构造对象的心理表征的。[②]福多认为，关键在于：不拥有一种思维语言的代价就是不拥有一种思维理论。他指出，一些心理学家可能像这样说："当你理解一个语句的一个表达时，你所做的就是构建这个被表达语句的一个心理表征。最接近地是，这样一个表征是一种解析树；并且这种解析树具体化你所听到的语句的构成成分结构，并且是和这种语

[①] Fodor J. *Psychosemantics*: *The Problem of Meaning in the Philosophy of Mind*. Cambridge, MA: The MIT Press, 1987: 137.

[②] Fodor J. *Psychosemantics*: *The Problem of Meaning in the Philosophy of Mind*. Cambridge, MA: The MIT Press, 1987: 147.

句成分所属的范畴一起具体化。这种解析树从左到右、从上到下用向前约束的样子被构造……"①，这些都依赖于心理语言学家的理论细节。一些本体论上很随意的心理语言学家可以谈及构造一个解析树的知觉过程，即把一种表达表征为组成紧跟着一个动词短语的一个名词短语。但他们接受的是：①知觉分析下的表达，②一个心理过程：这个过程最终发生在被听作紧跟着一个动词短语组成一个名词短语的这样一个末端表达中。需要注意的是，这种本体论上被纯化的说明，尽管它意识到心理状态具有意向内容，但并未意识到心理表征。而假定心理语言学理论是这种语句表达的知觉分析。这个理论是有关在这个听者的意向状态中作为转换媒介机制的。②

从生产性和系统性角度的论证中，福多指出，LOT 需要生产性来建立思想具有组合结构，并且它需要理想化来建立生产性：①凭借自然语言具有一种复合语义学这样的事实，存在某个语言学能力所拥有的属性；②思维也具有这个属性；③因此，思维也必须具有一种复合语义学。可见，语言学能力的属性是那种存在于理解力和产生语句能力中的属性。这种能力是系统的：通过这种能力，产生/理解一些语句的能力本质上是关联于产生/理解许多其他语句能力的。如果对你通过将我们真正习得这些语句的方式来习得一种语言和通过记忆一本海量短语的书来习得一种语言进行比较，你能够看到这种效力（force）。

福多认为，语言能力是系统的，这是因为语句具有构成成分结构。但认知能力也是系统的，而且这必定是因为思想具有构成成分结构。但是，如果思想具有构成成分结构，那么 LOT 为真。认知能力必定至少如语言能力一样是系统的，因为语言的功能就是表达思想。理解一个语句就是把握它的表达方式标准地表达出来的思想；这样，倘若并非思考思想约翰爱玛丽的每一个人都能够也思考思想玛丽爱约翰的话，那么理解语句"约翰爱玛丽"的每一个人都理解语句"玛丽爱约翰"，这是不可能的。你不能把握语言表达思想以及语言是系统的，除非你把握了思想如同语言一样是系统的。LOT 认为，拥有一个思想就是相关联于被构造的一排表征；并且，拥有思想约翰爱玛丽或许本身就是对你需要拥有玛丽爱约翰这个思想的相同表征、相同表征结构拥有接触途径。因此，处于一个位置拥有这些思想之一的任何人本身就是处于一个位置来拥有其他思

---

① Fodor J. *Psychosemantics*: *The Problem of Meaning in the Philosophy of Mind*. Cambridge, MA: The MIT Press, 1987: 144.

② Fodor J. *Psychosemantics*: *The Problem of Meaning in the Philosophy of Mind*. Cambridge, MA: The MIT Press, 1987: 145-146.

想。LOT 解释思想的系统性。①

3）LOTH 的当代论争

根据当前科学心理学、神经儿科学等领域的新证据和新进展，福多的思维语言假说引发了一系列的当代论争。福多的思维语言假说既然是一种假说，那么就自然具有假说的方法论意义。我们知道，假说是对求知现象或规律性的一种猜测性解释。而科学假说作为假说的一种类型，作为科学发展的基本形式，是根据已有的事实陈述和相关的科学理论，对未知事物或规律性所做的猜测性解释。它具有尝试性与猜测性，是一个由初步假定，经充实完善到验证、发展的逐步进化过程。对 LOTH 持反对意见者，仍不乏其人，而且反对者主要关注 LOT 的语义、解释功能及其关键特征方面。

在心理语言（mentalese）是否具有组合语义学问题上，福多持肯定态度并且提供了其生产性论证，但是史蒂芬·希菲尔（Stephen Schiffer）却指出了福多论证过程中前提和步骤中的两个问题，并且提出了自己的观点。他认为：仅仅在 RP（Reduction Principle）为真的充分条件下，组合语义学能解释 M 的生产性和系统性；即便 M 没有组合语义学，解释 M 的生产性和系统性也是可能的。②在联结主义和思维语言的关系上，保尔·斯莫伦斯基（Paul Smolensky）认为对联结主义来说，接受许多对传统认知科学较基础的计算原则是极其重要的，而且联结主义的认知体系也是解释思维系统性的基本策略。但福多在后来的著作中之指出，斯莫伦斯基的方法仍然无法解决思维系统性的相关问题。③对于 LOT，语义学如何运作的？斯托尔纳克不主张 LOT 是很清晰的，而且他也不确信会有一种方式来理解这种假说以使得它既是独立存在的又是正确的。福多认为 LOT 语义学应该是窄的、必须避免意义整体论的威胁，在这样的 LOT 语义学中的语词与它们的指谓之间的关系应在因果关系中被解释。对此，斯托尔纳克试图在福多的心理语义学方案的不同部分之间寻找一些张力，但是他建议放弃对窄语义学的要求。④

拉里·豪塞尔（Larry Hauser）对 LOT 具有无可争议的生产性进行了反对心

---

① Fodor J. *Psychosemantics: The Problem of Meaning in the Philosophy of Mind*. Cambridge, MA: The MIT Press, 1987: 149-151.
② Loewer B, Ray G. *Meaning in Mind: Fodor and His Critics*. Cambridge, MA: Blackwell, 1991: 181-199.
③ Loewer B, Ray G. *Meaning in Mind: Fodor and His Critics*. Cambridge, MA: Blackwell, 1991: 201-224.
④ Loewer B, Ray G. *Meaning in Mind: Fodor and His Critics*. Cambridge, MA: Blackwell, 1991: 229-236.

理语言的七个方面的论证：①从低于人类的生物、亚人称的系统（subpersonal system）和野性的人类方面进行了论证；②计算器论证；③现象学论证；④爱因斯坦式的反对论证；⑤经验可接受性论证；⑥可检验性论证；⑦简单性论证。[1]

彼得·哈克（Peter Hacker）认为，头脑中的符号系统观念（LOTH）是基于一个根本的概念混淆，因而在字面上是毫无意义的。这种观念的运用越清晰，则会有越多的理由显示，这种思维语言观念越变得荒谬。理由有三：①语言的运用本质上是一种标准化的活动。掌握一种语言的某人必须知道这些语言表达的正确运用，而参照正确标准的合规则的语言运用仅仅能在社会实践中找到。②头脑或脑细胞运用一种语言是不可能的：一个人不能有意义地说头脑或脑细胞遵循传统习俗。而只有当这些传统习俗被用在一个社会共同体中，使人受到教育和学习、纠正错误、解释和证明行为时，才能说这个人遵循了传统习俗。③谈论脑地图（cerebral maps）是毫无意义的。因为这些地图仅仅是在合适的传统习俗存在条件下某物的地图。因而没有表征传统习俗就没有表征地图。而智能、运用符号的生物没有运用这种表征，就没有表征传统习俗。因为语言运用才有意义，而意义假设了传统习俗的存在，进而传统习俗蕴含着相应的社会实践活动的存在。就脑细胞而言，一种社会实践在概念上是不可能的。因此，假设头脑运用一种语言或运用一个符号系统在字面上是不可想象的。[2]

但是，依笔者看来，思维语言假说的确有不成熟、不完善乃至错误的地方，且缺乏充分、可靠的科学和实验根据，有些观点值得谨慎地对待和冷静地商榷，如它认为思维语言是先天的、普遍的，是习得母语的基础等。但又应看到，它对思维以自然语言为媒介这一传统的、常识性观点的否定则是发人深省的，也有其合理性，因而支持其观点的学者仍然占主导地位。

对LOTH的支持论证主要体现在福多本人及其思想的追随者的论文和著作中。一方面，福多对之继续加以论证、充实和完善，并提出了所谓的"复合性原则"。根据福多和皮利辛的观点，根据RTM，思考某个思想正是标记头脑中表达相关命题的一个表征，例示某些表征的能力与例示某些其他表征的能力系统地关联。LOTH提供的传统解释是，假设一个具有组合句法的表征系统，思想不仅是系统的，而且是复合的。系统地关联着的思想也总能以这样一种方式语

---

[1] Hauser L. Doing without mentalese. *Behavior and Philosophy*, 1995, 23: 42-47.
[2] Beckermann A. Can there be a language of thought//Casati R, Smith B, White G. *Philosophy and the Cognitive Sciences*. Wien: Hölder-Pichler-Tempsky, 1994: 207-209.

义地相关:这样的思想似乎是从相同的语义元素中复合而成的。一个心理语句的一个原子成分(大约地)使得相同的语义有助于任何复杂的心理表达。[1]

在《榆树与专家》一书中,福多继续对心理语言及其语义学进行了阐述。在谈到心理过程是计算的相关问题时,福多强调思维的计算理论蕴含着心理表征的媒介必定是类似语言的,即 LOT,并且认知加工是在 LOT 中发生的。再者,他主张心理语言的信息语义学,认为语义原子论是对信息语义学的一种论证,并应被包含在其中。他认为语义整体论是错误的,因为它与具有意向的心理规律是不相容的。他认为,语义理论应该是外在主义的、信息的并且是宽泛的。在此基础上,福多强调指出,心理语言不具有音韵学或标准拼法,但是可以假定它们具有许多其他的非意向的、非句法的属性,或者可能具有神经学的属性。而且,心理语言的类型/标记区分的一致不应该依赖于类型—同一理论的真。对于心理语言来说,这种类型/标记的特征化是功能的、反事实的。[2]

在《我们用心理语言思考吗?对彼得·卡拉瑟斯论证的评价》一文中,福多对自己的心理语言观进行了有力辩护。彼得·卡拉瑟斯(Peter Carruthers)反对我们用心理语言思考。他坚持认为所有有意识的思维是用(可能是用)英语进行的,因而英语是有意识思维的语言,并且他否认英语具有原子论语义学,进而否认有意识的思维具有原子论语义学。他从心理语言与格赖斯方案在语义学方面之间的关系、与功能定义的概念之间的关系以及与语义整体论之间的关系进行了论证。但福多对之进行了逐一反驳。他通过对格赖斯的语言沟通理论和语言意义理论分析入手,指出尽管心理语言理论(mentalese story)需要格赖斯的沟通理论,但不需要他的任何自然语言意义理论,因为心理语言理论在本体论上先于自然语言意义。心理语言表达的意义至少部分地由它们的功能(推理)角色决定的,对此,福多拒绝将心理语言有关思维的理论同化到意义的功能角色理论中,因为他相信功能角色语义学是天生地整体论的,而整体语义学与任何意向实在论都是不相容的,且在有关意向心理状态方面整体语义学本质上是不现实的。在此,福多仍坚持心理语言语义学是原子论的信息语义学。[3]

---

[1] Fodor J, Pylyshyn Z. Connectionism and cognitive architecture//Pinker S, Mehler J. *Connections and Symbols*. Cambridge, MA: The MIT Press, 1988: 3-71.

[2] Fodor J. *The Elm and the Expert: Mentalese and its Semantics*. Cambridge, MA: The MIT Press, 1994: 105-110.

[3] Fodor J. *In Critical Condition: Polemical Essays on Cognitive Science and the Philosophy of Mind*. Cambridge, MA: The MIT Press, 1998: 63-73.

另一方面，有些学者也针对当代认知科学、心理学、语言学等学科的发展对 LOTH 做了进一步的论证或修改。如安斯加尔·贝克曼（Ansgar Beckermann）认为，存在 LOT，并且 LOT 具有完全可理解的意义。LOT 的存在不同于所有常规语言，它仅仅是一种发生的语言，而不是被说的，也不是被理解的或听到的。许多神经生物学家试图解释头脑中基于 LOTH，某种演算真正地发生。如果许多物理结构存在于一个系统中，这个系统能被当作某些语句类型的标记并且具有某些真之条件，那么在这个系统中就存在一种内部语言，即 LOT。①

毋庸讳言，由于 LOTH 主要是基于一些类比和想象的方法而提出的一种科学假说，因而我们应该辩证地对待 LOTH，它的发展仍需要作进一步的检验。福多所提出的思维语言就是一种心理语言而不是自然语言。尽管福多坚持思维语言独立于我们所说的任何一种语言，而且自然语言的表达能力要依赖于思维语言的表达能力，而不是相反。笔者认为，思维语言假说的诞生及其发展最大的意义在于：它标志着对心灵的认识朝着由肤浅向纵深、由抽象向具体、由模糊笼统向精确化方向又迈出了重要的一步，也为人工智能能否拥有心理内容提供了语言条件。

4）汉字的拼义理论②

上述福多的心理语义学思想所针对的语言系统是英语语言，或者更大层面上说，是针对印欧语系。但是相比较而言，汉语自身所具有的拼义特征或许更有力地说明了人工智能发展过程中心理语言存在的合理性。因为在汉语语境中，汉字的拼义特征会在人工智能自主体的设计过程中就体现出本质上的语义属性，这就不可避免地会赋予其相应的语义内容。

国内学者张学新提出汉字的拼义理论，指出汉字系统在词汇水平上是世界上独一无二的拼义文字，并且它符合认知心理学和脑科学中根本性的语义网络原理，具有稳固的科学基础。汉字充分利用了人脑的视觉加工能力，与拼音文字相比，是一种更为彻底的视觉文字。该理论彻底否定了汉字拼音化的可能性，认为拼音与拼义文字植根于不同的感官通道。③

张学新提出的汉字拼义理论与顶中区 N200 的发现相互支持，从理论和实验

---

① Beckermann A. Can there be a language of thought//Casati R，Smith B，White G. *Philosophy and the Cognitive Sciences*. Wien：Hölder-Pichler-Tempsky，1994：207-219.
② 张学新：汉字拼义理论：心理学对汉字本质的新定性，《华南师范大学学报（社会科学版）》，2011 年第 4 期：第 5-14 页。
③ 张学新：汉字拼义理论：心理学对汉字本质的新定性，《华南师范大学学报（社会科学版）》，2011 年第 4 期：第 5-6 页。

两个方面揭示了中文的独特性,强有力地论证了它与拼音文字的本质区别。通过采用脑电技术和视觉词汇判断任务,让以汉语为母语的被试区分真词和假词,其结果显示,"中文双字词在其呈现后约 200ITIS 诱发了一个负走向的、以脑顶部和中央区域为中心、分布广泛的脑电反应,称为顶中区 N200。此外,词汇重复呈现时,该 N200 出现一个罕见的、大幅度的增强效应。类似的效应在英文等字母文字的识别中并不存在,提示顶中区 N200 是一个中文特有的脑电反应。进一步的实验表明,该 N200 不反映感知觉加工,也不反映语音、语义加工,而反映词形加工,提示中文词汇在其识别过程的早期就完成了对个体词形的视觉分析,涉及相当广泛、高级的视觉加工脑区。"[1]

为什么其他的古典意音文字走上了拼音,而中文却走上了拼义的道路呢?西方文字史的研究表明,拼音文字是不同文化相互碰撞、融合的结果。拼音字母作为西方文明的一个象征,是极其伟大的发明。汉字同样是极其伟大的发明,但它遵循了完全不同的拼义原理,去刻画世界的概念结构,把对万事万物意义的认识,拼织到语言里。汉字的拼义理论表明,中国人几千年前就领悟了语义网络这一根本规律,能够有意识地抽取事物的概念属性,通过灵活复杂的概念组合揭示事物间的本质联系,具备了很强的抽象思维和逻辑思维能力。[2]最近的脑科学研究却发现,中国人阅读汉字时会出现一个特殊的脑电波 N200,在西方人阅读字母文字时根本没有。拼义文字的核心在于用两个 IE7 符号的并置构造新符号,表达新概念,其意义同两个旧符号相关,但又不同于两者意义的简单组合。[3]拼义理论指出,中国人的概念网络是基于数量有限的 7000 个意义单位,而西方人的概念网络由大量独立定义的概念构成,两者可能存在本质不同。

我们知道,语言和文字,都是表达意义的符号系统。人类的知觉符号,只能利用视觉、听觉、触觉、味觉、和嗅觉这五个感官系统。汉字采用方块结构,能更好地利用人类的视觉功能。方块符号这个形式虽很重要,但并不独特。除了简洁之外,汉字的优势,来自用拼义原则构建的复合词。[4]心理学和脑科学研究表明,人类有丰富的语义加工能力,人脑最擅长通过联想发现意义。此外,

---

[1] 张学新,方卓,杜英春,等.顶中区 N200:一个中文视觉词汇识别特有的脑电反应,《科学通报》,2012 年第 5 期:第 332-347 页。
[2] 张学新:汉字拼义理论:心理学对汉字本质的新定性,《华南师范大学学报(社会科学版)》,2011 年第 4 期:第 5-6 页。
[3] 张学新:拼义符号:中文特有的概念表达方式,《科学中国人》,2012 年第 23 期:第 34-37 页。
[4] 张学新:汉字拼义理论:心理学对汉字本质的新定性,《华南师范大学学报(社会科学版)》,2011 年第 4 期:第 5-14 页。

阅读中有上下文信息，可以帮助限定一个词的解释。目前，如何整合词汇信息以产生句子意义的表征是心理语言学研究的重要议题之一。①这些心理语言学研究上的成果将有力地推动以汉字为基础的人工智能内在状态的表征方式研究，也会为人工智能自主体拥有内容创造更成熟的语言条件。

四、意向能力条件

人工智能自主体拥有内容的第二个可能条件是意向能力条件。这可以通过对人工智能的意向性建模来体现。有关人工智能的意向性建模，是 AI 意向性能力的体现，它已经体现出当代学者对于人工智能内在状态及其表征方式的深入研究。换句话来说，人工智能如果能具备意向能力，那么就意味着人工智能真正意义上拥有了类似于自然人的心理活动，这样也就可以真正意义上拥有心理内容。要造出有意向性或有真实表征外部事态能力的人工智能，最好的办法是向造出了人类智能的大自然这一"建筑大师"取经或学习。这是当今人工智能研究领域中的许多有识之士的共识，如麦金也持此立场。麦金在《心理内容》一书中提出和论证了"心智的建筑术"概念，倡导要研究大自然设计、制造心灵的方法和途径。他的基本观点是：应在目的论的框架内解决意向性的问题。

要让机器模拟人的意向性功能，就需要对人的意向性的本质特点及其实现机理和条件有一定的认识。麦金认为，"对外在主义而言，严格的结论最好不要理解为，心灵是一种奇迹般的、不可理解的特殊实体，能够想出一般的实体想不出的鬼点子，而应理解为，心灵根本就不是任何实体——从形而上学上说，心灵不是像岩石、猫、肾那样的东西。从形而上学上说，心灵可看作自成一类（sui generis）。"②

麦金认为，人类心灵能通过适当的方式将人与世界关联起来，人的心灵具有意向性特点。它既是人能作为主体生存于世的基础，也是其他一系列心智能力得以发生、起作用和发展的基础。对此，学者们提出和正在探讨的问题很多，所形成的构想和方案也各不相同。但在麦金看来，有两点最为重要，一是，应从什么角度来观察意向性；二是，意向性的机制是什么，大自然是怎样将它设计、制造出来的。这一研究，用他的话形象地加以表述，就是要探讨心灵的建

---

① 朱祖德，王穗苹，陈烜之，等：语义整合的大脑表征，《第十一届全国心理学学术会议论文摘要集》，2007年。
② McGinn C. *Mental Content*. Oxford: Blackwell, 1989: 22.

筑术或建造术。① 他认为，研究意向性的机制或生物结构，绝不意味着要把意向性还原为某种物质的东西，而是要弄清意向性的一系列特征、作用是由什么结构、机制实现或体现出来的，这些结构、机制是怎样被塑造出来的。因此这里要追问的是意向性得以产生、存在和发挥作用的条件与基础，或者说是"内容的结构基础，即让认知机制成为可能的条件"。② 要弄清大自然建造心灵所用的技术，除了研究进化史之外，还应利用模型方法。

在这里，我们简要说明布拉特曼（M. E. Bratman）关于意向的计划理论以及 BDI 模型的意向性建模思想。布拉特曼 1987 年出版了他的研究成果《意图、计划和实践性推理》一书。该书系统表达了他关于意向性、自主体的基本看法，完整阐述了他关于信念—愿望—意向（BDI）的模型。他的理论出发点是常识或民间心理学。他的意向理论不仅表现在把意图理解为独立的心理状态，而且还表现在试图根据计划来说明意图。正因有此特点，他才把他的理论称作关于意图的计划理论。他说："关键的事实是，我们是有计划的自主体"，而计划之类的现象与意向密不可分。③ 他说："作为有计划的自主体，我们有两种关键能力。一是我们有有目的行动的能力，二是有形成和执行计划的能力。"④ 由于同时有这两种能力，人才成了真正意义上的人，人才是理性自主体。

他提出了一个关于意向行为的"标准的三元组"。它是由三个因素所组成的集合体。它们分别是：①想做事；②所做出的事情；③意向地去做。从目的上说，这三个因素的目的是不完全相同的，如第一个要素的目标是被意欲的事情，第二个目标是努力要取得的东西，第三是要意向地做的事情。他说："在典型的意向行动中，我们不仅有标准的三元组中的全部三要素，而且还有对它们的目标的匹配。"在此基础上，布拉特曼提出了自己关于意向性理论模型的概念框架。它是基于对人类自主体的解剖而建构起来的。他提出：人之所以是有真正的自主性、意向性的自主体，是因为他有理性，并能自主决定、驱动自己的行为。他的行为与信念、愿望以及两者所组成的计划有密切关系，但又不是直接由它们决定的。质言之，行为之所以产生，除了离不开上述因素之外，还依赖

---

① 高新民，沈学君：人工智能的瓶颈问题与意向性的"建筑术"，《科学技术哲学研究》，2009 年第 6 期：第 18-22 页。
② McGinn C. *Mental Content*. Oxford：Blackwell，1989：v.
③ Bratman M E. *Intentions，Plans，and Practical Reason*. Cambridge，MA：Harvard University Press，1987：2.
④ Bratman M E. *Intentions，Plans，and Practical Reason*. Cambridge，MA：Harvard University Press，1987：2.

于意图。而意图以信念为基础，存在于愿望与计划之间。

布拉特曼也在自己的意向理论的基础上建立了关于意图的模型，BDI 模型或 BDI 自主体模型。① 这一模型的特点在于：通过简化、形式化，较清晰地揭示了人类自主体的结构。在他看来，这种结构是由信念、愿望、意图、计划、思考等因素构成的复杂动态系统，他将其称作 IRMA（Intelligent Resource-Bounded Machine Architecture），即以理智资源为基础的机器结构。

在 BDI 自主体中，基本的构成要素是信念、愿望和意图之类的数据结构和表示思考（确定应有什么意图、决定做什么）、手段—目的推理的函数。其中，意图的作用最大。因为意图一旦形成，行为便被确定了，剩下的事情就是一个演绎推理的问题。而有什么意图，则是由自主体当前的信念、愿望决定的，或者说，是由信念、愿望、意图三者的关系决定的。从构成上说，自主体的状态是信念、愿望、意图的三元组（B、D、I）。从过程上说，自主体完成它的实践推理要经过 7 个阶段。如图 7-1 所示：

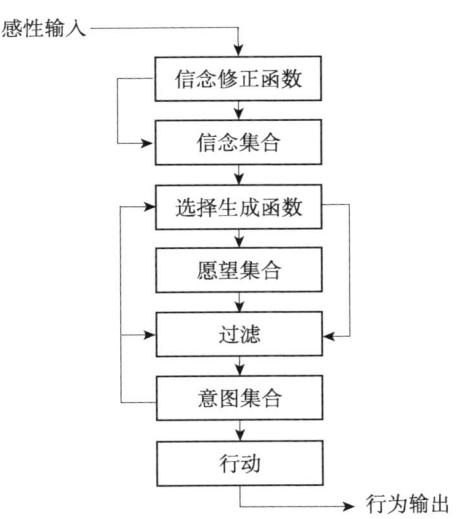

图7-1 实践推理的7个阶段

由上可知，第一步，自主体做出行为的决定。这决定一般与关于感官所提供的环境的信息有关，得到信息后，便会产生许多信念。第二步，自主体由于有信念修正函数，便能基于感性输入和已有信念，形成新的信念集合。第三步，

---

① 高新民，付东鹏：《意向性与人工智能》，北京：中国社会科学出版社，2014 年：第 613-614 页。

自主体的选择生成函数则基于已有的信念，形成相应的愿望，即做出可能的选择，在此基础上，运用手段—目的推理过程，确定意图以及实现意图的过程和方法。而要这样，又必须进一步选择，这选择比意图更加具体。这是一个递归式的选择生成过程，通过它，更具体的意图得以形成，直至得到对应于能付诸行动的意图。第四步，通过选择机制，挑选出若干可能的行动方案。第五步，借助过滤函数即自主体的慎思功能，根据当前的信息、愿望和意图，确定新的意图，以便在多种可能行为中做出选择。第六步，分析当前自主体的意图集合。它们是自主体关注的焦点，是它承诺要实现的目标。第七步，借助行动选择函数，根据意图确定要付诸执行的行动。

布拉特曼的 BDI 模型是今日有关领域讨论得最多的理论之一，在 AI 的理论建构和工程实践中享有重要地位，已成了许多工程实践的理论基础。除此之外，AI 研究要回应塞尔等人的挑战，真正让 AI 表现出意向性特征，就不得不为其建立更多的模型。为了适应这一要求，一些尝试性的模型便应运而生了，至少许多人开始了对意向性本身的理论解剖和建构，以为进一步建模做理论上的铺垫。例如，豪格兰德（J. Haugeland）强调有关人的认知能力底层之责任能力的意向性模型，以及一些心理学家和语义学家的语义学建模等。这些都为人工智能自主体拥有内容构建了意向能力条件，同时也为其内容的外化提供了可能途径。

五、理性能力条件

人工智能自主体拥有内容的第三个可能条件是理性能力条件。"理性"一词源于拉丁文 ratio，是西方哲学史上的重要范畴。它一般指概念、判断、推理等思维形式或思维活动。哲学史上通常用以表示推出逻辑结论的认识的阶段和能力的范畴。古希腊所孕育的逻辑思想，以分析、解释、推断等方法，唤醒理性自觉。柏拉图认为理性是最高阶层的知识，在这一层次上，哲学家用科学之法去探究形式（form）的内涵。在笛卡儿那里，理性成为保证自我与上帝存在之宝物，类似数学之推理方式是理性之关键功能，也是人类知识之来源。黑格尔认为知性是抽象的、形而上学的思维，理性是具体的、辩证的思维，也是认识的高级阶段，肯定理性揭示宇宙真相的能力。

我们对于人类理性的常识观点似乎是，一方面，我们赞同亚里士多德认为人是一个理性动物，而另一方面，我们赞成弗洛伊德认为人是非理性的。这种明显的张力可以通过区分"理性的"不同含义来解决。第一，当谈论理性时，一个人可能仅仅指称推理能力；在我们有意识地、明确地推理的意义上人类是理性的，我们对我们相信的等等东西给予论证。大概这是亚里士多德意义上的"理性"。第二，一个人可能会使用"理性的"来指谓完美的推理，在我们经常在正当推理中犯错误的意义上，人是非理性的。第三，谈论人类时，这种理性意义允许人类能够产生推理错误，但是把这些错误归因于干扰人类推理的效力，而不是归因于内在于我们推理过程的错误。可以看出，这三种理解上的"理性"都没有离开逻辑推理。正是在这样的意义上，我们通常说人有理性实质上是指人具有根本的逻辑推理能力，即逻辑理性。

人之理性的本质在于：人在其推理能力中拥有规范的推理原则。人是否是理性的，这部分地是一个经验问题。一个高级认知科学的完整来源被要求来产生对人类推理能力的描述。人类推理能力的认知科学研究将包括推理行为和神经科学的研究。并且进化理论和计算理论也会与之是相关的。推理实验也会是与之相关的，因为它们关注我们的推理能力的本质。认知科学家需要确信的是，他们并不依赖于他们认为不可靠的推理原则。[1] 更一般地，认知科学家应该认真地评价可能指导他们研究的各种概念范畴。决定人类推理能力是什么，这仅仅是一个人需要决定人是否是理性的这样的信息的一部分。一个人也需要知道正是什么是理性的。一方面，主体的实践推理以成功的行动为其特征，而其理论推理至少以真信念为其目标，以获得知识作为其主要特点。另一方面，其推理（或理性论证）也传统地被划分为演绎的和归纳的两大类型。前者强调从真前提必然得出真结论，后者强调在前提或"数据"中赋予给定的经验证据以归纳强度或可能性程度。

作为人的类似物，人工智能自主体之所以需要具备逻辑条件，是因为当代对心灵的认知科学哲学研究大多是建立在这样一些假定之上的：①心理实在性假定；②自然主义假定；③类型－个例区分假定；④信念－期望心理学假定；⑤命题的组合性假定；⑥心理表征的组合性假定；⑦心灵的表征理论假定；⑧心灵的计算理论假定；⑨思想对语言的优先性假定。[2] 很显然，这些假定都或多或少地与逻辑领域相关联，尤其是后面6个假定，均以命题为逻辑出发点来论述相关问题的，而命题是逻辑学研究领域中最基础且核心的一个范畴，也是自然主义哲学家研究命题内容时不可或缺的一部分。可见，人工智能的当

---

[1] Stein E. *Without Good Reason: The Rationality Debate in Philosophy and Cognitive Science*. London: Clarendon Press, 1996: 1-20.

[2] Fodor J, Pylyshyn Z. *Minds without Meanings: An Essay on the Content of Concepts*. Cambridge, MA: The MIT Press, 2015: 1-18.

代发展是与逻辑、理性推理密切关联,并以之为基础的。

  理性的标准图式认为,推理的规范原则是基于逻辑规则、概率理论等的。这个图式忽略了这样的事实:人类推理是被具体化的,发生在真实的时间中,在反对其他人的功能的背景下出现——认知同消化、繁殖等一样。考虑到这些,理性必须被自然化。理性的自然化图式认为,推理的规范原则是那些来自于广泛沉思过程的原则,这些过程包括科学证据作为输入。这样的一个过程把我们的直观和科学的、理论的考虑带入到了一种一致的平衡过程。决定推理的规范原则,这既是一个概念的问题,又是一个经验的问题。爱因斯坦曾指出,现代科学技术的发展有两个重要的基础,一是亚里士多德的形式逻辑;二是基于实证精神的实验科学。也就是说,现代科学技术的发展有两个重要的精神支柱,一是逻辑精神,一是实证精神。而这两种精神,亦即分析理性,正是人类主体和人工自能自主体所必须具有的。逻辑不仅是获取知识的有效工具,更是人类生活、社会发展的理性支点。

  综上所述,笔者认为,人工智能自主体拥有内容的可能条件中,以语言条件和意向能力条件为基础,辅以理性能力条件。与此同时,人工智能自主体在具备这些可能条件下,还需要将这些能力展现在社会实践中,才能真正意义上实现能力到行动的转换,也就是说,主体心理内容的外化才能得以实现。

第八章
心理内容与实践

本章在阐述吉勒特的内容实践观和佩里格林的意义结构辩证法的基础上,通过考察西方意向行动范畴,指出主体的心理内容得以外化,是在基于目标、意图的意向行动之实践中完成的,并尝试在当代逻辑行动主义方法论研究纲领视域中,运用当代西方分析的马克思主义流派的逻辑分析精神,融入当代西方行动哲学的合理要素,同时突出马克思实践范畴的客观行动维度,来为心理内容的外化找到一条新型道路。

第一节 内容实践观与意义结构辩证法

在当代西方学者运用马克思主义哲学观点、立场来解读内容问题的过程中,吉勒特坚持命题内容的外在主义立场,并指出思想内容之所以出现或存在,完全是根源于实践;而佩里格林在阐述意义本质过程中运用到辩证法思想,形成其结构主义语义观,从而进一步阐明了心理内容的语义维度。

一、吉勒特的内容实践观

吉勒特(G. Gillett)的内容指命题内容,并且这样的内容一定要以概念或语言表达式的意义的形式呈现出来。吉勒特指出，所谓内容"是以命题形式表现出来的表征了我们所碰到的外在事物的东西"。从构成上说，它是概念性与关于性的统一。因为它一方面依赖于思想者的概念，例如"这房子是红的"，这内容就依赖于思想者对"房子"和"红"的把握；另一方面，内容又是关于外在事物的。从存在性上说，它是内在性与外在性的统一，因为所关于的事物肯定存在于外，而思想又一定发生在头脑之内。①在这里，主体意向性的作用都是要把思想内容与凭借阐释思想者的活动这样的公共实践关联起来。他说："思想者不仅把事物表征给他人，也把它们表征给自己，并用这些表征来组织自己的活动。"②

他认为，内容与思想密不可分。在思想的本质问题上，他坚持分析传统和现象学传统的融合论思想。他指出："意向性、规范性和结构是思维的固有属性。这就是说，思维能关于自身以外的事物，是受规则制约的。……与关于表征的因果说明相反……概念运用与判断有关……这些判断都遵循语词运用的规则，而这些规则是人们在共同的实践中一定会学会遵守的。我已论证过，思维内容与概念的把握进而与自然语言密切相关。这种关联的关键环节就是人类活动中存在的规则和准则。"③他承认外在主义有合理性，并进一步指出：人是一个形成、学习和服从规范的、实践的主体。

他认为，思想内容的构成元素是概念，而"概念一定与公共世界有关，规范特征和意向特征一起决定了概念为思想所奉献的内容"。④当然，他也承认，思想的内容问题不同于语言意义问题。首先，"思想者所想到的每一事项是以特定方式被表征在每一思想之中的。"⑤其次，从思想与语言的关系上来说，思想离不开符号。他说："借助符号所完成的构成性活动就是我们所说的思想。"但这里的符号不同于自然语言中的符号。因为，它们与表征密不可分。而"表征就是将呈现给某人的那些可识别的特征提取出来并加以运用的能力，而这种能力又离不开能思主体的反应中所存在的一致性、结构和秩序。这些特征来自于这样的规范，即人们内在地予以遵守并决定把什么看作什么的规范。规范采取的是规则的形式，这些规则制约着明显的反应形式，这些反应形式是人类自然会

---

① Gillett G. *Representation*：*Meaning and Thought*. Oxford：Clarendon Press，1992：101.
② Gillett G. *Representation*：*Meaning and Thought*. Oxford：Clarendon Press，1992：101.
③ Gillett G. *Representation*：*Meaning and Thought*. Oxford：Clarendon Press，1992：118-119.
④ Gillett G. *Representation*：*Meaning and Thought*. Oxford：Clarendon Press，1992：141.
⑤ Gillett G. *Representation*：*Meaning and Thought*. Oxford：Clarendon Press，1992：141.

形成和具有的东西。"①再次,心理内容尽管与表达式的含义有关,但它毕竟有心理的呈现,有特定的认知重要性(cognitive significance)。他说:"心理内容与表达式的含义有关,决定了对象对于思想者的作用。"因为对象不能直接出现在思想之中,只能以呈现的方式出现在人的心理生活之中。②这一来,该如何理解心理呈现、认知作用之类的东西呢?他说:"表达式的认知作用就是思考或分辨-对象的方式。"③

他指出,从心理内容的决定因素看,它们之所以出现或存在,完全是根源于实践。以"我想到手柄是绿色的"为例,有关的内容就是由这些联系环节决定的:①与我们在其中使用该语句的实践的显而易见的联系;②在"手柄"一词与手柄的使用之间的联系;③与我们留意我们所关注对象的当前状态的实践的联系;④与我们在其中关注颜色的实践的联系。基于这些,便可以得出结论说:"任何表达式 E 的认知作用应借助它运用于其中的实践来加以说明。因此 E 的含义对于任何复杂思想的作用也是由这些实践和限制这些实践的规则决定的。"④

在他看来,从思维内容的存在形式来说,它既不是内在于头脑之中的东西,又不是思想所关于的事物本身,而是主体间可把握并得到的东西。它既包含有表达式所指称的东西,又与这些表达式所运用的规则有关,还包含有相关的关系信息。例如人们所想到的"车票",它既包含有车票的纸质、形状、颜色等方面的信息,又内化了该表达式的使用规则,还有关于使用场合的规则,以及关于别的可放在一起使用的表达式使用规则。因此他说:"内容显然是主体间可获得的,对特定个体的认知是有作用的,在两种意义上都是意向性的(指向世界中存在的事项和指向意向活动中的事项)。"⑤

思想的内容的确与思想本身以外的东西有关,但思想不能直接思考它们,而必须借助概念。吉勒特认为,要解决概念的本质问题,重要的是"深入到表征、心灵与思想的关系之中"。⑥也就是说,第一,要描述概念把握过程中必然会涉及的因素;第二,要对思维能力怎样在生物有机体中得到实现做出经验性探讨。为什么要这样呢?他说:"对思维及其内容的分析一定会涉及运用概念的

---

① Gillett G. *Representation*: *Meaning and Thought*. Oxford: Clarendon Press, 1992: 204.
② Gillett G. *Representation*: *Meaning and Thought*. Oxford: Clarendon Press, 1992: 141.
③ Gillett G. *Representation*: *Meaning and Thought*. Oxford: Clarendon Press, 1992: 141.
④ Gillett G. *Representation*: *Meaning and Thought*. Oxford: Clarendon Press, 1992: 161.
⑤ Gillett G. *Representation*: *Meaning and Thought*. Oxford: Clarendon Press, 1992: 179.
⑥ Gillett G. *Representation*: *Meaning and Thought*. Oxford: Clarendon Press, 1992: 7.

主体，正是这主体把他所面对的东西判断为如此这般的东西。我已论证过，这不只是以某种方式进行条件反射的倾向，而且还与命令性规范有关。"①这也就是说，要把握概念的实质，必须深入到表征、心灵与思想的关系之中，关注概念的规范性特征，即探讨概念怎样在实践中形成了它与对象、思想的特定的、经长期实践所建立起来的命令性、约束性的关系。

吉勒特认为，由于心理内容离不开规范的影响，因而心理内容不可能是唯我论式的，因而是宽的，并且这种宽内容是由人在实践中所遵从的规范决定的。他说："主体可看作是以由命令性规范决定的方式对他周围的事物做出不同反应的事物。这些规范规定了什么东西才可看作是对某一特定概念（如红）的例示。"②即使内容是人意识到的东西，表达自己的思想内容，体会别人话语的内容都离不开大脑结构，但规范仍是内容的最重要决定因素。因为"个体大脑所实现的结构依赖于制约着那个体运用概念的规则"③。

由此，吉勒特指出，这样的规范根源于实践。所谓实践是指一定的共同体所从事的社会活动。其特点在于，第一，它不是由个别人所完成的动作，而是由一定的群体所进行的活动。第二，实践具有主体间性，它是在公共的世界中发生的，因此尽管实践活动是由个体做出的，但由于有共同的世界，因此便能相互交流，在交流中又能相互检验、评判对方的话语是否正确。第三，从形式上说，实践可表现为话语和别的有意义的身体活动。从作用上说，它是规范、规则形成的基础，因而是决定意义的最终、最根本的因素。当然规则一经产生，又会对实践产生反作用。④

他认为，意义作为内容的呈现方式最终是由实践决定的。他说："规范性约束制约着自然语言所表现的心理活动，这些约束又根源于控制语词运用的规则。因此意义的构成方面可通过活动和有关语词在其之下予以运用的实践之间的关系来说明。"⑤"意义依赖于能思想的人之间的相互解释，而这种解释又离不开关于规范的概念……这便使一个因素进入这种分析之中，这个因素超出了因果的或认知的作用的范围，必定要利用解释的命令性规范。"⑥这也就是说，他所说的意义有本体论的地位，"它是作为规则和实践的功能"的形式存在的，同时对于

---

① Gillett G. *Representation*: *Meaning and Thought*. Oxford: Clarendon Press, 1992: 710.
② Gillett G. *Representation*: *Meaning and Thought*. Oxford: Clarendon Press, 1992: 202.
③ Gillett G. *Representation*: *Meaning and Thought*. Oxford: Clarendon Press, 1992: 203.
④ 高新民：《意向性理论的当代发展》，北京：中国社会科学出版社，2008年：第319-320页。
⑤ Gillett G. *Representation*: *Meaning and Thought*. Oxford: Clarendon Press, 1992: 140.
⑥ Gillett G. *Representation*: *Meaning and Thought*. Oxford: Clarendon Press, 1992: 128.

思考者的思维来说又有"必然的独立性"。①

从上述可以看出,吉勒特坚持命题内容的外在主义立场,并着重分析思想内容的决定因素,并指出这样的内容之所以出现或存在,完全是根源于实践,进而在西方心灵哲学视域中对实践范畴给予了全新的理解。这种理解强调意义作为内容的呈现方式如何通过实践来规范自身,并使得西方马克思主义学者从外在论视角重新审视马克思主义哲学的实践观。

二、佩里格林的意义结构辩证法

捷克学者佩里格林(J. Peregrin)的意义理论是在分析批判两种语言观的基础上建立起来的。第一种语言观即符合论的语言观。它认为,语言的基础有两方面:一是所指的领域,一是能指的领域,它们互相独立,甚至独立于语言而存在。而语言是通过把它们相互关联起来才得以成立的。第二种语言观是索绪尔的有代表性看法。他认为,能指与所指本身是通过把它们关联起来即通过语言构成才得以成立的,因此语言不是语词-事物类型的独立关联的总和。相反,语词与事物、能指与所指在某种意义上是寄生于作为系统的语言之上的。语言并不是对应于事物的语词的总和,语言是促成语词与事物相互关联起来的催化剂。因此语言不是命名过程或命名法。

索绪尔的这一观点在美国后分析哲学家中赢得了广泛的支持。蒯因、戴维森、塞拉斯等也坚持认为,语言不是命名过程,不是标记事物的标签之总和。但是后分析哲学家在拒绝命名论的语言观过程中又得出了不同于索绪尔的结论,如强调没有理由根据能指和所指来构想、看待语言,因为语言正如维特根斯坦所说的那样,是一种工具箱,里面包含有各种能有助于人们相互沟通、方便人们拷贝世界的工具。根据这种观点,对语言要素的描述首先不应根据它们所指称的东西,而应根据语言要素在人类实践中所起的作用,或根据它们在实践中的有用性。另外,作为语言的工具还有不同于别的工具的特点,即一表达式能为别的表达式所替换,而又不损伤它的语言功能。现在的问题在于:语言以什么形式实现它的工具性功能呢?自然不是作为专门功能的条件,而应是可称作结构的东西。正是因为有这个东西,因此只要不改变结构或形式,我们就可任意地替换个别的语言单元而不改变其意义。可见意义与符合、外在的物质构成没有关系,只与结构或形式有关。

---

① Gillett G. *Representation*:*Meaning and Thought*. Oxford:Clarendon Press,1992:140.

佩里格林认为，这种语言意义观与卡尔纳普、蒙塔古等人所倡导的关于语义学的形式逻辑观点之间并不存在不可逾越的鸿沟。佩里格林在建立自己的理论时，批判地借鉴了前述两种语言观以及结构主义和戴维森意义理论的思想成果。例如，他考察了当代各种关于语义结构的理论。他认为，这些理论把语义结构看作类似于句法结构的东西，因此是不可取的。在这里，应区分两类问题，一是哪些表达式构成了语言、复合表达式怎样由其部分所构成，二是表达式怎样在语言中起作用。

在他看来，语义学要关心的，并且只能关心的是第二类问题。因为它与具体的结构无关，它不是要把具体的语义结构解释为纯形式的句法结构，也不是要在特殊的形式语言中理解表达式，"而是要探讨整体发挥其功能作用与部分发挥其功能作用的相互关系，尤其是说明：个别的表达式对它们作为其组成部分的陈述的真值所起的作用。因此语义学要研究的是：真/假对立怎样从部分到整体被投射，反过来，这些投射又是怎样加起来进而构成了那些陈述的真值条件。"① 他还强调："任何关于语言的结构主义分析必须考虑到一种特殊的辩证法，它对结构的概念至关重要，因为即使结构本身是非经验性的、可为数学处理的实在，但评价一结构是否为一特定的经验实在（如为自然语言或它的表达式）所具有，则又不可避免是经验性的活动，这活动与数学活动没有直接的隶属关系。借助形式模型阐释语言和语义学是有用且有效的工作；但是关键的是在于不弄错被模拟的事物的模型，而应记住：任何模型就其本质来说必然包含有量的理想化成分。"②

佩里格林非常重视结构的辩证法。什么是结构的辩证法呢？他认为，结构有两方面，①结构可能被看是柏拉图式的存在，②它具有经验性。结构的辩证法在于："结构很容易被看作是柏拉图式的实在，可由纯数学加以研究，并且这研究可独立于对是否真的有东西具有结构的研究。另一方面，使这种研究真的与我们有关的东西是：存在着这样的事物，在我们的真实的非柏拉图的世界，它具有结构。这意味着，即使结构本身是非经验的，但它之成为某物的结构则是经验的。"③

他运用上述资源和方法建立起来的语义学有两个关键概念：语义结构和逻辑形式，而其宗旨则是试图用数学的结构概念将意义还原为结构。④ 什么是结构

---

① Peregrin J. *Meaning and Structure*. England：Ashgate，2001：257-258.
② Peregrin J. *Meaning and Structure*. England：Ashgate，2001：258.
③ Peregrin J. *Meaning and Structure*. England：Ashgate，2001：251.
④ 张钰，高新民：意向性本体论地位问题的折中解答，《常州大学学报（社会科学版）》，2014年第3期：第3页。

呢？对此，大陆和英美的结构主义有不同的看法。大陆的结构主义认为，人文社会科学的对象不是实体性的，而是关系性的，例如语言学的对象是语言，而语言中的一切东西都以关系为基础。它还认为，结构主义不是理论，也不是方法，而是看问题的方式，相应地结构是部分组合为整体的方式。语言作为结构也是这样，它也是一个有整体－部分结构的系统。而英美的结构主义强调：任何语言都有自己的横向和纵向结构。横向结构是指表达式与表达式的横向相互关系，纵向结构是指表达式与意义的关系。根据这种观点，意义不是现成的东西，而是类似于表达式的值那样的东西，而这种值是与该表达式在整个语言系统中的地位联系在一起的。

佩里格林对各种结构主义思想兼收并蓄，当然受影响较深的是前者。他说："有结构的整体是要素的集合，而这集合又离不开要素之间的一系列关系和使要素发生转化的一系列作用。"[1] 在他看来，系统的结构有三个要素：部分、关系、操作（作用）。就语言来说，它也是部分—整体的系统，由部分所构成。当然这里的结构指的是句法结构。佩里格林更为关心的是语义结构或逻辑结构。他说："语义学研究的并不是平行于句法结构的独立结构，而是真与假的对立按照（句法）结构从整体到部分得到投射的方式。"[2]

从结构的种类来看，至少有两种结构，一是事物内各部分相关联所形成的结构。这是真实存在的结构。二是形式的、抽象的结构，它不依存于具体的对象，是经抽象或虚构而形成的。但既可以独立地予以研究，又可以用作观察事物的工具。后一类结构的形式很多，如数学研究的结构、语言的结构。佩里格林关心的是后一种结构。他说："我们对有结构意味着什么这一问题的思考使我们得出这样的结论，即至少有一种结构是我们最感兴趣的（如由语言结构从词形变化上予以例示的），有理由把它们看作是我们用来使事物能为我们所理解而用的棱镜，而不是存在于我们将这些结构归属于其上的那些事物之内的东西。"[3] 也就是说，他所关注的结构就是这些漂移不定的、独立自存但又能满足我们解释需要的结构，就像我们看问题时所用的棱镜那样的结构。

就结构的本质与作用来说，"结构并不是简单地由不同的、共结构的事物所共有的，而好像是飘忽不定的浮舟，它是由我们的理性所雇用的，其作用是帮助我们理解事物。"[4] 换言之，事物被赋予结构，不是事物本身使然，而是由我们

---

[1] Peregrin J. *Meaning and Structure*. England: Ashgate, 2001: 90.
[2] Peregrin J. *Meaning and Structure*. England: Ashgate, 2001: 235.
[3] Peregrin J. *Meaning and Structure*. England: Ashgate, 2001: 231-232.
[4] Peregrin J. *Meaning and Structure*. England: Ashgate, 2001: 227.

的理性从外面"打压"进去的。为了说明结构与实在事物的区别,他借用柏拉图的两个世界理论,即一个是混沌、稍纵即逝、偶然的、由个别事物组成的世界,一个是真正存在的理念王国。他认为,在比喻的意义上,可以用这种划分来说明他对结构和具体事物的区分。从起源上说,结构是我们理性的发明,从作用上说,结构是"理性在想说明世界时所用的工具",就像我们拿着棱镜和三角板来观察相关的对象一样。有了这些结构,对象就会"表现出""意义"来。①

这样,佩里格林认为就可以揭示意义的本质了。他说:"一表达式的语义或逻辑结构并不是孤立的表达式的属性,而是它的作用的表现,即它与别的表达式的逻辑关系的表现。"②这也就是说,表达式的意义就是表达式的逻辑结构或逻辑形式。要确定一表达式的意义,就是要分析该表达式与别的表达式的逻辑关系。用戴维森的话说:"给予一句子以逻辑形式,就是在全部句子中给它以逻辑地位,就是这样来描述它,即说明它可衍推出什么样的句子,又能由什么的句子衍推出。"③例如一句子 s 有这样的逻辑结构:$s_1 \wedge s_2$。在这里,我们就不能说,我们在 s 后面或在运用它的人心中发现了两个被连在一起的部分,而应说,s 能从 s_1 加 s_2 衍推出来,反过来,s_1 和 s_2 也能为 s 衍推出来。说表达式的意义是逻辑形式,也就等于说意义是一种推理作用。因为要弄清逻辑形式的实质,无须到表达式的隐秘的"内心深处"去寻找什么柏拉图式的形式,而应设法考察该表达式与别的表达式的推理关系。④

由于受戴维森思想的影响,佩里格林的意义理论具有实用主义倾向,这表现在:他也有把意义看作是一种投射或被归属的东西的倾向。如他认为,意义不是语句本身实有的成分,不是说者想表达的且通过话语表达的东西,但同时又不是在交流、解读活动中生成的东西,而是翻译者、解释者归属或投射给说者的,是一种将结构给予不确定的东西之上的手段。但这样一来,又会有一系列的问题接踵而至。例如,他曾强调过,意义是一种结构,这是否意味着意义是语言本身的形式结构从而背离了他的归属论?其次,作为意义的结构该如何把握?是怎样形成的?又是怎样授予说者的?⑤

在说明结构的本质时,他同样坚持工具主义或实用主义立场。他认为,理

---

① Peregrin J. *Meaning and Structure*. England:Ashgate,2001:228.
② Peregrin J. *Meaning and Structure*. England:Ashgate,2001:243.
③ Davidson D. Action and reaction//Davidson D. *Essays on Action and Events*. Oxford:Clarendon Press,1980:140.
④ 高新民:《意向性理论的当代发展》,北京:中国社会科学出版社,2008年:第313页.
⑤ 高新民:《意向性理论的当代发展》,北京:中国社会科学出版社,2008年:第314页.

解结构的最好办法是把它与几何学的点线面体加以对比。他说："真实的语言与它的语义学理论的关系类似于真实空间与几何学理论的关系，两者的共同点在于，都试图根据某种结构看待事物。"① 例如在几何学中，点线面体都是一些抽象的形式或结构，并不存在于真实的世界之中。但是我们关于这些抽象的东西的知识可以帮助我们对实际事物的量的关系作出判断。这个判断的过程，实际上就是"把我们所看到的——更一般地说我们所碰到的——在我们周围的东西放进某些简单的形式、结构或范畴之中，如果有别于它们，那么我们就说这些东西不是这些东西，或说它们不完善、有问题。"②

总之，他的结构主义语义学是一种极为独特的结构主义。一方面，他借鉴了前结构主义、法国正统的结构主义以及分析哲学中的后结构主义思想，承认结构是组成部分的一种关系，一种整体与部分的关系，一种逻辑形式；另一方面，他又承认结构的多样性，如强调结构有事物的结构与形式结构之分，而形式结构又有经抽象而形成的结构与假定、预设的结构等形式。作为意义的结构就属于这种类型，它是人们为翻译、解释有关话语而归属于或赋予话语的，目的在于理解话语，而不是从话语本身之中抽象出来的。在这一点上，他又继承和发展了戴维森关于意向状态的投射主义。最后，这种语义学与概念作用或推理作用语义学有一致之处。显然，佩里格林在阐述意义本质过程中运用到辩证法思想，形成其结构主义语义观，并对心理内容的语言维度做了进一步的阐明。

第二节 意向行动

长久以来，哲学家们都关注着人类行动。行动的哲学思考密切相关联于道德责任和法律责任的本质、人类自由和因果决定论之间的明显冲突，以及对它们的物理主义解释可能性等诸多方面。目前正统的观点是，任何行动解释都是以指称主体的信念和意图（或期望）作为中介的，而这样的心理状态及其所具有的内容就有了得以外化的可能途径。

---

① Peregrin J. *Meaning and Structure*. England：Ashgate，2001：224.
② Peregrin J. *Meaning and Structure*. England：Ashgate，2001：224.

一、行动范畴的心灵哲学渊源

在西方哲学史上,在古希腊学者亚里士多德对行动要素的思考是当代意向行动范畴的重要来源。根据亚里士多德,严格意义上的行动要求"熟思"(deliberation)和"选择"(choice),不是所有自愿活动都是行动。一方面,只有以知觉描述为前提,通过行动的"引发机制"以及期望效力,才能逐渐形成严格意义上的行动。亚里士多德认为,知觉的三个核心是:①知觉对象;②存留"知觉痕迹"或"幻觉";③幻觉的能力。这些被解释的知觉对象或幻觉对象是期望(desire)的"引起",这种期望[1]在人类或动物行为面前提供推动力或强劲效力。

另一方面,亚里士多德认为,熟思是一种特殊类型的思维,即一种"期望加工"活动,在其中,一个人的心灵寻找和评价趋向目标的可能路径。当最佳路径被确认时,熟思就终止了,这个人就会有一个意图来遵循这条路径,这样的意图被称为"选择"。在亚里士多德看来,如果给予行动一个意图,以及关于这个世界的合适信息,那么一个人就会发起(initiate)一个行动。这种把意图和信息转换为行动的"机制"就是所谓的"实践三段论"。[2]在亚里士多德看来,一旦实践三段论被考虑了,行动的所有关键元素也就被考虑了。从这里我们可以看出,他的这种行动观对后世学者从微观层面开展行动研究产生了深远而广泛的影响。

中世纪经院哲学家托马斯·阿奎那则认为,人类行动就是人类做什么,并且人类的行动可以定义德行的范围。"道德行动和人类行动是相同的",这种人类行动和道德行动的同一性所引发的结果就是,每一个人类行动都是道德上为好的或为坏的。他认为,这种人类或道德行动仅仅由一个人所意欲(intend)的东西所构成,而不是由其中偶尔与之相关的东西所构成。托马斯·阿奎那已经注意到,当自愿行动所要求的那种知识不出现时,我们不会认为这个行动是一个人类行动。他认为,无知能以三种方式附属于(attach to)一个行动,即伴随地、结果地、先行地(concomitantly, consequently, and antecedently)附属于一个行动。[3]

在近代时期,洛克、贝克莱等人发展了有关人类行动的观点,但主要仍局

---

[1] 这里的期望有三种类型:欲望(appetite)、激情(passion)和愿望(wish)。
[2] Bynum T W. *Aristotle's Theory of Human Action*. UMI, 1986, ch.1.
[3] McInerny R. *Aquinas on Human Action: A Theory of Practice*. Washington, DC: The Catholic University of America Press, 1992: 17-24.

限于形而上学、认识论和道德关注的范围内。洛克和休谟坚持有关行动的因果理论。洛克说："意愿（volition）或决意（willing）是心灵的一个行动，这个心灵指引（directing）它的思想到任何行动的产生，并且因而执行它的力量来产生它……他会把他的内在思想转在他的心灵中所通过的东西上，当他决意的时候，他会看到这个意愿力量是仅仅对我们自己的意愿是熟悉的……这个意愿只不过是心灵的那个特定决定因素……"①而贝克莱明显是心理行动理论的一个倡导者。在"第一对话"中，Philonous 说道，"因而心灵会被描述是行动的（active）……因为意愿被包括在它们中……"②在这里，贝克莱使用"意愿"（volition）来指称一个心理行动。

19 世纪以来，随着哲学和科学（尤其是科学心理学）之间的密切关联，在那些考虑心灵本质的心理学家和心灵哲学家当中，詹姆士的观点已经被广泛关注。在《心理学原理》③中，詹姆士辩护了一种自然化的行动理论。其中有一段话语："似乎……包含在对一种完整的意愿心理学的数据的缩小中""我们知道在一个寒冷的早上，正是什么在起床……保持我们那种从床上升起的观念，在但愿的条件中，而不是在意志的条件中。"④从这些话语中我们可以看出，詹姆士仍是一个旧时意愿理论学者。这种旧时意愿理论在 18 世纪和 19 世纪能被很好地理解为一种还原描述，表明人类行动因果地存在于相关的非行动事件中。这类理论诉诸那些具有强唯名论倾向的东西：我们的本体论需要仅仅包含事件和关系的范畴。

詹姆士认为，心理先行情况是一种纯粹的认知事件，并且这个结果是一种纯粹的一点点行为（a mere bit of behavior）。他坚持认为，存在三种类型的行动：反省和本能行动；意动（ideo-motor）行动；以及包括一个命令（fiat）的行动。⑤后面两个范畴标志着自愿行动类型。詹姆士并不认为在这些三种类型之间存在一种清晰的界限，尽管这种划分是清晰的。自愿行动的两个范畴之间的直接区分是成为一个简单运动意义上的简单行动和成为一个运动序列意义上的复杂行动之间的一种区分。最近对詹姆士理论关注的学者指出："这个理论没有要求任何特殊的心理命令或意志行动，对于我们称之为自愿的那类行为的出现来说。在詹姆士自己的术语中，自愿行为的最纯粹形式就是这样的形式，在其中一个

---

① Locke J. *An Essay Concerning Human Understanding*，1690，bk.11，ch.xxi：28-30.
② Berkeley G. *Three Dialogues Between Hylas and Philonous*，1973.
③ James W. *The Principles of Psychology*，vol.2，Reprinted. New York：Dover Publications，1890.
④ James W. *The Principles of Psychology*，vol.2，Reprinted. New York：Dover Publications，1890：525
⑤ 这里的"意动"是指所有行动由引起运动结果的一个记忆意象所构成的。

行动序列的意象自动地导致有所行动。①这样的意动行动不同于日常的不自愿行为，仅仅在产生它的那种刺激类型中"。②一般来说，詹姆士的行动心理学是基于形而上学考虑之上的。他仍保持他的旧时意愿理论，但却是基于经验证据的。这明显是自然化行动理论的一种尝试。

而穆勒则强调行动的两个方面，他说道："现在，什么是一个行动？不是一个东西，而是两个东西的系列：被称为一个意愿的那个心灵状态、被一个结果遵循而来。产生这个结果的这个意愿或意图，是一个东西：该意图的后序中被产生的这个结果，也是另一个东西：这两个东西一起构成这个行动。我形成迅速移动我胳膊的这个目的；这是我的心灵的一个状态；我的胳膊移动，服从于我的目的；这是一个物理事实，是一个心灵状态的后序（consequent）。由这个事实所遵循的那个意图，或者当由该意图所引起或推进的那个事实，被称为移动我胳膊的这个行动"。③

在20世纪前半期，心理行动理论以普理查德为代表。在他的道德理论语境中，他发展了一种有影响的描述，把行动等同于一种心理事件。他明确指出："有所行动（to act）就是真正地决意某个东西（to will something）。"④然而，赖尔的《心的概念》（1949）和奥斯汀的同时期论文改变了这个模式。尽管存在持续的兴趣来使用行动理论的结果解决（或消解）长期被困扰的哲学问题，但是这种关注的焦点已经转向有关行动本质本身了。随着这种转向，有关行动问题的关注度也急剧上升。在《心的概念》出版之后的30多年里，相当多的有关行动理论的著作和论文出现了。尽管由于赖尔的攻击，普理查德的这个观点失去了一些支持，但是，最近它已经有所复苏。昂尼、霍思彼就倡导心理行动理论的各种版本或视角。例如，霍思彼把一个行动与一个自主体的、心理上的尝试相同一："每一个行动就是有关尝试或试着有所行动的一个事件，并且成为一个行动的每一个尝试都推进和引起肌肉的一种收缩和身体的一个运动。"⑤

后来由戴维森、高曼、塞拉斯、塞尔等人所倡导的、有关因果理论兴趣的

---

① Brand M. *Intending and Acting*: Toward A Naturalized Action Theory. Cambridge，MA：The MIT Press，1984：196.
② Kimble G，Perlmuter L. The problem of volition. *Psychological Review*，1970，77：366.
③ Mill J S. *A System of Logic*，8th ed.（1872）. Reprinted by Longmans，Green and Co.，Ltd，1961，bk.1.ch.iii，sec.5.
④ Prichard H A. *Moral Obligation*. Oxford：Clarendon Press，1949：190.
⑤ Hornsby J. *Actions*. London：Routledge & Kegan Paul，1980：33.

推动力能追溯到戴维森的《行动、理由和原因》。尽管这篇论文中他的主要关注是对因果理论提供貌似合理的论证,但是他已经常被解释为辩护这样的观点:一个复杂心理事件由一个人的做某个东西的期望和他能做之的信念所构成,并且这样的复合心理事件引起他的行动。行动由期望(或想要)加信念所引起,这个观点与高曼的《人类行动的一个理论》(1970)相关联。高曼认为,行动就是属性的例化,他把一个行动当作有关一个行动属性的例化(他也称一个行动属性为一个行动类型。一个行动属性的一个例化出现在仅仅这样的情况中:存在一个个体和一个时刻,使得这个个体在这个时刻例化这个属性。[1]

当前,对于上述的心理行动理论和因果理论通常能被看作是有关行动的功能描述。没有任何尝试被作出来具体化行动的一种非关系的、本质属性:一个行动由它在一个因果序列中所发挥的作用所定义。在心理行动理论上,一个行动是某些类型行为的原因,并且在因果理论上,一个行动是某些类型的(心理的)行为的结果。

正是在这样的行动哲学思考的背景下,较之旧时意愿理论和心理行动理论,因果理论并不承诺这样的观点:所有的行动是自由的。因为它并不尝试提供一种还原论的描述,它也没有假设一个特殊类型的心理事件(如一个"决意"),也不与常识相冲突。但是,它所具有两个任意性问题,即"先行任意性问题"(先行心理事件和由效果的行为之间的关联问题)和"结果任意性问题"(行为一旦开始之后,这个行动的结果问题)却导致了学者对意向行动的焦点关注。[2]前者是关于"行动"定义的一个问题。一个行动是这个先行心理事件的结果,但这种先行心理事件能引起这个外显行为,而无需由一个行动引起;后者则并不关注"行动"定义,但关注"意向行动"的定义。我们知道,语词"行动"(action)远不同于日常用法;它倾向于对于预示性的场合被保留,可能更接近于日常用法来标签这些事件为"行动"(act),并且在哲学文献中,"行动"(act)已经被给予广泛的范围,有时包括如相信和接受这样的心理事件。

从整体上来看,自从20世纪50年代以来,行动哲学理论已经发展经历了三个阶段。第一个阶段,持续到接近20世纪70年代,其研究是早期工作的一种继续。它是零散的,并且存在很少的尝试来提供一种系统的理论。尽管人类行动本身是焦点,但行动理论仍被看作是处理其他问题的工具。这个阶段的特

---

[1] Brand M. *Intending and Acting: Toward a Naturalized Action Theory*. Cambridge, MA: The MIT Press, 1984: 9.

[2] Brand M. *Intending and Acting: Toward a Naturalized Action Theory*. Cambridge, MA: The MIT Press, 1984: 18-19.

点是，出现了一批有代表性的论文和著作。这些论文被汇集在布兰德、怀特等人的若干选集中，并且在这个时期更有影响的著作主要有：安斯康姆的《意向》（1963）、梅尔登的《自由行动》（1961）、查理·泰勒的《行为的解释》（1964）、理查德·泰勒的《行动与目的》（1966），以及冯·怀特的《规范与行动》（1963）。这一时期最具影响力的工作是戴维森的，尤其是他的《行动、理由和原因》（1963）和《行动语句的逻辑形式》（1966）。

行动哲学理论发展的第二个阶段是以系统化为其特征的，并且相对缺少对相关联问题的关注。高曼的《有关人类行动的一个理论》标志着这个阶段的突现。行动理论开始蓬勃发展并且获得了一个研究的独立领域。除了高曼之外，还有一些较重要的著作，如卡斯特讷的《思维与做》（1975）、齐硕姆的《人与对象》（1976）、霍思彼的《行动》（1980），以及托姆森的《行动和其他事件》（1977）。但是随后行动的哲学研究出现了某种停滞，相关研究开始变得没有热情了。

行动哲学理论的第三个阶段（70年代之后至今），其焦点是系统地理论化有关人类行动。但是与之前不同的是，它继续对人类行动的非哲学研究，开始倡导那种哲学的行动理论的自然化，并明确指出行动理论的未来进步依赖于哲学的行动理论和科学的行动理论之综合。行动理论的这种发展路线是很值得关注的，并且与认识论、心灵哲学、语言哲学以及价值理论的一些近期发展相一致。如关注于心理学哲学基础的福多、丹尼特等人，他们的理论思想进一步增进了心灵哲学中的基础问题与行动哲学的关联，这就促使意向行动问题日益引起广泛关注。[1]

二、意向行动的当代微观分析

对意向行动的理解必须以意向性为前提。我们不能充分理解心灵，除非我们能充分理解意向性。布伦塔诺在现当代哲学中复活了意向性这个术语，并用它来刻画心理东西的本质。他将意向性作为心理的标志（mark），用来区分心理现象和物理现象。当代心灵哲学共同体在布伦塔诺论题上有一点是一致的：意向性是意向状态（即心理状态）的关于性或指向性，并且这种心灵的意向主义倾向在当代心灵哲学中仍占主导地位。这种意向性与意向状态密切关联，信念、

---

[1] Brand M. *Intending and Acting*: *Toward A Naturalized Action Theory*. Cambridge, MA: The MIT Press, 1984: x-xi.

害怕、希望、期望以及意图都是意向状态，正像诸如爱恨、自豪、耻辱这样的情感（emotions）也是意向状态一样。任何被指向在其自身之上某个东西的状态都是一个意向状态。

从微观结构分析角度来看，当代学者蒂姆·克瑞恩等人明确指出了意向性的一般结构：主体—意向模式—意向内容。① 并且还指出意向对象、意向内容和意向模式是任何意向性描述中的三元素。其中每一个意向状态都包含一个意向模式。意向模式是主体处于对他的意向状态内容中的关系，如信念、期望、意图等。② 而意向内容就是意向状态所具有的内容，它是表征关于或被指向其上的东西（things）的方式。值得注意的是，不是所有意向状态具有一个完整的命题作为它们的意向内容。信念和期望具有完整的命题内容，但是爱和恨并不必然具有完整的命题内容。例如，一个人能够仅仅爱莎莉或恨亨利。基于这个理由，一些哲学家指称具有一个完整命题内容的意向状态为"命题态度"。塞尔认为这个术语是被弄混的，因为它表明，一个信念或一个期望是趋向一个命题的一个态度，但并非如此。如果我相信克林顿是总统，我的态度是趋向克林顿这个人本身，而不是趋向这个命题的。这个命题是我的信念内容，而不是我的信念的那个对象。

这样，在那些具有完整命题作为它们的内容的意向状态和那些并不具有完整命题作为它们的内容的意向状态之间需要做出区分。前者我们可以称之为"命题态度"，因为它是以命题作为其内容的承担者，其被指向的对象是包括在内容之中的；后者我们可以称之为"对象态度"，因为它是在命题内容缺省情况下直接指向对象。在这两种情况中，这种关于或被指向其上的东西就是意向对象，是心灵所表征的东西。

这些意向状态经由意向内容而指向意向对象，在这个从内到外的过程中就需要意向行动来实践，这也就是心理内容的外化过程。毋庸置疑，在行动本质中强调意向因素是合适的。因为当我们关心人类行动时，我们真正所关心的是意向行动，也就是那种在行动中（in acting）存在意图的那些行动，或者只有那些被意向地执行的行为才是意向行动。戴维森明确指出："或许……是意向（being intentional）是相关的区分标志"，"如果一个事件是一个行动，那么在某些描述下……它是意向的"，并且"一个行动被执行具有某个意图，如果它被态

---

① Crane T. *Elements of Mind*. Oxford：Oxford University Press，2001：31.
② Crane T. *The Objects of Thought*. Oxford：Oxford University Press，2013：4.

度和信念以正确的方式所执行,其中这些态度和信念是理性化它的"。① 根据他的论断,如果给予适当的态度和信念,一个行动是被因果地解释的,并且是意向的。由戴维森等人所倡导的行动因果理论通常表达为 CTA:一个事件 e 是一个意向行动,当且仅当 e 由适当的(理性化的)心理事项(以恰当的方式)所引起。而迈尔斯·伯兰德则定义"意向行动"为:在 t 期间 S 的 Aing 是一个意向行动,当且仅当①在 t 期间 S 的 Aing 是一个行动;并且②在 t 期间 S 具有一个行动计划 P 使得他的 Aing 被包括在 P 中并且他在 Aing 的过程中遵循 P。② 他认为,意向行动是人们所理解的最高层次的行为,是人们在法律上和道德上主要负责的那种行动。若兰德·斯达德甚至认为,在其发生的自然现象当中意向行动是唯一的,因为它们应该发生。③

需要注意的是,一个行动是意向的,仅仅在如下情况中:该自主体遵循一个计划并且这个行动被包括在他的计划中。当然,有时行动是意向的,而无须明显地是一个被预先构想的计划的一部分。④ 这种被提出的定义主要保证:意向行动在其核心方面是被计划的行动。意向性在一个计划中自然产生到"焦点"行动中(intentionality accrues to "focal" actions in a plan)。意向行动是在遵循一个计划中被执行的行动,并且每一个 intending 都直接引起一个被计划的行动。这种被计划的活动,其中有意识的熟思是必然的。然而,一个行动的意向性,能被从活动的整个模型中被继承下来并且不需要明确地被预先构想。尽管行动是意向的,依据是一个计划的一部分,每一个意向行动不需要本身是被计划的。这个观点的一个后果就是,尽管不是所有行动是被计划的,但大量行动是被计划的。不是所有行动是意向的同时,其中许多程度上也是意向的。意向行动是人们所理解的最高层次的行为,它是那种人们主要在法律上和道德上负责的那种获得,它也是自由问题出现的那种行动。

对意向行动的理解离不开对行动目标、意图以及行动主体三方面的微观考察。一方面,意向行动是指向目标的。一般来说,目标(常用英文语词为"goal""target""aim")是行动所指向、瞄准或要达到的对象。存在对目标的

---

① Davidson. *Essays on Actions and Event*. Oxford: Clarendon Press, 1980: 61, 87.
② Brand M. *Intending and Acting: Toward a Naturalized Action Theory*. Cambridge, MA: The MIT Press, 1984: 25.
③ Stout R. *Things that Happen Because They Should: A Teleological Approach to Action*. New York: Oxford University Press, 1996: 1.
④ Brand M. *Intending and Acting: Toward A Naturalized Action Theory*. Cambridge, MA: The MIT Press, 1984: 28.

两种区分。第一，在状态（to-be）目标和行动（to-do）目标之间存在不同。前者如一个政治家可能具有成为一个议员的目标，后者如一个农民可能具有耕种四十亩地的目标。第二，在工具目标（instrumental goal）和末端目标（terminal goal）之间存在不同。[①]这些区分对彼此都是直接相交的。例如，成为一个议员的目标可能是对某个其他目标是工具的，比如说成为总统。有时一个状态目标会是一种类型的行动目标。而一个行动的一个末端目标能够是另一个行动的一个工具目标，如成为一个议员能够是一个人竞选中的末端目标。一个工具目标是在一个计划范围内所发生的一个目标，作为一个直接步骤趋向获得那个末端目标。而一个末端目标对于一个主体承担完整的被计划的活动来说，它是该计划的最高层次目标。

另一方面，意向行动是经由（by way of）意图而执行的。毋庸置疑，对人类意向行动的理解依赖于对意图的科学解读。"意图"经常被给予一种准-技术上的使用，常用英文单词"intention"来表示它的名词形式，用"to intend"或"intending"来表示它的动词或动名词形式。意图是功能上可具体化的心理状态，也就是上述所谈到的命题态度的一种类型。一般来说，意图必须：①设定该行动的目标或计划；②涉及趋向该行动的、因果地发起和信息上的更新过程；③当这个计划变得错误的时候，对决定错误和正确或损失控制提供一个标准；④对于目标成功提供标准，这有助于决定是否这个意欲的（intended）行动已经完成或脱离该计划的实施等；⑤在输出行为（身体上的运动）的反事实依赖性中发挥一种因果作用，其中这种依赖性是在意图和信息输入（作为与这种意欲的目标-状态相比较的、当前状态的知觉）上的。像许多其他心理状态一样，意图具有一种表征维度和一种态度维度。一个意图的表征内容可以被理解为一个计划（plan）。趋向计划的意欲态度可以被作为一种执行态度。计划纯粹地是表征的，并且不具有有关它们自己的任何动机驱动力（motivational power）。在这种意义上，人们可以拥有无数的趋向计划的态度。他们可以相信一个计划是完美的、欣赏它、希望它从未被执行，等等。一个被嵌入意图的计划确认一个目标并且提供行动指向。在标准构念上，意图以依赖其表征内容的方式来指导行为。

当然，基于这样的目标和意图，意向行动的完成最终离不开行动主体。这里的行动主体通常被用来泛指所有的具有内在（心理）状态的自主体（agent）。由于当代诸多自然主义学者多习惯于采用计算机隐喻来模拟人的心理状态，所

---

① Brand M. *Intending and Acting: Toward A Naturalized Action Theory*. Cambridge，MA：The MIT Press，1984：213.

以目前对于自主体的理解一般也包括具有内在状态的智能体。这样一来，自主体就可以包括两大类：一类是我们通常所说的自然生命主体；另一类自主体是指人工智能主体。人工智能体尤其是机器人的出现引发了人类对其主体问题的形而上学思考。尽管目前学界对于人工智能主体是否具有"心灵"，仍具有广泛争论，但毋庸置疑的是：它们具有"智能"。人工智能主体通过其内在状态能对外部世界持续自主地进行表征或互动，同时感知环境中的动态条件，或执行行动影响环境条件，或进行推理、求解问题和做出决策等。例如有些机器人能存在或多或少类似于行动的某个东西。如果一个无心的机器人相当复杂地拥有引起效用发挥的内在过程，并且通过它的身体部分，这些身体部分与人的内在过程是充分类似的，那么会很自然地说到它是有所行动的机器人，并且它拥有意图或意愿。当然，这种机器人所拥有的意图以及执行的意向行动仍依赖于设计者的意图和目标。这样，通过主体的意向行动，主体的心理内容得以外化，并且基于目标、意图得以在实践中完成。

那么，我们该如何理解实践呢？

第三节 作为客观行动之实践：心理内容外化的可能途径[①]

逻辑行动主义方法论研究纲领的基本诉求是试图提供一种新型哲学方法论，推动一般哲学研究全面实现"行动论转向"。[②]这也为心理内容外化的实践途径找到了合理的理论依据。

一、逻辑行动主义方法论研究纲领中的实践范畴

逻辑行动主义方法论研究纲领运用现代分析手段进一步确证了马克思的基本思想："凡是把理论引向神秘主义的神秘东西，都能在人的实践中以及对这个实践的理解中得到合理的解决"[③]，故可以视之为社会实践论在现代逻辑与逻辑哲学获得长足发展背景下的一种分析性重塑与拓展，是所谓"分析的马克思主义"

---

① 宋荣：论实践范畴的客观行动维度，《马克思主义与现实》，2016年第2期：第88-94页。
② "逻辑行动主义方法论研究纲领"由国内学者张建军教授首次原创性提出。具体详见张建军，等：《当代逻辑哲学前沿问题研究》，北京：人民出版社，2014年：第593-615页。
③ 《马克思恩格斯选集》第1卷，北京：人民出版社，1995年：第56页。

研究方向上的一项新工作。与以往分析的马克思主义学派不同的是，它不像后者那样主要关注政治、经济和社会领域，而是更多地关注其哲学基础。逻辑行动主义方法论坚持分析哲学传统所积淀下来的严格分析精神，故"逻辑行动主义"亦可称为"分析的行动主义"。其基本构架如图 8-1：

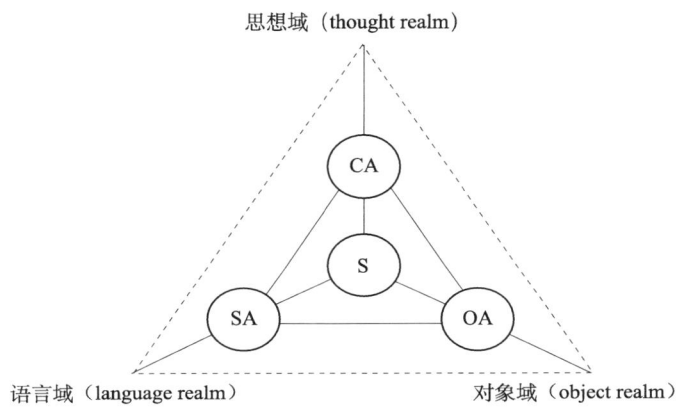

图8-1　逻辑行动主义基本构架

图中是两个嵌套的三角形。中心圆圈代表认知与行动主体（subject），既可以是单个主体也可以是集体行动的共同体。外层三角形的三个角分别代表语言域、思想域[①]和对象域，内层三角形的三个角居于主体与三个域之间，分别代表 SA（speech action，言语行动），CA（conscious action，意识行动），OA（objective action，客观行动）。在这里，图中的虚线表示三个域之间没有直接连通的路径，必须以行动为中介；而实线表明三种行动是互相连通的。逻辑行动主义方法论研究纲领的宗旨是试图说明图形各构成环节的必要性与不可消去性，表明任何"神秘的"哲学问题的解决均需对三类行动负责的相互作用机理予以把握。

图中的"言语行动"和"意识行动"概念，分别是塞尔理论和胡塞尔理论的核心概念，其共同特征是对"意向性"（intentionality）的把握。在传统哲学和心理学中，意向性是心理现象区别于其他非心理现象的一个独特的标志，它是主体的心理现象的本质特征。当代心灵哲学一般认为，意向性是指心灵经由心理内容对其对象的指向性或关于性。它展现了主体的心灵所具有的那种目标性、

---

① 这里的思想域是广义的，泛指主体的心理域。

自觉的相关性和觉知性或自意识性。①在此基础上，目前许多学者把"act"定义为"具有意向性的行为"（behavior），但这种意义上的"act"是人与高等动物所共有的，而要区别属人的 act 与其他动物的 act，则还需在意向性的基础上进一步加以限制。并且这种限制应考虑主体对意向性的自觉性，也就是主体在实施其 act 时应具有明确的目标指向性。用我国学界的常用术语，可称之为"自觉的能动性"。故作为高级智慧生物的人所能够区别于其他动物的 act，应为具有自觉能动性的 act，而不是自发的、盲目的 act。这样，我们可以用 act 表示所有具有意向性的 behavior，用 action 表示所有具有自觉能动性的 act。从而 action—act—behavior 就构成一个清晰的种—属系列。②很明显，人与其他动物的区别就在于人具有自觉能动的"客观行动"，亦即马克思所谓的"实践"。

值得注意的是，在马克思的文本中，他使用的"实践"一词乃是 praxis，并非完全等同于 practice。practice 所指的仅仅是物质感性向度，而 praxis 既包含物质感性维度又包含理论理性维度，因而马克思的实践范畴在强调实践是人的感性活动的同时，更强调实践的主观能动性方面。尽管马克思没有对实践范畴下一个严格的逻辑定义，但从马克思的相关论述和他的思想实际来看，他的实践范畴是非常清晰明确的。例如，马克思在《关于费尔巴哈的提纲》中，就曾使用"客观行动"（gegenstandliche tatigkeit）一词作为"实践"的同义词。

目前国内学者对实践范畴分析的宏观维度较多，如社会维度、物质生产维度、劳动维度等。但对实践范畴分析的内涵层面却重视不够，而且在对其进行主体维度的微观分析时，没有凸显出主体的内在心理状态所具有的内容如何关联于其外化的行动，甚至在一些基础问题上与当代西方行动哲学的分析传统和现象学传统出现了某种程度的断裂，显得不那么"与时俱进"。虽然"马克思和恩格斯的时代并没有系统的意识行动理论和言语行动理论……但由于他们在西方哲学历史上第一次致力于'行动论转向'，他们从'实践'出发寻找解决以往神秘问题之途径的思路与方法，及其所获成果，无疑是值得我们在新的视角下着力挖掘与研究的"。③正因如此，本文将结合逻辑行动主义方法论研究纲领的基本思想，力图为我们回到马克思、重新解读马克思的实践范畴分析提供新视角，同时也将实践范畴的哲学研究带入到当代行动哲学发展的时代潮流中。

当代西方行动哲学的核心问题主要有：①行动是什么；②行动如何被解释；

---

① 宋荣：《思维内容的心灵哲学探究》，北京：中国社会科学出版社，2012年：第9页。
② 张建军，等：《当代逻辑哲学前沿问题研究》，北京：人民出版社，2014年：第604页。
③ 张建军：逻辑行动主义方法论构图 // 张建军：《在逻辑与哲学之间》，北京：中国社会科学出版社，2013年：294页。

③心理事件或状态如何关联于意向行动。目前的行动理论主要有三种类型：行动的优质理论，其强调主体例化（exemplifies）不同的行动-属性；行动的劣质理论，其强调不同描述下的单一行动；行动的成分理论（componential theory），其强调存在一个"较大的"行动，在这个"较大"行动的部分当中它具有"较小的"行动。[①] 当代行动哲学研究的主要特点体现在：①以行动主体内在状态的意向性特征为研究出发点，聚焦于意向行动研究；②继承自亚里士多德以来的行动哲学研究传统，充分强调行动的道德、法律、社会层面；③有关行动的哲学研究的分析传统和现象学传统已呈现融合趋势。

笔者认为，马克思主义实践能够成为当代心理内容的外化径路（见本节第二、三部分的论证，详后）。我们有必要而且应该将马克思主义哲学中的实践范畴与当代西方行动哲学进行相互沟通、相互吸收、相互借鉴，以促进实践范畴自身充分发展。逻辑行动主义方法论研究纲领的出现正是在这种背景下的一次重大尝试。它既体现了西方分析的马克思主义流派的逻辑分析精神，也融入了当代西方行动哲学的合理要素，同时还突出了马克思实践范畴的客观行动维度，也力图为心理内容的外化找到一条新型道路。

二、作为客观行动之实践必须是基于意图的意向行动

一般来说，所有意向行动是先前意图（prior intention）和行动中的意图（intention-in-action）的产品。先前意图是指先于一个行动被形成的意图，行动中的意图是指主体拥有一个行动中的这个意图并同时现实地正在执行这个行动。从意图的语言表达形式来看，区分先前意图和行动中的意图的理由之一就是，它们具有不同的意向内容（不同的"满足条件"）。塞尔认为，一个先前意图表达式的特有语言形式就是"我将做 A"，而行动中的一个意图表达式的语言形式是"我正在做 A"。先前意图的满足条件包括一个人的将要做 A（coming to do A），而行动中的意图包括一个人现在正在做 A（doing A now）。而且，先前意图和行动中的意图具有不同的意向对象。一个先前意图中的意向对象是一个完整的行动（行动中的意图 + 身体上的运动），而一个行动中的意图的意向对象仅仅是一个行动的身体运动成分，而不是这个行动本身。

这样，一个行动（我正在 A-ing）中的意图的那个"A"内容仅仅指称一个身体上的运动。这种对行动中的意图和先前意图之间的区分核心就在于这

---

① Nadel L. *Encyclopedia of Cognitive Science*. New Jersey: Wiley, 2003: 2571-2574.

样的观念：仅仅前者是行动的一部分。有效力的先前意图会引起行动中的意图，并且行动中的有效意图"呈现"并引起身体上的运动；与它们所引起的身体运动一起，行动中的意图构成行动。在塞尔看来，行动中的意图就是尝试（trying）。[1]他坚持认为，当一个人说"我正在举起我的胳膊"时，他表达他的行动中的意图内容，从而举起他的胳膊。如果我们想要切开从其满足条件中的意向内容，这个人能够说"我正在尝试举起我的胳膊"。这隐含的就是，行动中的意图呈现尝试（经常是成功的尝试）。这样，在对 A 的行动中拥有一个意图的一部分就是对 A 的尝试。当行动中的一个意图产生身体上的运动时，部分地依据它是一个尝试，它才如此做。当一个自主体成功地做他正尝试做的事情时，行动中的一个意图才是成功的。

　　意图的认知作用本质上与它们的内容相联系，因为意图作为一种心理状态必然具有布伦塔诺意义上的意向性特征。一方面，意图具有这样两个主要的认知功能：①它们确定（fix）被意欲的行动；②它们完成对这种意欲行动的指导和纠正（correction）。另一方面，在意向行动原因论中，意图是具有动机的。因为对 A 的一个成功执行的意图驱动这个 A-ing。在这里，A 是指一个具体类型的行动本身。这样，意图可以发起和动机上维持意向行动，指导意向行为，有助于自主体的行为时刻与其他自主体的相互作用。[2]

　　也正是因为如此，这种体现人的意向性特征的意图在行动哲学研究中被予以重视，以至于当代一些学者吸收之来重新解读马克思的相关思想。西方分析马克思主义代表人物乔恩·埃尔斯特曾明确指出，马克思区分人和其他动物是基于①自我意识，②意向性，③语言，④工具使用，⑤工具制造和⑥合作。[3] 在阐述了人的自我意识方面的特征之后，他引用马克思的一段著名的、来自《资本论》中的段落来突出人的意向计划能力："蜘蛛的活动与织工的活动相似，蜜蜂建筑蜂房的本领使人间的许多建筑师感到惭愧。但是，最蹩脚的建筑师从一开始就比最灵巧的蜜蜂高明的地方，是他在用蜂蜡建筑蜂房之前，已经在自己的头脑中把它建成了。"[4]而在《1844 年经济哲学手稿》中，马克思认为"动物的产品直接属于它的肉体，而人则自由地面对自己的产品。动物只是按照它所属的那个种的尺度和需要来构造，而人懂得按照任何一个种的尺度来进行生产，

---

[1] Searle J R. *Rationality in Action*. Cambridge, MA: The MIT Press, 2003: 44-45.
[2] Adams F, Mele A. The role of intention in intentional action. *Canadian Journal of Philosophy*, 1989, 19(4): 511-532.
[3] Elster J. *Making Sense of Marx*. Cambridge, UK: University Press, 1985: 62-63.
[4] 《马克思恩格斯全集》第 44 卷，北京：人民出版社，2001 年：第 208 页。

并且懂得处处都把内在的尺度运用于对象；因此，人按照美的规律来构造"。① 埃尔斯特指出，在动物所执行的原型构造和人自由构造的一般能力之间，马克思也做出了一种类似的比较。很显然，这里所说的这种意向计划能力实质上展现的是人的客观行动的意向性方面，也就是当代被探讨的基于意图的意向行动的重要方面，这也充分展现了作为客观行动之实践的自觉能动性特点。

根据当代意向性理论研究的最新进展，主流哲学家的相关研究已经从传统的布伦塔诺论题的重新解读和对意向状态的微观分析，过渡到对意向内容的逻辑本质刻画和认知意向性问题的纵深挖掘，同时在意向主体的内在状态如何与意向行动相关联的解释方面也已展开了颇具成效的科学和哲学层面的研究，这也为我们深化马克思主义实践范畴的主体能动性方面之微观研究带来了新的启示。

三、作为客观行动之实践必须是具有目标指向的理性行动

当代研究表明，人类和其他动物能指导它们的行动趋向它们自己目标的实现，无论这些目标是近期的还是最终的。目前认知神经科学家、生物学家以及心理学家根据大脑（或计算机）的结构和机制，已经开始多视角地揭示这种指向目标的、意向行动的组织。无论个体的还是社会群体的认知能力（包括行动的计划和执行、理解其他人的意图、合作和模仿）其本质上都是指向目标的。例如，目标表征在行动的计划和控制中拥有极其关键的作用，并且行动理解和模拟是在该目标上被执行的。理论的、经验的以及计算的研究显示，（社会）认知能力和被定位的行动之间存在一种密切关联，并且自主体（agent）系统是在进行一种参与的、模拟的和生产的过程。从推测角度来看，相同的预测机制能提供指向目标的行动的一种"与未来的连接（linkage）"和被要求社会地有所行动的一种"与其他人的连接"。② 这些近期研究已经导致对认知科学和行为科学中基本概念的深刻再思考，并且基于行动的认知观正在多学科之间出现。在这种背景下，行动执行、行动的计划以及理解其他人的意图等方面的能力都被描述为本质上是指向目标的。

在这里，目标密切地关联于意图，并且是自我指称的。一个主体必须把目标看作他自己的目标，这种自我-指称性在先前意图中是内在固有的。因为在拥有一个目标的过程中，该主体表征他所意欲来做的事情到他自己。这样，在

---

① 《马克思恩格斯全集》第 3 卷，北京：人民出版社，2001 年：第 274 页。
② Pezzulo G, Castelfranchi C. Intentional action: from anticipation to goal-directed behavior. *Psychological Research*, 2009, 73: 437-440.

遵循一个计划的过程中，该主体也采取设定他自身的初始态度来获得一个属性。一个工具目标是在一个计划范围内所发生的一个目标，作为一个直接步骤趋向获得那个末端目标。一个末端目标对于一个主体承担完整的被计划的活动来说，它是该计划的最高层次的目标。其中的计划能具有子计划，并且这些子计划会相互作用、同时推进或相互支持。例如，我可能拥有学习成为一个木匠的计划，并且拥有为我的卧室打造家具的计划。这些计划是并行推进的并且彼此相互强化。但是，有时计划能彼此减损。假定我拥有成为一个木匠的计划和成为一个环球旅行家的计划。这些计划并不完全是不相容的，但它们倾向于相互妨碍了。这样就需要调整或修改原定计划，从而更有助于行动的最终完成。

作为客观行动之实践在根本意义上是具有上述目标指向性的理性行动。之所以说它是理性的，是因为：第一，这种行动是由基本的信念、期望所引起的，这表明这种行动必然是理性的。对于我们的行动来说，这里的信念和期望，无论作为原因或作为理由都会发挥功能作用；并且理性主要是服从信念和期望的事情，以至于它们"以正确的方式"引起行动。由于理性是遵守规则的事情，这些特殊的规则使得理性和非理性思想和行为之间做出区分。理性的整个系统只有与信念、期望相一致时才起作用。西方分析的马克思主义创始人之一乔恩·埃尔斯特曾指出："信念和期望几乎不能是行动的理由，除非它们是一致的。它们必须不包括逻辑的、概念的或范式的矛盾。"①

第二，理性是一种单独的认知能力（separate cognitive faculty）。根据亚里士多德传统，理性的占有是我们作为人类的定义特征：人是理性动物。目前对于能力的流行术语是"模块"（module），但是一般的观念是，人类拥有各种特殊的认知能力，如视觉能力、语言能力等，并且理性是这些特殊能力之一，或许甚至是人类能力中最突出的。

第三，实践理性不得不以该主体的主要目的的一个清单作为开始，包括该主体的目标和基本期望、对象物（objectives）和目的；并且这些本身都不受制于理性约束。赫伯特·西蒙曾写道："理性整个地是工具的。它不能告诉我们往哪儿去；最多它能够告诉我们如何到达那里。……"②罗素甚至更简洁："理性具有一个完全清晰的和简洁的意义。它标示对一个你希望达到的目的的正确手段的选择。"③

---

① Elster J. *Sour Grapes: Studies in the Subversion of Rationality*. Cambridge, UK: Cambridge University Press, 1983: 4.
② Simon H. *Reason in Human Affairs*. Stanford: Stanford University Press, 1983: 7-8.
③ Russell. *Human Society in Ethics and Politics*. London: Allen and Unwin, 1954: viii.

第四，日常生活中作为我们意欲做的行动，它们是有目的地被做的（done on purpose），从而这种行动被认为是意向的和具有目的指向的。因为人性的一个核心特征是，人们总是意向地或有目的地做事情。[1]为了质化一个行动，它必须来自于一个生物的意志、心灵或自我的运作。我们人类作为能有所行动的生命体，被看作是那种最典型的自主体。这主要是因为我们高度发展的那种有关行动的计划和选择过程的能力，并且我们能清楚说明我们的目的、信念和期望的内容，以及我们的行动理由。正因如此，戴维森说，"一个理由理性化一个行动，只有它导致我们看到该自主体所看到的某个东西或透过他所看到的东西，在他的行动中——某个特征、结果，或方面，这些都是该自主体所想要的、期望的、自豪的、坚持的、认真思考的、有益的、有义务的，或可赞同的。"[2]这种可理性化性是人类行动的独有特征。正是在这种意义上，我们上述所论述的基于意图的意向行动就是那些对于理性化解释来说是合格的那些行为。

从行动主体角度来看，理性行动具有目标指向说明了其行动的目的性。这是因为在人类行动的许多情况中，该主体能有意识地意识到他的行动。主体不仅能以一种有目的的方式来有所行动，而且能在很高程度上"控制"它的行动。并且一旦一个主体达到某种内在复杂性的层次，有意识的觉知出现能合理地被认为推动着更高层次的目标指向性和行为控制。当代有关理性行动的目的性本质研究认为，一个行动是有目的的，这是因为它具有一种专有功能（proper function）。根据米利肯的目的论方案，这种专有功能不是一般人所理解的常见的作用、效果，而是在特定的意义上可以把它理解为目的，或有目的的状态、属性，是"在物种的进化历史过程中，这个行为所已经拥有的无论什么有益的结果，都常常足以有助于说明在产生该行为机制的物种中的那种当下出现"，并且"'规范的'和'专有的'概念应根据……进化的历史来定义。"[3]在这里，米利肯强调的是，所谓"专有"是指"某某独有的""属它自己的"。在她看来，专有功能与再生的、被复制的个体有关，这些个体的祖先的某些影响有助于说明后代的生存。一个个体要获得一种专有功能，他必须来自于一个已生存下来的族系。一事物的特有功能与它由于设计或根据目的而做的事情是一致的，它们的关系不是偶然的，而带有规范性。[4]

---

[1] Goldman A I. *A Theory of Human Action*. New Jersey：Prentice-hall Inc.，1976：49.
[2] Davidson. *Essays on Actions and Events*. Oxford：Clarendon Press，2001：3.
[3] Millikan R. *Language，Thought，and other Biological Categories*. Cambridge. MA：The MIT Press，1984：93.
[4] 宋荣：《思维内容的心灵哲学探究》，北京：中国社会科学出版社，2012年：第269-270页。

值得引起关注的是，当代绝大多数行动理论学者和行动哲学家都拒斥笛卡儿式二元论。他们认为，行为能由某种"心理材质"的工作所解释，这种假说要么是不可理解的，要么是不可检验的，要么方法论上是不可靠的。[①]一些行动哲学家认为，许多行为是指向目标的。因为这样的行为要求目的论解释，因而相比较于生理学科学，心理学必然运用一种非因果解释。因而心理学不可被还原到物理学。许多相关讨论有助于决定目的论规律的本质以及目的论规律和行动解释之间的关系。

四、结论性思考

综上所述，客观行动维度上的实践不仅仅是逻辑行动主义方法论研究纲领中的研究核心之一，而且也是马克思主义哲学面对当代西方行动哲学、心灵哲学发展的前沿成果所需要予以关注的重要方面。鉴于此，笔者认为，作为客观行动之实践必备的两个基本要素是：①必须是基于意图的意向行动；②必须是具有目标指向性的理性行动。实践作为意向行动之典型样态和终极形式，必定会展现出独特的行动张力。只有从这样的微观角度理解的实践才能有力地完成心理内容的最终外化。

笔者认为，当前马克思主义哲学中的实践研究，一方面需要重视客观行动维度的实践范畴与其他行动范畴之间的逻辑关系。根据上述逻辑行动主义方法论研究纲领，意识行动和言语行动与客观行动之间不是平行关系，前两者属于非客观行动，但并非完全意义上的主观行动。客观行动体现的是主体与主体之外的实在世界之间的关系，而意识行动和言语行动体现的是主体与主体之内在状态及其内容，或言语及其意义的关系，前者体现的是心灵对世界的合适指向，后者体现的是世界对心灵的合适指向或语词对世界的合适指向。正因如此，意识行动和言语行动都要通过主体的客观行动才能最终展现出来，即由主体之心理状态——言语表达——行动实现，从而进行言语交流和社会活动，最终完成社会实践。

值得注意的是，在这些行动范畴中，我们首先要端正对意向性观念的理解。因为如果我们不理解意向行动，那么要理解理性行动是不可能的；如果我们不理解人类的理性，那么理解行动的理性是不可能的。但是，如果我们不首先拥

---

① Ringen J. *Behavior Theoretic Explanation*：*A Study of the New Dualism in the Philosophy of Action*. UMI，1971：3.

有对意向性的一般理解，那么理解这些观念也是不可能的。意向性不仅对于个体行动，而且对于社会行动来说，都是一种本质机制。正是在这一点上，塞尔不仅承认个体意向性，而且承认集体意向性，并据此引进了一种非常类似于马克思的"客观的社会实在"概念。在马克思看来，集体行动的主体是在个体主体的交往过程中形成的，也就是说任何实践都离不开"主体间性"。正是基于此，哈贝马斯发现，当代塞尔等人的言语行动理论对于发展马克思的社会实践论具有根本性价值。

另一方面，实践研究还需要结合当代前沿科学研究成果，开展跨学科研究。行动问题（尤其是意向行动的本质问题）研究目前已经呈现出明显的跨学科特征。一是因为，它突破了认知心理学和神经科学的传统边界。这样的边界在三种大脑功能当中是不同的：知觉的、认知的和运动神经的。这三个系统实际上是相互作用来实现意向行动的。二是因为，在过去的几年里，在理解行动的指向目标的本质以及感觉运动能力的认知根源中，一种联合的、多学科的努力已经产生巨大进展，甚至出现了"自然化"行动的科学方案和策略。从现代科学的观点来看，这样自然化背后的精神是，行动理论中的哲学工作如何可能被转化为一种更相关的研究分支。[①] 而神经科学成果和模式正在人工智能和心理学上产生重要影响，认知机器人和计算神经科学中对大脑结构和功能的经验研究已经取得了巨大进展。在这种意义上，科学共同体已经在两个方向上得以发展：神经科学家目前正在向更抽象目标（包括末端目标）上进行；同时传统认知科学家和人工智能学者已经研发出基于神经术语的方法论和概念。这两条路径对行动问题的研究，无疑会对深入解读马克思主义哲学中的实践范畴提供坚实的科学基础，同时也将为当代心理内容的外化研究注入了新的理论视角。

---

① Stevenson G P. *The Naturalistic Foundations of Intentional Action*. UMI，2001：3.

结 束 语

　　心理内容研究是当代探索心灵之谜的新视角，也是当代有关心灵的哲学研究之新维度。毋庸置疑，最近几十年来，西方哲学各领域尤其是心灵哲学领域有着飞速的发展和长足的进步。从整体上看，现当代西方心灵哲学中的心理内容研究拓宽了传统意向性问题研究以及认识论研究的范围，深化和扩展了原有理论问题研究的内涵。本书主要从以下几个方面来强调心理内容研究在当代心灵哲学中的基础性地位。

　　第一，本书重视对心理内容进行范畴分析。通过对西方心灵哲学中心理内容范畴的历史回顾，在当代四种意向性方案研究基础上，指出：心理内容是主体的心灵指向对象的方式，其内涵主要体现如下：①心理内容归属于主体的心理状态；②心理内容是心灵对对象的呈现方式；③心理内容体现心灵、语言与世界的关系。它主要在语义维度、逻辑维度、现象学维度、表征维度这四个维度上被呈现出来。

　　第二，本书强调心理内容的传统宽窄之分。内容的外在主义者坚持宽内容观，其代表人物中，普特南通过著名的孪生地球思想实验论证"意义不在头脑之中"；麦金从分析普特南的意义理论进而拓展到心理内容论题，是意义–内容问题从语言哲学转到心灵哲学的重要直接推手；同时，伯奇对宽内容进行了系列拓展论证。内容的内在主义者坚持窄内容观。他们形成了不同的窄内容构念形式，并在对宽内容的回应过程中，形成了三种决定策略以及四种主要论证。

在这种内容的宽窄之争过程中,查尔莫斯的二维内容观试图找到一条中间道路。

第三,本书注重对分析传统中的命题内容问题和现象学传统中的经验内容问题进行思考。在对罗素的命题态度与内容观的分析基础上,对命题态度状态和命题态度内容分别进行了阐述。在心理内容的两大研究传统融合趋势下,经验内容强调经验状态的非命题内容方面。在阐述知觉经验的主要研究方案、知觉与命题态度的关系等问题的基础上,展开对非概念内容主流立场的辩护,以及对给予作为内容的现象学构念的当代论述。

第四,本书强调心理内容与对象、人工智能等问题的密切关联。内容–对象范畴可以被当作当代弗雷格式含义–指称范畴在心灵哲学中的具体体现。通过分析特瓦尔托夫斯基的内容–对象区分,表明内容与对象这对范畴在心灵哲学中的重要地位;通过对指称的心灵维度进行初步解析,指出指称三元素的心灵哲学意蕴,并在论断非实存对象的前提下,陈述了当代主要的三种意向对象观念。与此同时,在计算范畴的哲学渊源考察前提下,表明当代人工智能研究具有两个假设。并在此基础上尝试性指出,人工智能自主体拥有内容的可能条件主要有:语言条件、意向能力条件和理性能力条件。

第五,本书尝试阐述心理内容与马克思主义实践观的关联。在当代西方学者运用马克思主义哲学观点、立场来解读内容问题的过程中,吉勒特坚持命题内容的外在主义立场,并指出思想内容之所以出现或存在,完全是根源于实践;而佩里格林在阐述意义本质过程中运用到辩证法思想,形成其结构主义语义观,从而进一步阐明了心理内容的语义维度。通过考察西方意向行动范畴,指出主体的心理内容得以外化,是在基于目标、意图的意向行动之实践中完成的。从而指出,在当代逻辑行动主义方法论研究纲领视域中,重视马克思主义哲学中实践范畴的客观行动维度,能为心理内容的外化找到一条新型道路。

从整体上来看,当代心理内容研究引发了学者们对心灵本质的深入探究。尽管通常被认为的是,心灵的当代研究倾向于是物理主义的,因为物理主义坚持认为,这个世界根本上是物理的;心灵的当代研究也倾向于是还原论的,因为所有现象必须被显示来"还原"为物理现象;如果心灵是真实的,它必须还原为物理的某个东西;如果心理现象不能被显示是物理的,那么它们的实在性必定是要被质疑的。

但是,关于意向性和意识的问题却能由心灵的哲学和科学所陈述,而无须假定物理主义或还原论为真。聚焦于意识和意向性这两个核心心理范畴的考察,心灵研究还存在非物理主义和非还原的研究方案。非物理主义的心灵理论拒斥物理主义的核心论题：心灵是形而上学上由物理的东西所决定的，或等同于物理的东西。非还原论的心灵理论拒斥本体论还原和解释性还原，因为关于这两种形式的还原应该如何被构想，是根据传统的假说演绎方法，还是根据物理力学，这些都存在许多重要的问题或分歧。

因此，在当代心灵研究视域中，我们需要关注以下三方面的、非还原、非物理的新走向：

一是关注形而上学。以来自于近现代物理学的方式，物理主义已经倾向于在状态和属性的形而上学范围内的研究。但最近几年来，已经存在一种有时被称为亚里士多德式或新亚里士多德式形而上学回归。这种形而上学运用一组来自人类正统的、更丰富的根本概念，如实体概念和能力概念。这种新亚里士多德式形而上学在心灵哲学中的运用，会是在一种非还原的、非物理的框架内。

二是关注意识。在当代争论中，有时被假定：对于我们来说明显的是，意识是什么；但问题在于：它如何被嵌入在大脑中。现在越来越多的研究者发觉，意识是什么，这并不是很清晰。这个概念的不同使用似乎挑选出不同种类的心理状态。存在这些使用中共性的东西吗？或者意识是一个没有任何根本统一性的混杂概念？这些都值得进一步展开非还原的、非物理的视角研究。

三是关注意向性。许多哲学家相信，意向性对心理现象是本质的，但是这应该如何被融入心理学家和神经科学家所言说的关于心理的东西当中？根据有机体的心理能力的思考有助于陈述关于意向性这个问题。遵循蒂姆·克瑞恩的意向性微观结构描述方案，我们能区分一个心理状态的意向内容和意向模式。这也表明，意向性研究方案也正在从主流的自然化方案走向非还原的、非物理的研究径路。

正是在这样的背景下，心理内容研究正在逐步走向分析哲学传统和现象学传统的融合。并且随着当代自然科学的迅猛发展，心灵的哲学研究和科学研究也日益联系紧密。当代脑科学家、神经科学家经常关注于心灵哲学家所感兴趣的问题，如心灵的本质、心理内容的本质，意识的本质，以及它们如何彼此相关于大脑。其结果就是，使得有关意识、注意、心灵理论等主题也成为科学研究的主题。毋庸置疑，随着当代有关心灵的哲学研究和科学研究的彼此靠拢，或许今后心理内容研究需要同时把握这两大研究领域的最新动向。